Unity
Shader
入门与实战

黄志翔 编著

中国铁道出版社有限公司

CHINA RAILWAY PUBLISHING HOUSE CO., LTD.

内 容 简 介

本书用浅显易懂的语言通过大量实例讲解 Unity Shader 开发的核心技术。书中首先介绍了线性代数、渲染流水线知识，以及 Shader 的结构、语法与设计思想等内容，引领读者从简单的 Shader 开始，逐步掌握简单特效、光照效果、模型变换、后处理、卡通渲染等知识，直到能成套成体系地设计并实现一个完整的渲染效果。然后，再将宏观的光影、二次元、水墨效果，以及局部的玻璃、海洋、草地等内容都一一呈现给读者。本书图文并茂、讲解细致、语言生动、环环相扣，引领读者以轻松的方式学习 Shader 开发的核心技术。

本书适合游戏开发人员、虚拟现实开发人员阅读学习，也可作为大中专院校和培训机构游戏动漫及其相关专业的参考书。

图书在版编目（CIP）数据

Unity Shader 入门与实战/黄志翔编著. —北京：中国铁道出版社有限公司, 2023.11
ISBN 978-7-113-30410-2

Ⅰ.①U… Ⅱ.①黄… Ⅲ.①游戏程序–程序设计 Ⅳ.①TP317.6

中国国家版本馆 CIP 数据核字（2023）第 137193 号

书　　名：**Unity Shader 入门与实战**
　　　　　Unity Shader RUMEN YU SHIZHAN

作　　者：黄志翔

责任编辑：于先军	编辑部电话：（010）51873026		电子邮箱：46768089@qq.com
封面设计：MXK DESIGN STUDIO			
责任校对：苗　丹			
责任印制：赵星辰			

出版发行：中国铁道出版社有限公司（100054，北京市西城区右安门西街 8 号）
网　　址：http://www.tdpress.com
印　　刷：北京盛通印刷股份有限公司
版　　次：2023 年 11 月第 1 版　2023 年 11 月第 1 次印刷
开　　本：787 mm×1 092 mm　1/16　印张：23　字数：516 千
书　　号：ISBN 978-7-113-30410-2
定　　价：118.00 元

版权所有　侵权必究

凡购买铁道版图书，如有印制质量问题，请与本社读者服务部联系调换。电话：（010）51873174
打击盗版举报电话：（010）63549461

配套资源下载网址：
http://www.m.crphdm.com/2023/0824/14631.shtml

前　言

　　当我还是一个刚高考完的愣头青时，抱着满腔热血打开 Unity，满脑子都是光怪陆离的游戏画面，以为下一个非同寻常的独立游戏就要出现在我的手里，结果在第一步就卡住了——想象的画面很美好，但 Unity 只给了我一个平平无奇的 Standard 材质，这可如何是好？　于是我创业未半而中道找教程，才知道有个东西叫"Shader"，要想真正随心所欲地"画"出理想的游戏画面，我要先学会它。

　　彼时，Shader 还在社群里被认为是一种"高端"的代码，资料不多、教程很少，即便是当时流行的入门资料也是有一定门槛的（这种情况到目前也依然存在），无论是对数学的要求，还是对编程的要求，以及对计算机图形学知识的要求。毕竟 Shader 本身就是一项融合了多种学科知识的技术，尤其是对于对 Shader 还一无所知的初学者来说，不了解线性代数，不会编程，基本就告别大多数教程了。近几年来，独立游戏越来越多，游戏开发的门槛也一降再降，当很多入门不久的用户都能使用 C#在 Unity 面前游刃有余时，唯独 Shader 保持着它那"高冷而不近人情"的高门槛。对于大多数刚刚入门的 Shader 初学者，或者是那些只是想能看懂 Shader 以对它稍作修改的开发者，掌握晦涩难懂的底层理论是否真的是必要的？

　　因此，本书尝试用浅显易懂的语言和大量的比喻、引导，先力求让读者明白"写 Shader 到底是在写什么"，只有建立起对 Shader 的宏观概念，才能谈"怎么写 Shader"，否则写起来就像盲人摸象，很容易陷入"只会改 Shader 而不会写 Shader"的困境。另外一点，比起用案例和代码的堆砌来教读者"怎么做"，本书将更多的笔墨集中在写"为什么这么做"，这个理念从第 1 章一直持续到了最后一章，也是笔者最希望读者从本书中学到的。我们总是先遇到问题，再去想解决问题的方法，而只知道"怎么做"，只能解决一种问题，我们也不可能指望网上的教程总能完完全全地贴合我们的需求，一五一十地照搬案例只会让未来的开发变成"对着墙砖找墙洞"——那我们岂不就成了案例的提线木偶了？　本书的大部分案例都旨在告诉读者一种新思想、一种新工具，并希望读者能真正将它们融会贯通，变成属于自己的"武器"。

　　在视频资料和电子文档大行其道的当下，阅读一本纸质书学计算机知识看起来多少是有一些"传统"，但笔者认为纸媒依然有着独特的作用。它不依赖于电子设备和网络环境，也方便反复查看，读者可以更聚焦于代码之外的行文思路，学习每一步之间的思路推理过程，所以本书在许多章节中并不着重突出"代码与反馈"的内容。这不是一本"没有计算机在旁边随时操作就看不下去"的书（当然，并不是认为看本书的时候不需要实践）。

　　在本书的编写过程中，参考了许多前辈撰写的入门教程，包括 Catlike Coding 的教程、冯乐乐的《Unity Shader 入门精要》。在数学章节中，笔者受到3Blue1Borwn 极大的影响，他对线性代数的集合本质进行了鞭辟入里的讲解。这些教程都是很棒的学习资料，读者在学习中遇到问题时也可以进行查阅。

书中使用到的资源与代码既可以通过本书提供的资源下载网址下载，也可以在 https://github.com/HkingAuditore/BookProject 找到，在 BookProject/Assets/目录下，可以看到按章节分别存放的资源文件。

在编写本书的过程中，我尽可能地检查校对内容的准确性，但由于个人能力和知识储备的限制，难免会存在一些错误或者不足之处。因此，非常欢迎读者朋友在阅读本书的过程中积极提供反馈和建议，以帮助我更好地改善内容。

非常感谢何睿骅、李恒、肖洪广和胡致远，他们对本书的校对、编排、内容调整提供了巨大的帮助。同时，对中国铁道出版社有限公司的编辑于先军先生的约稿表示感谢，是您的信任让本书得以面世。

15年前，有个名叫66RPG 的独立游戏论坛用一句"梦想世界，在你手中"的口号激励了成千上万的游戏开发者，而我正是其中之一。我们的游戏世界从来不缺乏奇景，只是我们还未能拥有足够的魔法将它的绮丽展现出来。衷心期盼本书能成为每一位读者在游戏世界中创世的魔法指南，祝各位早日开发出自己梦想中的游戏。

黄志翔（网名：HkingAuditore）
2023 年 10 月

目　录

第 1 章　数学基础
1.1　向量 ··· 1
  1.1.1　向量的基本运算 ·· 1
  1.1.2　线性组合 ·· 2
  1.1.3　线性相关与线性无关 ·· 4
  1.1.4　基向量 ·· 6
1.2　矩阵与空间 ··· 7
  1.2.1　矩阵概念与几何意义 ·· 7
  1.2.2　矩阵运算及其几何意义 ··· 11
  1.2.3　使用矩阵进行空间变换 ··· 27
1.3　习题 ·· 30

第 2 章　渲染流水线
2.1　教机器人画速写 ··· 31
2.2　GPU 的"思维方式" ·· 35
2.3　应用阶段 ··· 36
2.4　几何阶段 ··· 37
  2.4.1　顶点着色器 ·· 38
  2.4.2　曲面细分着色器 ·· 39
  2.4.3　几何着色器 ·· 41
  2.4.4　投影 ·· 41
  2.4.5　裁剪 ·· 43
  2.4.6　屏幕映射 ··· 43
2.5　光栅化阶段 ··· 44
  2.5.1　图元组装 ··· 44
  2.5.2　三角形遍历 ·· 45
  2.5.3　片元着色器 ·· 46
  2.5.4　逐片元操作 ·· 47
2.6　可编程渲染管线：Unity SRP ··· 49
2.7　习题 ·· 49

第 3 章　Shader 基础

- 3.1　我的第一个 Shader ·············· 50
- 3.2　Properties ·············· 54
- 3.3　SubShader ·············· 59
- 3.4　Pass ·············· 65
  - 3.4.1　Pragma ·············· 66
  - 3.4.2　Include ·············· 68
- 3.5　Shader 内的结构体 ·············· 70
  - 3.5.1　顶点着色器输入 ·············· 70
  - 3.5.2　片元着色器输入 ·············· 72
- 3.6　顶点着色器 ·············· 73
- 3.7　片元着色器 ·············· 77
- 3.8　我该怎么写呢 ·············· 80
  - 3.8.1　基本语法 ·············· 81
  - 3.8.2　常用函数 ·············· 90
- 3.9　习题 ·············· 92

第 4 章　上个色吧：基础 Shader 上手

- 4.1　纹理 ·············· 93
  - 4.1.1　平移、缩放、旋转——UV 的奇妙用途 ·············· 96
  - 4.1.2　更多的纹理、奇妙的遮罩 ·············· 100
  - 4.1.3　混合的艺术 ·············· 104
  - 4.1.4　示例代码 ·············· 107
- 4.2　不同空间的操作 ·············· 109
  - 4.2.1　世界空间与模型空间 ·············· 109
  - 4.2.2　观察空间与裁剪空间 ·············· 118
- 4.3　控制覆盖的方式 ·············· 123
  - 4.3.1　渲染队列 ·············· 123
  - 4.3.2　深度测试、深度写入、深度裁切与 Early-Z ·············· 126
  - 4.3.3　溶解效果：Alpha Test 与 Clip 操作 ·············· 134
  - 4.3.4　模板测试 ·············· 137
- 4.4　完善材质面板：Properties ·············· 143
- 4.5　你能获得的其他信息 ·············· 148
  - 4.5.1　顶点上的其他信息 ·············· 148
  - 4.5.2　其他信息 ·············· 156
- 4.6　习题 ·············· 159

第 5 章　计算与串联：需要思考的 Shader

- 5.1　边缘光效果 ·············· 160

5.1.1	如何"看到"外边缘	160
5.1.2	让效果不断变换	165
5.1.3	使用遮罩美化	166
5.1.4	让功能是"可选的"：Shader 变体	168
5.1.5	最终代码	172

5.2 简单光照 ... 175
   5.2.1 漫反射 ... 175
   5.2.2 环境光 ... 179
   5.2.3 高光反射 ... 179
   5.2.4 阴影 ... 191
   5.2.5 多光源渲染 ... 202
   5.2.6 球谐光照 ... 210
   5.2.7 障眼法：烘焙 ... 214
   5.2.8 完整代码 ... 221

5.3 法线贴图 ... 231
   5.3.1 提高模型细节的"障眼法" ... 231
   5.3.2 翻译法线贴图 ... 233
   5.3.3 Unity 中的法线贴图 ... 233
   5.3.4 完整代码 ... 237

5.4 类玻璃物体的渲染 ... 240
   5.4.1 折射效果与 Grabpass ... 243
   5.4.2 模糊 ... 250
   5.4.3 反射 ... 251
   5.4.4 完整代码 ... 253

5.5 习题 ... 260

第 6 章　在模型上雕塑：Shader 与几何

6.1 描边 ... 261
   6.1.1 额外的 Pass ... 262
   6.1.2 平直着色物体描边 ... 267
   6.1.3 完整代码 ... 269

6.2 无中生有的顶点：曲面细分着色器 ... 271
   6.2.1 曲面细分的流程及数据传递 ... 272
   6.2.2 Gerstner 波 ... 280
   6.2.3 计算法线 ... 285
   6.2.4 基于视距的曲面细分 ... 287
   6.2.5 完整代码 ... 288

6.3 改变网格：几何着色器 ... 294
   6.3.1 几何着色器的流程与数据传递 ... 294
   6.3.2 生成随机草地 ... 303

6.4 习题 ·· 313

第 7 章　中转站：Render Texture

7.1 轨迹效果 ·· 314
　7.1.1 渲染的中转站——Render Texture ······································ 314
　7.1.2 在 Render Texture 上作画 ·· 315
7.2 后处理效果 ··· 329
　7.2.1 Unity Post Processing 包 ·· 329
　7.2.2 创建自己的后处理效果 ·· 331
　7.2.3 后处理中的描边效果 ·· 337
7.3 习题 ·· 344

第 8 章　非真实感渲染

8.1 色彩控制 ·· 345
8.2 风格化描边 ··· 348
8.3 边缘光 ··· 350
8.4 笔触感 ··· 351
8.5 我们想要什么样的"非真实感" ·· 353
8.6 习题 ·· 353

第 9 章　真的入门了吗

9.1 是否是个好 Shader ·· 355
　9.1.1 良好的代码习惯 ··· 355
　9.1.2 函数库 ··· 356
　9.1.3 互不耦合的属性 ··· 358
　9.1.4 小心容易忽略的风险 ·· 358
　9.1.5 性能与效果的平衡 ··· 359
9.2 学习的路还很长 ·· 359

第 1 章　数学基础

学习 Shader 是绝对离不开数学的,但也无须被数学吓倒,毕竟数学本身就是一个工具。既然学习数学的目的是写 Shader,那么学习的重点就是"为什么要用数学"和"怎么用数学"。本章将从几何概念入手讲解线性代数,尽可能抛开佶屈聱牙的各种纯代数演算,专注于与 Shader 联系最紧密的模块。希望即便是只有高中数学基础的读者也能轻松学会。

如果已经很熟悉线性代数及其几何意义,那么可以快速浏览到下一章。

1.1　向量

向量(vector)用以表示有向线段,写作以按顺序记录的终点坐标数值,因为一般情况下表示的向量起点都是原点,如图 1-1 所示。除了几何上的应用外,向量还可以表示为数组,即多个数值的集合。

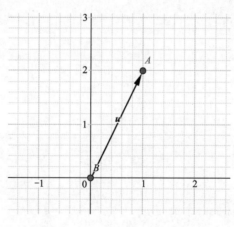

图 1-1

为了表示方便,下面以二维向量为例(实际上更高维的向量也是同理的)。对于图 1-1 中的向量 u,以列的形式记作:$\begin{pmatrix}1\\2\end{pmatrix}$。

1.1.1　向量的基本运算

向量包含数乘及向量加法两种基本运算。

1. 数乘

数乘向量（Scalar Multiplication of Vectors）是把一个向量缩放至原来的 n 倍，具体在每个坐标上的表现是将每个坐标乘以原来的 n 倍。如图 1-2 所示，对于向量 $\boldsymbol{u}$，将其缩放 n 倍后，可以得到 $n\boldsymbol{u}$；并且满足：$n\begin{pmatrix}a\\b\end{pmatrix}=\begin{pmatrix}na\\nb\end{pmatrix}$。经过数乘计算，向量仍然在原直线上。

2. 向量加法

向量加法用于将两个向量的效果进行叠加。

如图 1-3 所示，对于向量加法 $\boldsymbol{u}+\boldsymbol{v}$，将 $\boldsymbol{v}$ 的起点从原点连接至 $\boldsymbol{u}$ 的终点 B（也只有这种情况下才需要把向量的起点从原点移开），得到最终的终点 C。连接 AC 即得结果 $\boldsymbol{w}$。在计算上，体现为将两个向量对应分量的数值相加。

$$\begin{pmatrix}a_0\\b_0\end{pmatrix}+\begin{pmatrix}a_1\\b_1\end{pmatrix}=\begin{pmatrix}a_0+a_1\\b_0+b_1\end{pmatrix}$$

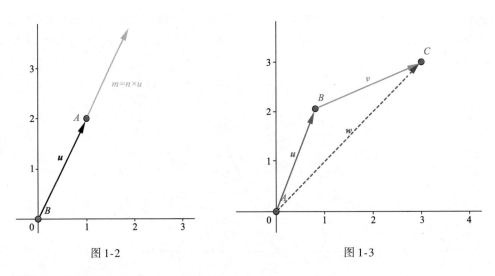

图 1-2　　　　　　　　　　　图 1-3

而向量减法可理解为加上一个负向量。

1.1.2　线性组合

上述向量计算均在线性运算范围内。将这些运算统一，可以写出表示线性组合（linear combination）的式子。

$$\mu\boldsymbol{v}+\lambda\boldsymbol{w}=\boldsymbol{u}$$

多个向量的集合称为向量组，以列的形式记作：

$$\begin{pmatrix} x_1 & x_2 & \cdots & x_n \\ y_1 & y_1 & \cdots & y_n \\ \cdots & \cdots & \cdots & \cdots \\ w_1 & w_2 & \cdots & w_n \end{pmatrix}$$

用给定向量组内向量通过线性组合得到的向量集合称为给定向量组张成的空间（Space）。

在图 1-4 中发现一个有趣的现象，如果固定 μ 的大小，令 λ 变化，则得到向量的终点始终在一条直线上，在图上就是直线 BD。

如图 1-5 所示，当同时令 μ 和 λ 变化，可获得相当多的直线，而且这些直线所构成的集合可以填满一个平面空间。图示中只引入了两个二维向量 u，v，因此至多只能张成一个二维平面空间。用若干个向量 a_0，$a_1\cdots a_n$ 通过线性组合得到新的空间 S，我们称向量 a_0，$a_1\cdots a_n$ 张成（span）空间 S。

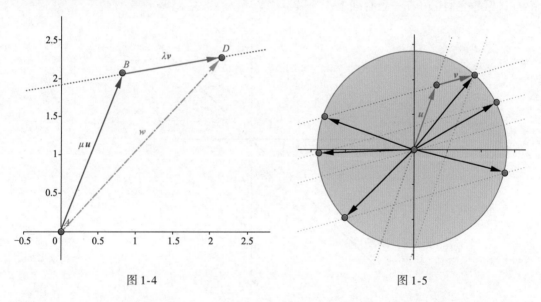

图 1-4　　　　　　　　　　　图 1-5

如图 1-6 所示，当使用除了 x、y 其余分量均为 0 的向量进行线性组合时，只能张成 XY 平面。同理，当使用除了 x、z 其余分量均为 0 的向量进行线性组合时，也只能张成 XZ 平面。在这种情况下，由于向量本身就缺少对某个分量的描述能力，因此再进行多少次线性组合也无济于事。因此，n 个 n 维向量最多能张成 n 维空间。

此外，若尝试使用 2 个三维向量进行线性组合，如图 1-7 所示，发现依然只能得到一个平面。或者说，一个插在三维空间里的二维面。暂且称这个面为 α。但如果选择一个不在 α 平面内的向量 x，得到 $\mu v + \lambda w + \rho x = u$；可通过这个线性组合张成一个真正的三维空间。其实这并不是很难想象，与之前所述的二维向量线性组合类似，这里只是把原来 $\mu v + \lambda w = u$ 得到的平面空间顺着 ρx 所得直线进行平移，得到了一个三维空间，如图 1-8 所示。这说明 n 个向量最多能张成 n 维空间。

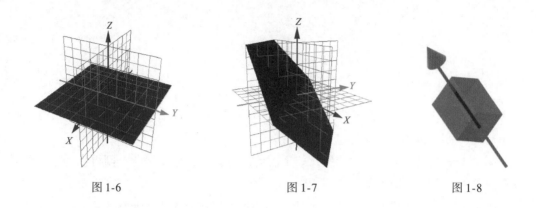

图 1-6　　　　　　　　　　图 1-7　　　　　　　　　　图 1-8

1.1.3　线性相关与线性无关

在之前的举例中，我们忽视了一种情况。如图 1-9 所示，如果在二维空间中选择向量 u，v，但是它们正好在一条直线上。

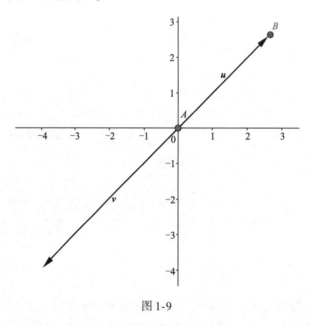

图 1-9

于是，在 $\mu v + \lambda u = w$ 中，发现无论如何改变 μ 和 λ 也无法让 w 表示这条直线以外的任何向量。因为可以用 kv 来表示 u，因此原式可以写作 $\mu v + \lambda kv = w$，即 $(\mu + \lambda k) v = w$，这样 w 当然与 v 共线。

在前面关于三维的举例中，我强调 x 不在 $\mu v + \lambda w$ 构建的平面上，道理也是类似的。如果 x 也在 $\mu v + \lambda w$ 构建平面上，说明在 $\mu v + \lambda w$ 构成的向量集合中一定有 x，那么让平面随着 ρx 构成的直线移动也依然在原来的平面上，而不可能成为一个三维体。

我们把这种用给定的多个向量线性组合得到目标向量的情况称为线性表示（linear representation）。在几何上体现为目标向量恰好位于给定的多个向量张成的空间内。计算上公式如下：

$$k_1 \boldsymbol{a}_1 + k_2 \boldsymbol{a}_2 + \cdots + k_n \boldsymbol{a}_n = \boldsymbol{w}$$

如果在一个向量组中，存在至少一个向量位于其他向量张成的空间内，那么称这个向量组是线性相关（linearly correlation）的，否则为线性无关（linearly independent）。计算公式如下：

$$k_1 \boldsymbol{a}_1 + k_2 \boldsymbol{a}_2 + \cdots + k_n \boldsymbol{a}_n = \boldsymbol{a}_i$$

一个显然的事实是：线性无关向量组能构成的空间维度就是它所拥有的向量数。因为在线性无关组中，每个成员向量都不在其他向量张成的空间内，这说明着每个成员向量都能增加其所在向量组张成空间的维度。而在线性无关向量组中，存在某个向量属于其他向量张成的空间内，这说明它的存在无法增加向量组张成空间的维度。所以，若一个拥有 n 个向量的向量组中含有 a 个向量可由其余 $(n-a)$ 个向量线性表示，那么这个向量组张成的空间只有 $(n-a)$ 维。这 $(n-a)$ 个向量构成的向量组称为最大线性无关组（maximal linearly independent group）。

因为最大线性无关组张成的空间可以囊括向量组中所有向量，因此只要满足这个条件的向量组都可称为最大线性无关组，即最大线性无关组不唯一。

如图 1-10 所示，由于向量组 $(\boldsymbol{u}, \boldsymbol{v}, \boldsymbol{w})$ 中三个向量任取其二都可以张成 XOY 空间，进而囊括向量组中所有向量，因此 $(\boldsymbol{u}, \boldsymbol{v})$、$(\boldsymbol{v}, \boldsymbol{w})$、$(\boldsymbol{u}, \boldsymbol{w})$ 都是这个向量组的最大线性无关组。

一个向量组的最大无关组所含有的向量个数称为向量组的秩（rank），可以理解为：向量组的秩就是这个向量组能张成的空间维数。向量组 A 的秩记作 $R(A)$。如果两个向量组张成的空间是同一个空间，那么称这两个向量组是等价向量组（equivalent vectors）。需要注意的是，两个向量组的秩相同不代表两个向量组等价。

如图 1-11 所示，对三个向量组：$\begin{pmatrix} 1 & 0 \\ 0 & 1 \\ 0 & 0 \end{pmatrix}$、$\begin{pmatrix} 1 & 0 \\ 0 & 0 \\ 0 & 1 \end{pmatrix}$、$\begin{pmatrix} 0 & 0 \\ 0 & 1 \\ 1 & 0 \end{pmatrix}$；它们的秩都是 2，但张成的空间分别是完全不同的 XY、XZ、YZ 平面，因此它们并不等价。

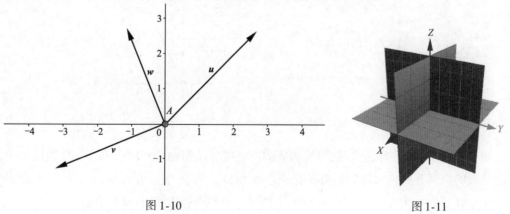

图 1-10　　　　　　　　　　　　图 1-11

另外，如果空间 A 包含了空间 B 的所有向量，则称 B 为 A 的线性子空间（linear subspace），简称子空间，如 XY 平面就是 XYZ 空间的子空间。

1.1.4 基向量

在了解了线性相关与线性无关的概念后，让我们回到刚开始的问题：如何表示一个向量？由之前的知识我们会想到，以直角坐标系为例，以沿着 x、y、z 三个轴的单位向量为基底来表述一个向量的终点位置。

如图 1-12 所示，向量 u 在 x 轴上前进了"a"个单位，在 y 轴上前进了"b"个单位，所以用 (a,b) 来表示向量 u。但是，什么是"前进"？这听起来不太明确。为了更好地描述这种关系，在 x 轴与 y 轴上取两个单位向量 $\hat{i}(1,0)$，$\hat{j}(0,1)$，这样可以描述成：$u = a\hat{i} + b\hat{j}$。也就是说，在向量组 $s(\hat{i},\hat{j})$ 张成的空间中，把 u 记作 (a,b)。

如图 1-13 所示，建立了两种平行线。一种是与 $\hat{i}$ 平行的横线，一种是与 $\hat{j}$ 平行的竖线。从向量 u 的结尾开始，做 $\hat{i}$ 平行的横线，与 $\hat{j}$ 所在直线交于 B，发现从原点到 B 的长度正好是 b 倍的 $\hat{j}$。同理做 $\hat{j}$ 平行的竖线，与 $\hat{i}$ 所在直线交于 A，而且从原点到 A 的长度正好是 a 倍的 $\hat{i}$。因为可以确保每条轴有且只有一个交点。所以得到的 A、B 两点是唯一的，因此，得到的表示法 (a,b) 也是唯一的。

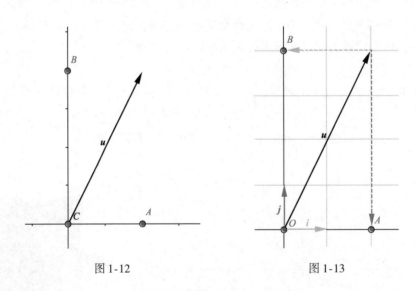

图 1-12　　　　　　　　　　图 1-13

如果使用不那么"规整"的向量构成的向量组，结果也是相似的吗？先从线性无关向量组张成的空间开始。用相似的方法作两条平行线，取交点。如图 1-14 所示，可以得出 $u = \mu a + \lambda b$，即在向量组 (a,b) 张成的空间内，u 的表示法是 (μ,λ)。

但如果选择一个线性相关的向量组，情况就不同了。如图 1-15 所示，用线性相关的向量组 (a,b,c) 表示向量 u。在做完平行线后，得到 6 个不同的交点，每条向量所在直线都有 2 个交点，根本无法得到唯一的表示方法。这还不是最糟糕的情况，由于 a，b，c 可以组合出零向量，而零向量又可以乘以一个数变回零向量，因此 u 的表示法其实有无数种！

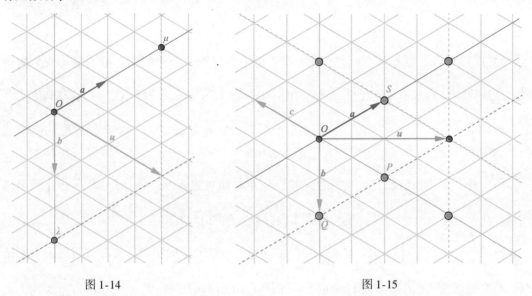

图 1-14　　　　　　　　　　　　　　　　图 1-15

假如没有 c 的存在，实际上只用 $u = sa + pb$ 就能表示出 u。但如果考虑 c 带来的零向量问题，可以这样表示 u：

$$u = n(\mu a + \lambda b + \gamma c) + sa + pb$$

（其中 $\mu a + \lambda b + \gamma c = 0$）

如果还要考虑不用 a, b，而用 a, c 或 b, c 表示 u 的实际位置，结果会更多。只有在线性无关组张成的空间内，才能清晰且方便地表达出其他向量。我们称这个线性无关组里的向量为基向量（base vector）。

↓ 1.2　矩阵与空间

这一节，我们来介绍一下矩阵与空间的相关知识。

1.2.1　矩阵概念与几何意义

在大学课堂上，大多数人对矩阵的了解都是从"解方程组"开始的，但实际上矩阵的意义远远不止于此。实际上，矩阵（Matrix）在计算机图形学中得到了广泛应用。矩阵用来描述空间或"控制"空间。这么说有点夸张，所以从简单的开始理解。

先从最简单的列数与行数相等的矩阵——方阵开始理解。

有一个 3×1 的矩阵 $\begin{pmatrix} 1 \\ 2 \\ 3 \end{pmatrix}$，根据上一节可知，它是一个向量。那么现在给出两个 2×1

的矩阵 $\begin{pmatrix} 1 \\ 0 \end{pmatrix}, \begin{pmatrix} 0 \\ 1 \end{pmatrix}$，可以将之理解为表示两个在二维空间中的基向量。现在可以更进一步，如尝试将两个向量组合：

$$\begin{pmatrix} 1 & 0 \\ 0 & 1 \end{pmatrix}$$

得到一个 2×2 的矩阵，而且现在完全可以把它当作一个由两个二维向量构成的向量组，构成成员分别为 $\begin{pmatrix} 1 \\ 0 \end{pmatrix}, \begin{pmatrix} 0 \\ 1 \end{pmatrix}$。这种对角线元素为 1 其余元素为 0 的方阵称为单位矩阵（identity matrix），可表示为 E。根据上一节所讲，它正好张成了一个十分标准的二维空间，如图 1-16 所示。

但实际上大多数情况下，我们遇到的矩阵并非如此的标准，那么形如 $\begin{pmatrix} 2 & 1 \\ 1 & 3 \end{pmatrix}$ 的矩阵也能如此理解吗？当然可以，我们可以如此拆分，如图 1-17 所示。

这就是一个以 $\begin{pmatrix} 2 \\ 1 \end{pmatrix}, \begin{pmatrix} 1 \\ 3 \end{pmatrix}$ 为基向量的二维空间。根据上节的知识，此时空间里的"网格线"也会被改变。所以新的空间中应呈现出图 1-18 所示的模样。

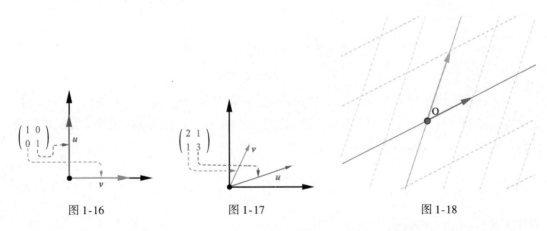

图 1-16　　　　　　　图 1-17　　　　　　　图 1-18

如果在原来的 $\begin{pmatrix} 1 & 0 \\ 0 & 1 \end{pmatrix}$ 空间中设定一个点 $A(1,1)$，那么在新空间这个点 A 会随着空间变换到新的位置。如图 1-19 到图 1-20 的变化，仿佛把一个空间斜着压了一下，但空间中每个点的相对位置却不会改变。

从 $\begin{pmatrix} 1 & 0 \\ 0 & 1 \end{pmatrix}$ 到 $\begin{pmatrix} 2 & 1 \\ 1 & 3 \end{pmatrix}$，虽然同样是张成二维空间，但是它们各自对空间的描述方式不同，对此我想给出一种理解方阵的思路：

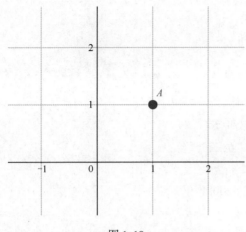

图 1-19   图 1-20

方阵的每一列都代表单位矩阵中对应列的向量在单位矩阵张成的空间中重新指向的位置。如图 1-21 所示，原来黑色的两条规规矩矩的单位向量纷纷指向对应的红色、蓝色向量，成为新的单位向量。矩阵 $\begin{pmatrix} a & c \\ b & d \end{pmatrix}$ 即代表对于 $\begin{pmatrix} 1 & 0 \\ 0 & 1 \end{pmatrix}$ 张成空间，将向量 $\begin{pmatrix} 1 \\ 0 \end{pmatrix}$ 转到 $\begin{pmatrix} a \\ b \end{pmatrix}$、将向量 $\begin{pmatrix} 0 \\ 1 \end{pmatrix}$ 转到 $\begin{pmatrix} c \\ d \end{pmatrix}$。当然，对于更高维度的空间也是如此。

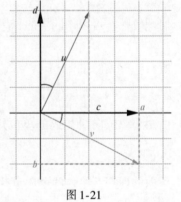

图 1-21

我们知道矩阵在几何上的意义，但是好像并不能用这套理论完全解释清楚所有遇到的矩阵。例如 $\begin{pmatrix} 1 & 3 & 5 \\ 2 & 4 & 6 \end{pmatrix}$ 或 $\begin{pmatrix} 1 & 4 \\ 2 & 5 \\ 3 & 6 \end{pmatrix}$ 这类非方阵，如何在几何上理解它们呢？先找回综上所述的思路：$\begin{pmatrix} 1 & 3 & 5 \\ 2 & 4 & 6 \end{pmatrix}$ 是一个由 3 个向量组成的向量组，这个向量组张成了一个二维空间，但这毕竟是基于向量组的思路；我们在方阵的理解中引入对单位矩阵中各单位向量进行变换的思路，所以对于这样一个非方阵，是否能找到一个单位矩阵巧妙地担负起这个使命？先给这个非方阵补 0，把它补成一个方阵：

$$\begin{pmatrix} 1 & 2 & 3 \\ 4 & 5 & 6 \\ 0 & 0 & 0 \end{pmatrix}$$

因为这 3 个列向量它们各自本身就只有 x 与 y 分量的向量，因此把它们视作 z 分量为 0 的三维向量。于是顺理成章地找到这个矩阵对应的单位矩阵：$\begin{pmatrix} 1 & 0 & 0 \\ 0 & 1 & 0 \\ 0 & 0 & 1 \end{pmatrix}$。对于 2×3 的矩阵，可以这样理解：如图 1-22 所示，向量 $\begin{pmatrix} 0 \\ 0 \\ 1 \end{pmatrix}$ 被转到 XOY 平面上。也就是图中垂直于绿色平面的黄色向量被转移到绿色平面上的黄色向量。转移后的三条向量只能张成一个二维平面空间，因此可以这样表述：一个 2×3 的矩阵代表一个将三维空间变换至二维空间的降维过程。可以进一步推广：任意一个行数小于列数的矩阵，都可以理解为表示一个降维的空间变化。

图 1-22

如果是一个 3×2 的矩阵，如 $\begin{pmatrix} 1 & 0 \\ 1 & 0 \\ 1 & 1 \end{pmatrix}$，我们该如何理解呢？可以用同样的思想把它拆分开，如图 1-23 所示。橙色向量即 $\begin{pmatrix} 1 \\ 1 \\ 1 \end{pmatrix}$，深蓝色向量即 $\begin{pmatrix} 0 \\ 0 \\ 1 \end{pmatrix}$。先找到由两个单位向量构成的单位矩阵 $\begin{pmatrix} 1 & 0 \\ 0 & 1 \end{pmatrix}$，为了方便

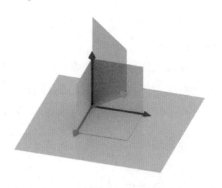

图 1-23

后面的理解，给这两个向量补充一个 z 分量，视作 $\begin{pmatrix} 1 & 0 \\ 0 & 1 \\ 0 & 0 \end{pmatrix}$，分别对应图中的绿色向量与红色向量。根据之前所述的矩阵变换思路，将绿色向量变换到橙色向量，红色向量变换到蓝色向量。经过一番变换，张成的空间从原来的 XY 平面变换到图中的蓝色平面区域，获得了描述 z 分量的能力，像是进入三维空间。但是，仔细看你会发现，这其实并不是一个真正的三维空间，更准确地说应该是，立在三维世界里的一个平面。对于这种增加了可描述分量但不增加张成空间维数的空间变换，本书称为"名义上的升维"。

如前所述，n 个向量最多张成 n 维空间；而 n 列的矩阵表示对对应空间中的 n 条个基向量进行变换，得到的结果自然也是 n 个向量，最多也只能张成 n 维空间。所以，对一个空间进行矩阵变换并不会增加原空间的维数。

把我们的结论进行推广，我们发现：一个 $m \times n$ 的非方阵描述的是一个将 n 维空间变换至"名义" m 维空间的过程。现在叙述这个过程也许会有些难以理解，将在之后的学习中详细讲述。

还有一个问题：为什么矩阵是矩阵，向量组是向量组？

其实，两者本质是相似的。但不妨这么理解：向量组表示多个向量张成的空间，而矩阵表示将原空间的基向量变换至新的位置得到新的基向量。简单地说，向量组表示空间，矩阵表示变换。

1.2.2 矩阵运算及其几何意义

在本小节中,将学习矩阵运算和它背后所蕴含的几何变换,这也是学习 Shader 前需要的最重要的数学知识。

1. 数乘矩阵

在上一节讲过,标量乘法具有缩放的作用。推广开,这在矩阵上也是成立的。比如,想把一个二维坐标轴放大至 2 倍,可以这么写:

$$2 \times \begin{pmatrix} 1 & 0 \\ 0 & 1 \end{pmatrix} = \begin{pmatrix} 2 & 0 \\ 0 & 2 \end{pmatrix}$$

体现到图形上,表现为坐标系中每个点都由原点扩大至原来的 2 倍,如图 1-24 所示。

显然,数乘矩阵就是把矩阵每个元素乘以标量值,得到一个新矩阵。

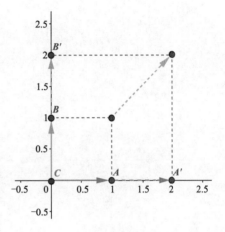

图 1-24

2. 矩阵加法

如果想把两个矩阵的变换效果叠加在一起,就使用矩阵加法。矩阵加法是把两个同型号矩阵,根据元素对应两两相加得到新矩阵,例如:

$$\begin{pmatrix} 1 & 1 \\ 1 & 0 \end{pmatrix} + \begin{pmatrix} 1 & 0 \\ 0 & 1 \end{pmatrix} = \begin{pmatrix} 2 & 1 \\ 1 & 1 \end{pmatrix}$$
$$A \quad + \quad B \quad = \quad C$$

用图解进一步了解其意义,对于原标准空间,如图 1-25 所示。

矩阵变换 $A \begin{pmatrix} 1 & 1 \\ 1 & 0 \end{pmatrix}$ 如图 1-26 所示。

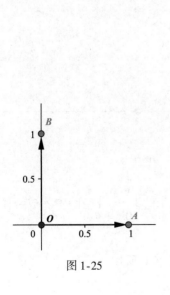

图 1-25

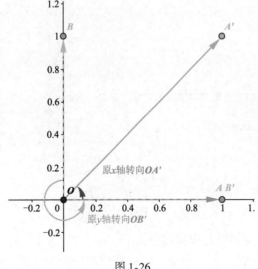

图 1-26

矩阵变换 $B\begin{pmatrix}1 & 0\\ 0 & 1\end{pmatrix}$ 如图 1-27 所示。

则结果变化 $C\begin{pmatrix}2 & 1\\ 1 & 1\end{pmatrix}$ 如图 1-28 所示。

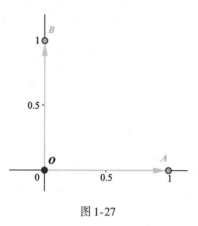
图 1-27

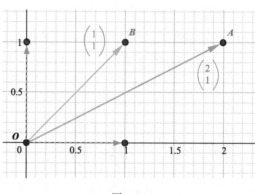
图 1-28

可以用向量加法的原理把得到的变换 C 拆开进行解释，如 $\begin{pmatrix}2\\1\end{pmatrix}$，其实就是 A 的第一列向量 $\begin{pmatrix}1\\1\end{pmatrix}$ 加上 B 的第一列向量 $\begin{pmatrix}1\\0\end{pmatrix}$，如图 1-29 所示。

另一个基的运算也同理。

需要注意的是，矩阵加法中两个相加的矩阵都是基于标准空间解释的。如图 1-30 所示，标准空间经 A 变换后，基向量变为了 $\begin{pmatrix}1\\1\end{pmatrix}$ 和 $\begin{pmatrix}1\\0\end{pmatrix}$，在这个新空间中的点 $(1,1)$ 是在图上的点 A 还是点 B 呢？

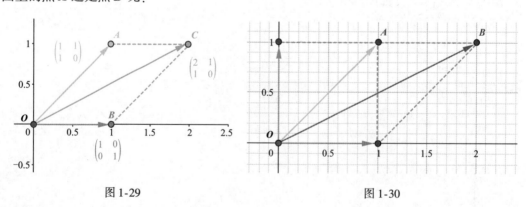

图 1-29　　　　　　　　　　图 1-30

显然是 B，只有 $OB = 1\times\begin{pmatrix}1\\1\end{pmatrix} + 1\times\begin{pmatrix}1\\0\end{pmatrix}$，而 A 只是在原来的 $\begin{pmatrix}1 & 0\\ 0 & 1\end{pmatrix}$ 空间中才被解释为 $(1,1)$，在新空间里它应被解释为 $(1,0)$。

更准确地说，加法中两个矩阵是相对于你为它们坐标命名时所用空间进行解释的。有时你未必会使用常用的 XOY 正交空间，而是一些其他空间进行运算。加法的这一性质使它与矩阵乘法有了区别。

3. 矩阵与向量乘

矩阵乘法与向量乘法有相通之处；矩阵处理的是空间变换，而向量是观察空间变换的绝佳载体。首先，把这个过程叫作"乘法"确实会让人产生误解，它实际上并不那么像我们想象中的乘法，它更像是把变换应用于目标上。

从我们的目标出发吧：如图 1-31 所示，假设在一个标准的二维空间中定义了一个向量 $\begin{pmatrix}1\\1\end{pmatrix}$，然后用矩阵 $\begin{pmatrix}1&1\\-1&1\end{pmatrix}$ 对这个空间进行变换，那么向量 $\begin{pmatrix}1\\1\end{pmatrix}$ 会移动到哪里呢？

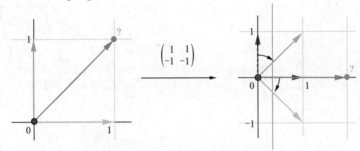

图 1-31

不妨先这样想：如何给出向量的坐标 $\begin{pmatrix}1\\1\end{pmatrix}$ 的？在标准空间 $\begin{pmatrix}1&0\\0&1\end{pmatrix}$ 中，取第一个基的 1 倍，再取第二个基的 1 倍，将 2 个向量相加，得 $1\times\begin{pmatrix}1\\0\end{pmatrix}+1\times\begin{pmatrix}0\\1\end{pmatrix}=\begin{pmatrix}1\\1\end{pmatrix}$。

这样看来，当给出向量坐标时，其实给出的是相对于所选空间所选基下，向量指向位置的解释。因为这是一个相对性的表述，所以改变基时，向量的绝对位置就会改变，但它对于新基下的解依旧是不变的。

有个通俗的生活例子可以解释，假设你与你朋友不得不分开乘坐出租车前往某地，当你朋友开动后，你对你的司机说："用和前面那辆车一样的速度跟着它。"前车的速度就是你的司机判断自身快慢的"基速度"，前车如果从 60km/h 加到 70km/h，那你的车速也会从 60km/h 加到 70km/h。在旁人看起来你的车变快了，但是你的司机会说："我现在的速度依旧是与前车一样啊！"

回到矩阵的场合，当用"取 1 个第一个基向量，再取 1 个第二个基向量，最后把两者相加"来解释 $\begin{pmatrix}1\\1\end{pmatrix}$，一切都变得简单了。

我们知道，矩阵变化的一层含义是"变化基向量"；在上节所述的空间 $\begin{pmatrix}1&1\\-1&1\end{pmatrix}$ 中，第一个基向量被指定是 $\begin{pmatrix}1\\-1\end{pmatrix}$，第二个基向量被指定是 $\begin{pmatrix}1\\1\end{pmatrix}$，那么在这个新空间下，如何

解释 $\begin{pmatrix}1\\1\end{pmatrix}$ 呢？

在变化基向量后，原来的 $\begin{pmatrix}1\\1\end{pmatrix}$ 指向 $\begin{pmatrix}2\\0\end{pmatrix}$。当然这个 $\begin{pmatrix}2\\0\end{pmatrix}$ 依旧是基于空间 $\begin{pmatrix}1&0\\0&1\end{pmatrix}$ 解释的，如图 1-32 所示，可以称它“绝对位置”。

相信你已经可以给出矩阵乘向量的意义了：用 1 组新的基处理 1 个向量，并求这个向量在我们命名时所用基下的位置。或者说：用新的基向量解释向量，再放回原空间表示。

如图 1-33 所示，写出计算过程（注意颜色的对应关系）。

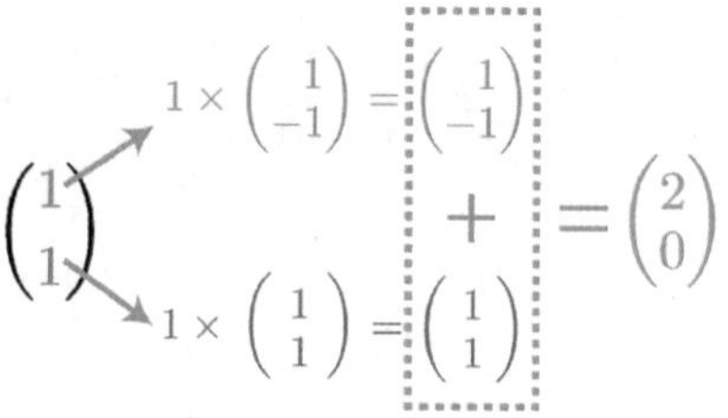

图 1-32

$$
\begin{aligned}
&\begin{pmatrix}1&1\\-1&1\end{pmatrix}\times\begin{pmatrix}1\\1\end{pmatrix}\\
&=1\times\begin{pmatrix}1\\-1\end{pmatrix}+1\times\begin{pmatrix}1\\1\end{pmatrix}\\
&=\begin{pmatrix}1\times1+1\times1\\1\times(-1)+1\times1\end{pmatrix}\\
&=\begin{pmatrix}2\\0\end{pmatrix}
\end{aligned}
$$

图 1-33

我们可以推导出如图 1-34 与图 1-35 的计算过程。

$$
\begin{pmatrix}1&1\\1&1\end{pmatrix}\begin{pmatrix}1\\1\\1\times1+1\times1\\1\times(-1)+1\times1\end{pmatrix}=\begin{pmatrix}2\\0\end{pmatrix}
$$

图 1-34

$$
\begin{pmatrix}1&1\\1&1\end{pmatrix}\begin{pmatrix}1\\1\\1\times1+1\times1\\1\times(-1)+1\times1\end{pmatrix}=\begin{pmatrix}2\\0\end{pmatrix}
$$

图 1-35

这正是矩阵相乘的计算方法！

当然，还有几个问题需要解答：

- 矩阵与向量相乘对二者的型号如何要求？

看看我们的演算过程：“取 λ_1 倍第 1 个向量，再取 λ_2 倍第 2 个向量……，再取 λ_n 倍第 n 个向量，把它们相加。”因此只有 $m\times n$ 的矩阵能处理 n 维的向量，不然无法保证对应关系。

- 非方阵与向量相乘意味着什么？

上一节我们知道：非方阵表示“名义的”升维与降维，同理，非方阵与向量相乘表示对原向量进行名义上的维度变换。因为这代表用高维基表示低维向量。

还有一个棘手的问题：矩阵与向量乘法的左右顺序表示什么？实际上，所有基于列空间矩阵算式都是从右往左读的，在定义上，说明用左边的变化处理右边的式子。具体含义在下一节进行阐述。

4. 矩阵与矩阵相乘

上一节了解了如何用矩阵去变换一个向量，于是我们很自然地会有这么一个问题：是否可以用矩阵去变换另一个矩阵？我们依旧从一个具体的目标出发：对于一个变换 $\begin{pmatrix} 1 & -1 \\ 1 & 0 \end{pmatrix}$；我想在变换后的空间里将基向量变换至新空间里的 $\begin{pmatrix} 1 & -1 \\ 1 & 0 \end{pmatrix}$，求这个变换的最终形式 A，如图1-36所示。

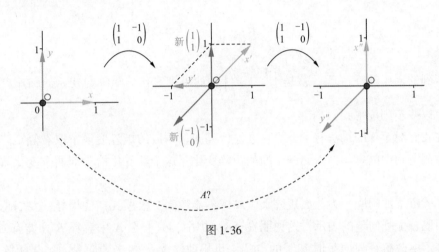

图1-36

我们相信，这个效果叠加的变换一定可以写成一种以刚开始进行变换时用的基描述的形式。也就是说，一定有一个矩阵可以一步达到两次变换的结果。

你也许会想到矩阵加法，但务必注意：加法时参照基总是以初始状态为准的，而与变换的过程无关。你可以试着用 $\begin{pmatrix} 1 & -1 \\ 1 & 0 \end{pmatrix} + \begin{pmatrix} 1 & -1 \\ 1 & 0 \end{pmatrix} = \begin{pmatrix} 2 & -2 \\ 2 & 0 \end{pmatrix}$，用这个变换根本得不到图中的 $x''Oy''$ 空间。

我们可以换一个思路，既然矩阵每一列都是新的基向量的指向，那为什么不把它拆分开，再运用上一节学到的矩阵向量乘法，得到它在新空间中的位置，那样不就得到两次变换后基向量的最终位置了吗？

按照这个思路，将 $\begin{pmatrix} 1 & -1 \\ 1 & 0 \end{pmatrix}$ 分开为 $\begin{pmatrix} 1 \\ 1 \end{pmatrix}$、$\begin{pmatrix} -1 \\ 0 \end{pmatrix}$，根据矩阵与向量相乘的思路，在 $\begin{pmatrix} 1 & -1 \\ 1 & 0 \end{pmatrix}$ 空间中，如图1-37所示，取它的 $\begin{pmatrix} 1 \\ 1 \end{pmatrix}$ 作为新的橙色向量，从原空间中看表现为基向量从 $\begin{pmatrix} 1 \\ 1 \end{pmatrix}$ 向量转成 $\begin{pmatrix} 0 \\ 1 \end{pmatrix}$ 向量；同理，取它的 $\begin{pmatrix} -1 \\ 0 \end{pmatrix}$ 作为新的蓝色向量，从原空间中看表现为基向量从 $\begin{pmatrix} -1 \\ 0 \end{pmatrix}$ 向量转成 $\begin{pmatrix} -1 \\ -1 \end{pmatrix}$ 向量。

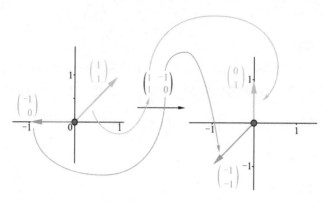

图 1-37

把得到的向量写在一起，就是 $\begin{pmatrix} 0 & -1 \\ 1 & -1 \end{pmatrix}$，如果把它作为矩阵与初始的 xOy 空间进行变换，可以一步到位得到 $x''Oy''$！

现在我们对矩阵的乘法有了概念：在左侧列向量构成的矩阵变换中取右侧矩阵中各列向量在左侧空间中的表示，得到一个新的矩阵变化，这个新变化恰为前两个变化效果顺序叠加。

上一节留下的问题：为什么矩阵乘法顺序不能颠倒？根据我们的推导，我们总是在左侧空间中取右侧列向量的表示，这说明在 $AB = C$ 中，只有在 A 中解释 B 才能有 C。而换顺序就表示更改解释列向量时基于的空间，也更改了拿去解释的向量。结果矩阵自然不一样。

因为向量组也能看作是空间基向量的指向，所以乘法运算右侧的矩阵也可看作是一个变化，因此也可以说 $AB = C$ 是：在列空间中先进行 A 变换再进行 B 变换，得到与先 A 后 B 变换等价 C 变换。

那么非方阵相乘说明什么呢？

$$\begin{pmatrix} 1 & 0 & 3 \\ 2 & 1 & 4 \end{pmatrix} \times \begin{pmatrix} 1 & 3 \\ 2 & 4 \\ 2 & 5 \end{pmatrix}$$

以上面两个矩阵相乘为例，可以说：首先，我们试图在 $\begin{pmatrix} 1 & 0 & 3 \\ 2 & 1 & 4 \end{pmatrix}$ 空间中解释 $\begin{pmatrix} 1 \\ 2 \\ 2 \end{pmatrix}$ 和 $\begin{pmatrix} 3 \\ 4 \\ 5 \end{pmatrix}$ 两个向量，但由于缺少第 3 个分量，必然导致右侧的 2 个三维向量被降维到二维平面。

结合之前的想法，我们在解释 $\begin{pmatrix} 1 & 0 & 3 \\ 2 & 1 & 4 \end{pmatrix}$ 时，其实是把它当作 $\begin{pmatrix} 1 & 0 \\ 0 & 1 \end{pmatrix} \times \begin{pmatrix} 1 & 0 & 3 \\ 2 & 1 & 4 \end{pmatrix}$ 来看的。所以也可以说：先对 $\begin{pmatrix} 1 & 0 \\ 0 & 1 \end{pmatrix}$ 进行 $\begin{pmatrix} 1 & 0 & 3 \\ 2 & 1 & 4 \end{pmatrix}$ 变换，得到一个新的二维空间，再在

新空间进行 $\begin{pmatrix} 1 & 3 \\ 2 & 4 \\ 2 & 5 \end{pmatrix}$ 变换，由于维数不够，给它的 3 个基额外增加 1 个为 0 的分量，即

$\begin{pmatrix} 1 & 0 & 3 \\ 2 & 1 & 4 \\ 0 & 0 & 0 \end{pmatrix}$，再从这个新空间解释 $\begin{pmatrix} 1 \\ 2 \\ 2 \end{pmatrix}$ 和 $\begin{pmatrix} 3 \\ 4 \\ 5 \end{pmatrix}$ 向量，得到基于 $\begin{pmatrix} 1 & 0 & 0 \\ 0 & 1 & 0 \\ 0 & 0 & 1 \end{pmatrix}$ 解释为 $\begin{pmatrix} 7 \\ 12 \\ 0 \end{pmatrix}$ 和

$\begin{pmatrix} 18 \\ 30 \\ 0 \end{pmatrix}$ 两个新向量；把多余的 0 分量省略，可写成：

$$\begin{pmatrix} 1 & 0 & 3 \\ 2 & 1 & 4 \end{pmatrix} \times \begin{pmatrix} 1 & 3 \\ 2 & 4 \\ 2 & 5 \end{pmatrix} = \begin{pmatrix} 7 & 18 \\ 12 & 30 \end{pmatrix}$$

综上所述，不管你把这个"数字阵"理解成描绘变化的矩阵还是向量组，其实都说得通。因此矩阵乘法相当灵活。

根据上一节给出的矩阵与向量相乘的算法，总结出矩阵相乘的计算式，如图 1-38 所示。

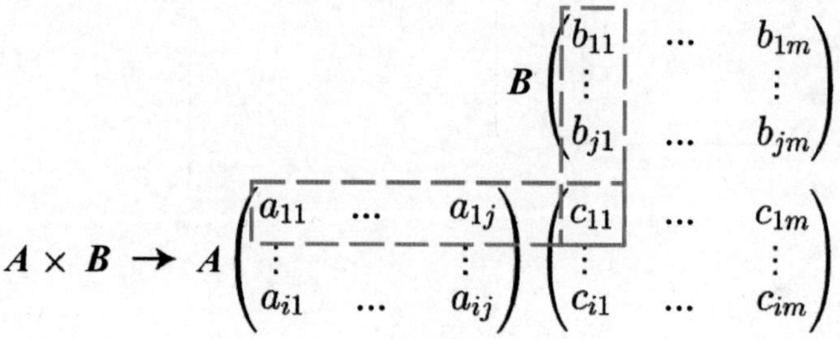

$$A \times B \to A \begin{pmatrix} a_{11} & \cdots & a_{1j} \\ \vdots & & \vdots \\ a_{i1} & \cdots & a_{ij} \end{pmatrix} B\begin{pmatrix} b_{11} & \cdots & b_{1m} \\ \vdots & & \vdots \\ b_{j1} & \cdots & b_{jm} \end{pmatrix} \begin{pmatrix} c_{11} & \cdots & c_{1m} \\ \vdots & & \vdots \\ c_{i1} & \cdots & c_{im} \end{pmatrix}$$

图 1-38

其中，$c_{\mu\lambda} = a_{\mu i} \cdot b_{1\lambda} + a_{\mu 2} \cdot b_{2\lambda} + \cdots + a_{\mu j} \cdot b_{j\lambda}$

矩阵乘法拥有以下性质：

- $(AB)C = A(BC)$

ABC 是一个有序的空间变换；因为矩阵乘法的目的是得到与两次矩阵变换等价的变换；所以不仅可以先求 C 向量组在 B 中的表示，再求得到 (BC) 向量组在 A 的表示；还可以先求 AB 共同表示的空间，再求 C 向量组在空间 (AB) 的表示。

- $\lambda(AB) = (\lambda A)B = A(\lambda B)$

将标量相乘表示只对变换进行缩放而不改变空间的网格结构。用列向量形式进行理解：在 $(\lambda A)B$ 中，先对 A 进行缩放，当 B 的列向量进行 (λA) 变换时，缩放量 λ 自然也会间接作用到列向量上；而对 $A(\lambda B)$，先对 B 中的列向量进行缩放，当变换 A 进行时，缩放量 λ 自然也随着向量一起变换。

- $A(B + C) = AB + AC$

$A(B + C)$ 表示在初始坐标系下将 B 与 C 向量组相加，再在 A 空间中解释 B 与 C 向量

组相加后的结果；而 $AB+AC$ 表示先在 A 空间中取 B，C，再在初始坐标系将它们相加，还是以列向量视角看，在上一节讲述矩阵与向量乘时用了"参照"的概念，而矩阵是一种线性变化，并不改变两个向量间的"相对关系"（可以想象成变换后的新坐标轴仍有对应"平行关系"）。因此分配律是成立的。

- $(A+B)C = AC + BC$

$(A+B)C$ 是指在初始坐标系下将 A 与 B 相加，再于新空间中对 C 中的列向量进行解释。$AC+BC$ 是指分别在 A 与 B 变换后的空间中解释 C 中的列向量，然后在初始坐标系下将向量组相加。由于 A 与 B 变换都基于在同一坐标系表述，因此它们描述的基向量变换可以合并使用也可拆分使用。

举个例子，假设有变换 A、B，以及 $A+B$，如图 1-39 所示。

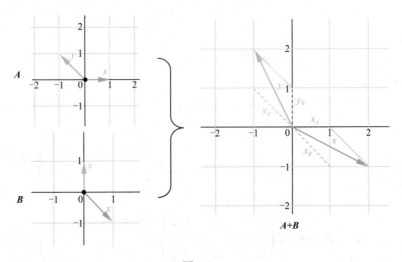

图 1-39

另假设有向量 $C\begin{pmatrix}1\\1\end{pmatrix}$，则 AC、BC 和 $AC+BC$ 表现为如图 1-40 所示。

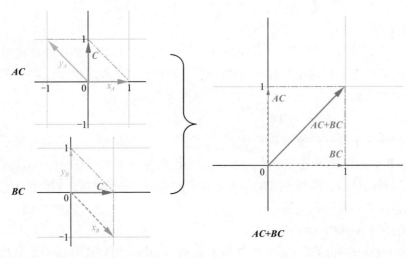

图 1-40

现在，若试图在 $A+B$ 中取 C，则会发现它们其实是同样的向量，如图 1-41 所示。

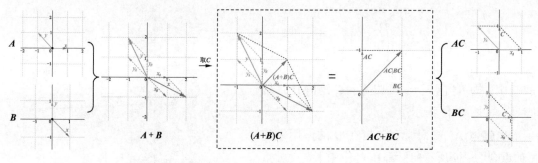

图 1-41

为什么 $AB=0$ 不表示 $A=0$ 或 $B=0$？

$AB=0$ 是指经过 A，B 两次变换后，新空间中所有向量都指向原点，即转至零维空间。根据之前所学，这个过程可以是逐次降维，比如，B 先将 x 轴压至 0，A 再将 y 轴压至 0；再如，B 变换是将三维向量降维到仅有 x 轴一维，A 变换是将三维向量降维到仅有 yz 平面，但由于变化进行到 B 时已无 yz 平面，所以 A 变换就表现为把空间经由 B 变换后剩下的 x 轴降维到原点。

所以，若存在 $AB=0$，可以肯定的是 AB 过程一定降维了，但不一定是 A 或者 B 一次性把所有维数降为 0，也不一定是 AB 各自降维数之和就是目标空间的维数；只能说是 A 与 B 各自降维的并集大于目标空间的维数，如图 1-42 所示。

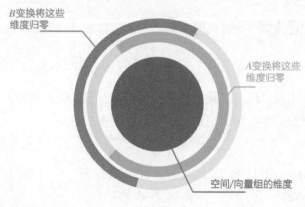

图 1-42

也就是说，当两个矩阵相乘为 0，则两个矩阵的总降维数大于等于向量/空间的维度。

为什么矩阵乘法不满足消去律？

这个问题可看作是上一个问题的推广，翻译成符号形式就是如果 $BA=CA$，为什么没有 $B=C$？

设 A 表示一个三维空间的向量组，而 B 矩阵表示一个将三维空间 $\begin{pmatrix} 1 & 0 & 0 \\ 0 & 1 & 0 \\ 0 & 0 & 1 \end{pmatrix}$ 降维至

二维空间 $\begin{pmatrix} 1 & 0 \\ 0 & 1 \end{pmatrix}$ (xy 平面) 的变化，C 矩阵表示一个将空间降维至 $\begin{pmatrix} 1 & 0 \\ 0 & 0 \\ 0 & 1 \end{pmatrix}$ (xz 平面) 面的变化，即 B 矩阵让 z 轴归零，C 矩阵让 y 轴归零，如图 1-43 所示。

也就是说，xz 面所有向量在 B 的作用下与 x 轴重合，xy 面所有向量都在 C 作用下与 x 轴重合。

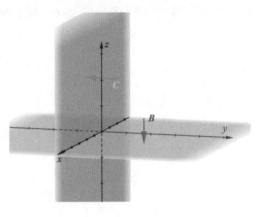

图 1-43

现在，在经由 B 变换或 C 变换后的空间中假设有一个在 x 轴上的向量 $\begin{pmatrix} 1 \\ 0 \\ 0 \end{pmatrix}$，你知道它是由哪个向量经哪个过程得到的吗？可以是 $\begin{pmatrix} 1 \\ 0 \\ 1 \end{pmatrix}$ 经 B 变换得到，也可以是 $\begin{pmatrix} 1 \\ 1 \\ 0 \end{pmatrix}$ 经 C 变换得到，它们的结果都是 $\begin{pmatrix} 1 \\ 0 \end{pmatrix}$，但我们根本无法不知道它是原来的位置。

在这里，我们找到一个满足 $BA = CA$ 的变换，它们的作用效果都是将三维空间降维到二维空间，而且我们也找到一个这两个空间共用的向量 $\begin{pmatrix} 1 \\ 0 \\ 0 \end{pmatrix}$，但显然 B 和 C 是两个完全不同的变换，即 $B \neq C$。

也就是说，对于出现了降维变化的过程，由于存在多个输入对应同一结果的情况，因此不能由同一结果就想当然地得出它们经历了同一变换。

5. 向量点乘

在讨论点乘之前，暂且聚焦于一个 1×2 的矩阵 $U[u_x \ u_y]$，根据此前的知识，我们知道这是一个表示由二维降至一维的变化，然后，定义一个向量 $\boldsymbol{u}\begin{pmatrix} u_x \\ u_y \end{pmatrix}$，它是矩阵 U 的转置。U 的空间是一条数轴，$\boldsymbol{u}$ 的空间是一个平面，可以将它们绘制到同一张图上，并且由于 U 作为一个一维空间本身没有"旋转"这一概念，因此使 U 的空间与 $\boldsymbol{u}$ 向量的方向重合也不影响 U 的表达，如图 1-44 所示，红色向量表示 $\boldsymbol{u}$，蓝色虚线表示与之同向的数轴 U，在数轴 U 上，能取得两点 u_x 与 u_y。

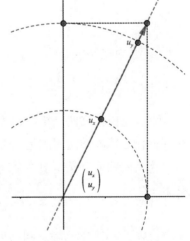

图 1-44

现在，设 i、j 的为 u 所在空间的基向量，且 $u=u_x i+u_y j$。对 i 做 U 变换，则 $Ui = \begin{pmatrix} u_x & u_y \end{pmatrix} \begin{pmatrix} 1 \\ 0 \end{pmatrix} = u_x$；对 j 做 U 变换，则 $Uj = \begin{pmatrix} u_x & u_y \end{pmatrix} \begin{pmatrix} 0 \\ 1 \end{pmatrix} = u_y$；也就是说，对 u 所在的空间的基向量做 u 所对应的转置矩阵的变换，可以获得 u 在这两个基向量上的投影长度。设 u 为单位向量，则 u 与 i、j 的长度相等，u 在 i、j 上的投影长度，就是 i、j 在 u 上的投影长度。换言之，通过给这两个基向量做 U 变换，得到向量 u 在这两个基向量上的投影长度。

那么，这种关系对于任意两个向量成立吗？不妨再在 u 的空间下取任意一个向量 $v \begin{pmatrix} v_x \\ v_y \end{pmatrix}$，如图 1-45 所示，$v$ 在 u 上的投影距离 $d = \cos\theta |v|$，根据余弦定理，$\cos\theta = \dfrac{|v|^2 + |u|^2 - |v-u|^2}{2|v||u|}$，而 $|v| = \sqrt{v_x^2 + v_y^2}$、$|u| = \sqrt{u_x^2 + u_y^2}$、$|v-u| = \sqrt{(v_x-u_x)^2 + (v_y-u_y)^2}$，代入可得 $\cos\theta = \dfrac{v_x u_x + v_y u_y}{|v||u|}$，则 $d = \dfrac{v_x u_x + v_y u_y}{|u|}$，由于 u 为单位向量，则 $d = v_x u_x + v_y u_y = \begin{pmatrix} u_x & u_y \end{pmatrix} \begin{pmatrix} v_x \\ v_y \end{pmatrix} = Uv$。也就是说对 v 做 U 变换，即可得到 v 在 u 上的投影距离。

从线性变化的角度来看，这个过程包含将 v 投影到 i、j 上，再将 i、j 投影到 u 上线性组合的步骤。如图 1-46 所示，以 i 向 u 做垂线，交数轴 U 于 i_u，显然 $\dfrac{|u|}{u_x} = \dfrac{|i|}{i_u}$。又因为 $Ui = u_x$，因此 $Ui = |u| i_u$，同理 $Uj = |u| j_u$。现在尝试对 v 做 U 变换，则有：
$$Uv = U(v_x i + v_y j) = v_x Ui + v_y Uj = v_x |u| i_u + v_y |u| j_u$$

不难看出，v 在 u 上的投影，就是 v 在两个基向量的投影再到 u 上投影的线性组合，类似于一个从三维到一维的线性变化。如果 u 不是单位向量，那么 Uv 的结果就是 v 在 u 上的投影乘以 u 的向量长度。

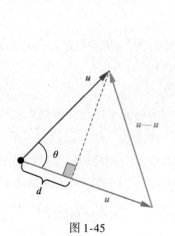

图 1-45　　　　　　　　图 1-46

现在，为了简化这一流程，我们定义一个新的运算来更好地计算向量投影。因为 U 变化是 u 的转置，那对于向量 u 与向量 v，定义 $u \cdot v = u^T v$，即 $\begin{pmatrix} u_x \\ u_y \end{pmatrix} \cdot \begin{pmatrix} v_x \\ v_y \end{pmatrix} = \begin{pmatrix} u_x & u_y \end{pmatrix} \begin{pmatrix} v_x \\ v_y \end{pmatrix}$，这个计算称为向量点乘（Dot），结果也称向量点积（Dot Product）或向量内积。综上所述，$u \cdot v$ 表示 u 在 v 上的投影长度乘以 v 的向量长度。

顺着这个思路，可以得出许多有趣的性质：

- $u \cdot v = v \cdot u$

设 u 和 v 都是单位向量，此时投影具有对称性，因此交换计算顺序不影响结果。现在缩放向量 u，得 $mu \cdot v$，此时 mu 在 v 上的投影长度扩大了 m 倍，而 v 在 u 上点乘的结果变成了投影的缩放，即 v 在 u 上的投影乘以 mu 的长度 m，因此 $mu \cdot v = v \cdot mu$。同理，对 v 进行缩放 n 倍，$mu \cdot nv$ 的点乘结果为 mu 在 nv 的投影长度乘以 nv 的长度，显然 $mu \cdot nv = nv \cdot mu$。

- $ku \cdot v = k(v \cdot u)$

如上一性质，缩放向量时，投影结果也会按比例被缩放，因此对向量的缩放等同于对点乘结果的缩放。

- $(u + a) \cdot u = u \cdot v + a \cdot v$

设 $u = \begin{pmatrix} u_1 \\ \vdots \\ u_n \end{pmatrix}$, $v = \begin{pmatrix} v_1 \\ \vdots \\ v_n \end{pmatrix}$, $a = \begin{pmatrix} a_1 \\ \vdots \\ a_n \end{pmatrix}$，则 $(u + a) \cdot u = \begin{pmatrix} u_1 + a_1 & \cdots & u_n + a_n \end{pmatrix} \begin{pmatrix} v_1 \\ \vdots \\ v_n \end{pmatrix}$，根据矩阵乘法的性质，$\begin{pmatrix} u_1 + a_1 & \cdots & u_n + a_n \end{pmatrix} \begin{pmatrix} v_1 \\ \vdots \\ v_n \end{pmatrix} = \begin{pmatrix} u_1 & \cdots & u_n \end{pmatrix} \begin{pmatrix} v_1 \\ \vdots \\ v_n \end{pmatrix} + \begin{pmatrix} a_1 & \cdots & a_n \end{pmatrix} \begin{pmatrix} v_1 \\ \vdots \\ v_n \end{pmatrix}$。

在上面阐述 v 在 u 上投影关系时，我们提出的"v 在 u 上的投影等于 v 在两个基向量的投影再到 u 上投影的线性组合"就符合这一关系。

6. 矩阵行列式

矩阵行列式（Determinant）看起来就像是把矩阵两侧的括号换成了竖线：

$$\begin{pmatrix} 2 & 0 \\ 0 & 3 \end{pmatrix} \rightarrow \begin{vmatrix} 2 & 0 \\ 0 & 3 \end{vmatrix}$$

与矩阵不同的是，行列式表示一个数。这个写法很像绝对值，而结果也确实是一个数值，所以可以在某种意义上认为行列式是矩阵的"绝对值"——虽然这不是一个事实，但行列式确实表示矩阵的某种属性。实际上，行列式表示空间经矩阵变换后被缩放的程度。

如图 1-47 所示，为了计算一个标准的直角坐标系空间经由一个矩阵变换后单位面积的缩放程度，可以现在原空间下取一个 1×1 的正方形，在经过矩阵 $\begin{pmatrix} 2 & 0 \\ 0 & 3 \end{pmatrix}$ 变换后，空间的横轴变成了原来的 2 倍，竖轴变成了原来的 3 倍。那么，原来 1×1 的正方形面积就变

成了 $2 \times 3 = 6$。换句话说，这个矩阵变换将空间放大到原来的 6 倍。

那么，对于更复杂的矩阵变换，我们又该如何计算呢？如图 1-48 所示，在经过矩阵 $\begin{pmatrix} a & c \\ b & d \end{pmatrix}$ 变换后，原来的正方形变形为 1 个平行四边形。它的面积可以表示为 2 个向量构成的三角形面积的 2 倍，即

$$
\begin{aligned}
S &= 2S_\Delta \\
&= 2\left(ad - \frac{1}{2}cd - \frac{1}{2}ab - \frac{1}{2}(a-c)(d-b)\right) \\
&= ad - bc
\end{aligned}
$$

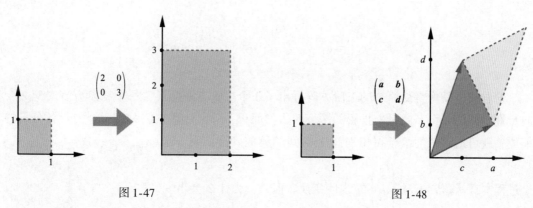

图 1-47　　　　　　　　　　　图 1-48

由此可得，在经过矩阵 $\begin{pmatrix} a & c \\ b & d \end{pmatrix}$ 变换后，空间缩放为原来的 $ad - bc$ 倍，而这就是二阶行列式的计算方法：

$$\begin{vmatrix} a & c \\ b & d \end{vmatrix} = ad - bc$$

而在进入三维空间后，也可以用同样的思路进行推导。设有一个三阶矩阵变化 $\begin{pmatrix} a_1 & b_1 & c_1 \\ a_2 & b_2 & c_2 \\ a_3 & b_3 & c_3 \end{pmatrix}$，在经过该变换后，原空间的方体将变成一个平行六面体，如图 1-49 所示。而这个平行六面体的体积可求得：

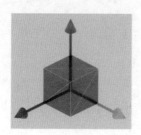 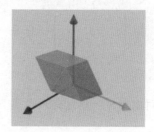

图 1-49

$$V = a_1 \, b_2 \, c_3 + b_1 \, c_2 \, a_3 + c_1 \, a_2 \, b_3 - c_1 \, b_2 \, a_3 - b_1 \, a_2 \, c_3 - a_1 \, c_2 \, b_3$$

而这就是三阶行列式 $\begin{vmatrix} a_1 & b_1 & c_1 \\ a_2 & b_2 & c_2 \\ a_3 & b_3 & c_3 \end{vmatrix}$ 的结果。

直接这么计算实在有些复杂，可通过拉普拉斯展开（Laplace expansion）将其变为多个二阶行列式的组合，即行列式 $(B) = \sum_{j=1}^{n} (-1)^{i+j} B_{ij} M_{ij}$。其中，$M_{ij}$ 表示 B 中去掉第 i 行第 j 列后得到的 $n-1$ 阶子矩阵的行列式（简称为 B_{ij} 的余子式），以三阶行列式为例：

$$\begin{vmatrix} a_1 & b_1 & c_1 \\ a_2 & b_2 & c_2 \\ a_3 & b_3 & c_3 \end{vmatrix} = a_1 \begin{vmatrix} b_2 & c_2 \\ b_3 & c_3 \end{vmatrix} - a_2 \begin{vmatrix} b_1 & c_1 \\ b_3 & c_3 \end{vmatrix} + a_3 \begin{vmatrix} b_1 & c_1 \\ b_2 & c_2 \end{vmatrix}$$

这看起来就像是从原来的三阶方阵拆出了 3 个二阶方阵变换，每个二阶方阵对应 2 个向量在不同的 2 个基向量上投影的平行四边形面积，分别计算它们对另一个向量各分量的缩放，就可通过线性组合得出对整个空间的缩放。这说明，这个过程本身就蕴含了对 $\begin{pmatrix} a_1 \\ a_2 \\ a_3 \end{pmatrix}$ 的线性变换。但是，为什么会出现负数呢？这是因为在线性代数中总是默认使用右手系空间，如图 1-50 所示，而 $\begin{pmatrix} b_1 \\ b_3 \end{pmatrix}$ 与 $\begin{pmatrix} c_1 \\ c_3 \end{pmatrix}$ 所张成的四边形对应的垂直方向与之相反，因此需要乘以 -1 反转结果，保证乘积为正数。

图 1-50

7. 向量叉乘

我们已经知道，在三维空间中矩阵行列式的结果等于变换后三个基向量构成的平行六面体的体积，那必然能过原点找到一条垂直于它某个底边的向量正好是该底边的高，如图 1-51 所示，黄色向量恰好是该平行六面体底面的高。

设有向量组 $\begin{pmatrix} a_1 & b_1 & c_1 \\ a_2 & b_2 & c_2 \\ a_3 & b_3 & c_3 \end{pmatrix}$，存在一个平行四边形由 $\boldsymbol{b}$ 与向

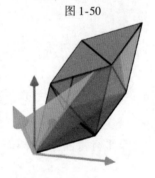

图 1-51

量 $\boldsymbol{c}$ 构成，面积为 S，并且有一个垂直于这个平行四边形的单位向量 $\boldsymbol{u} \begin{pmatrix} u_1 \\ u_2 \\ u_3 \end{pmatrix}$，那么 $V = $

$\begin{vmatrix} a_1 & b_1 & c_1 \\ a_2 & b_2 & c_2 \\ a_3 & b_3 & c_3 \end{vmatrix} = h \cdot |\boldsymbol{u}| \cdot S$。其中，$h$ 表示这个平行六面体之于该平行四边形的高。如图 1-52 所示，显然，h 就是 $\begin{pmatrix} a_1 \\ a_2 \\ a_3 \end{pmatrix}$ 向量（图中紫色）在 $\boldsymbol{u}$ 方向上的投影的长度。

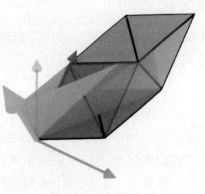

图 1-52

这说明，只要固定了 $\boldsymbol{a}$ 在 $\boldsymbol{u}$ 方向上投影的长度，无论 $\boldsymbol{a}$ 朝向哪里，$\begin{vmatrix} a_1 & b_1 & c_1 \\ a_2 & b_2 & c_2 \\ a_3 & b_3 & c_3 \end{vmatrix}$ 都是固定的，而在行列式的小节的学习中，我们已经知道，一个三阶行列式本身就是一个三维到一维的线性变换过程。那么，可以得出一个方程：

$$(x \quad y \quad z) \begin{pmatrix} a_1 \\ a_2 \\ a_3 \end{pmatrix} = \begin{pmatrix} a_1 & b_1 & c_1 \\ a_2 & b_2 & c_2 \\ a_3 & b_3 & c_3 \end{pmatrix}$$

这个方程的 $\begin{pmatrix} a_1 \\ a_2 \\ a_3 \end{pmatrix}$ 有许多个解，但必然满足 $(u_1 \quad u_2 \quad u_3) \begin{pmatrix} a_1 \\ a_2 \\ a_3 \end{pmatrix}$ 为定值，所以可以认为

$(x \quad y \quad z) = k(u_1 \quad u_2 \quad u_3)$。若 $\begin{pmatrix} a_1 \\ a_2 \\ a_3 \end{pmatrix}$ 是一个单位向量，那么 $\begin{pmatrix} a_1 & b_1 & c_1 \\ a_2 & b_2 & c_2 \\ a_3 & b_3 & c_3 \end{pmatrix} = S$，进而

$(x \quad y \quad z) \begin{pmatrix} a_1 \\ a_2 \\ a_3 \end{pmatrix} = S$，也即向量 $\begin{pmatrix} x \\ y \\ z \end{pmatrix}$ 的长度为 S。

又因为 $a_1 x + a_2 y + a_3 z = a_1 \begin{vmatrix} b_2 & c_2 \\ b_3 & c_3 \end{vmatrix} - a_2 \begin{vmatrix} b_1 & c_1 \\ b_3 & c_3 \end{vmatrix} + a_3 \begin{vmatrix} b_1 & c_1 \\ b_2 & c_2 \end{vmatrix}$，则向量 $\begin{pmatrix} x \\ y \\ z \end{pmatrix}$ 与向量

$\begin{pmatrix} \begin{vmatrix} b_2 & c_2 \\ b_3 & c_3 \end{vmatrix} \\ -\begin{vmatrix} b_1 & c_1 \\ b_3 & c_3 \end{vmatrix} \\ \begin{vmatrix} b_1 & c_1 \\ b_2 & c_2 \end{vmatrix} \end{pmatrix}$ 对 $\begin{pmatrix} a_1 \\ a_2 \\ a_3 \end{pmatrix}$ 的点乘结果都相同，而 $\begin{pmatrix} a_1 \\ a_2 \\ a_3 \end{pmatrix}$ 是长度唯一的单位向量，这说明 2 个向

量长度相同。又因为对于朝向可变的 $\begin{pmatrix} a_1 \\ a_2 \\ a_3 \end{pmatrix}$，这 2 个向量都能保证与

$\begin{pmatrix} a_1 \\ a_2 \\ a_3 \end{pmatrix}$ 的点乘结果相同，说明 2 个向量是相同的向量。如图 1-53 所示，

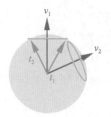

图 1-53

在蓝色球面上，对于向量 t_1，可以找到向量 v_1、v_2 与之有相等的投影长度，转动 t_1，可以找到一个与向量 t_1 等长的向量 t_2 在 v_1 上有相等的投影长度，但其在 v_2 上的投影长度却发生了改变。

因此，对于已知的向量 $\begin{pmatrix} b_1 \\ b_2 \\ b_3 \end{pmatrix}$、$\begin{pmatrix} c_1 \\ c_2 \\ c_3 \end{pmatrix}$，可以找到向量 $\begin{pmatrix} x \\ y \\ z \end{pmatrix}$ 与它们垂直。其中 $x = \begin{vmatrix} b_2 & c_2 \\ b_3 & c_3 \end{vmatrix}$，$y = -\begin{vmatrix} b_1 & c_1 \\ b_3 & c_3 \end{vmatrix}$，$z = \begin{vmatrix} b_1 & c_1 \\ b_2 & c_2 \end{vmatrix}$。当然可以借助行列式，用线性组合的方式写出这个过程。设空间基向量为 i、j、k，那么 $\begin{vmatrix} i & b_1 & c_1 \\ j & b_2 & c_2 \\ k & b_3 & c_3 \end{vmatrix} = \begin{vmatrix} b_2 & c_2 \\ b_3 & c_3 \end{vmatrix} i - \begin{vmatrix} b_1 & c_1 \\ b_3 & c_3 \end{vmatrix} j + \begin{vmatrix} b_1 & c_1 \\ b_2 & c_2 \end{vmatrix} k$。这个运算过程取名为向量叉乘（Cross），记作 $a \times b$，结果也称为向量叉积或向量外积（Cross Product），可通过对 $a \times b$ 求出一个同时垂直于 a 与 b 的向量，且新向量的方向符合右手定则（见图 1-54），其长度为 a 与 b 构成的平行四边形的面积，因此亦有 $|a \times b| = |a||b|\sin(\theta)$。

可以据此得出一些叉乘的性质：

- $a \times b = -b \times a$

从结果向量的长度来看，$|a \times b| = |b \times a|$，因为 a 与 b 构成的平行四边形面积与 b 与 a 构成的平行四边形面积相等。从结果向量的方向来看，根据右手定则，计算顺序的改变导致"右手翻转"，因此结果向量的方向必然与交换前的相反。

图 1-54

- $a \times b = a \times c$，不可得 $b = c$

$a \times b = a \times c$ 只能说明 a、b、c 三个向量都处于同一平面，a 与 b、a 与 c 两组向量分别构成的平行四边形面积相等，而这显然不能推出 b、c 是同一个向量。

- $a \times (b + c) = a \times b + b \times c$，$(b + c) \times a = b \times a + c \times a$

---

① 引自 https://en.wikipedia.org/wiki/Cross_product

$$a \times (b+c) = \begin{vmatrix} i & a_1 & b_1+c_1 \\ j & a_2 & b_2+c_2 \\ k & a_3 & b_3+c_3 \end{vmatrix} = (a_2b_3 + a_2c_3 - a_3b_2 - a_3c_2)i - (a_1b_3 + a_1c_3 - a_3b_1 - a_3c_1)j + (a_1b_2 + a_1c_2 - a_2b_1 - a_2c_1)k$$，与 $a \times b + b \times c = \begin{vmatrix} i & a_1 & b_1 \\ j & a_2 & b_2 \\ k & a_3 & b_3 \end{vmatrix} + \begin{vmatrix} i & a_1 & c_1 \\ j & a_2 & c_2 \\ k & a_3 & c_3 \end{vmatrix}$ 的计算结果相同。同理可证明 $(b+c) \times a = b \times a + c \times a$。

1.2.3 使用矩阵进行空间变换

在对矩阵有了初步的理解后，现在尝试将矩阵作为一个真正的工具来变换空间。回忆之前的知识，如果已知当前空间的状态与目标空间的状态，该如何构造出一个描述从当前空间到目标空间的矩阵变换呢？设三维空间 A 的基向量为 a_1、a_2、a_3，目标三维空间 B 的基向量为 b_1、b_2、b_3，那么使用矩阵 $T(b_1 \quad b_2 \quad b_3)$ 右乘 A 空间，就可以将 A 空间转换到 B 空间。需要注意的是，这里必须要求使用的 b_1、b_2、b_3 是以 A 空间的基向量 a_1、a_2、a_3 表述的 B 空间基向量。所以，如果试图用矩阵 $(a_1 \quad a_2 \quad a_3)$ 右乘 B 空间，那肯定是无法得到 A 空间的。现在，用逆矩阵（inverse matrix）来形容从 B 空间到 A 空间的矩阵 T 的逆向变换过程，记作 T^{-1}。这和四则运算中"除法"的定义很像，其目的是消去某个线性变换所带来的影响。

1. 使用矩阵进行平移

现在，我们来尝试解决一个简单的平移问题。已知 $P\begin{pmatrix} p_x \\ p_y \\ p_z \end{pmatrix}$，需要找到一个矩阵 A，使得 $AP = \begin{pmatrix} p_x + t_x \\ p_y + t_y \\ p_z + t_z \end{pmatrix}$。这好像和设想的不太一样，从我们的直觉来看，想表达一个平移的变换只需对坐标进行加减即可，但实际上直接进行加减计算并不符合"变换"的即矩阵相乘概念，为了规范化这个步骤，必须用描述空间变换的方法描述矩阵平移的过程，因此才需要寻找矩阵 A。但是直接使用矩阵乘法并不能满足我们的需求，因为我们只是改变了坐标原点，而并未修改基向量的指向，那么应该如何解决这个问题呢？也许在几何上一时想不出办法，但在数学上可以做出一些处理。

首先，需要把维度扩充至四维，即 $P\begin{pmatrix} p_x \\ p_y \\ p_z \\ p_w \end{pmatrix}$，这个坐标被称为齐次坐标（homogeneous coordinates）。那么对应的矩阵变换自然也要提升到四维空间，即：

$$A\begin{pmatrix} a_{11} & a_{12} & a_{13} & a_{14} \\ a_{21} & a_{22} & a_{23} & a_{24} \\ a_{31} & a_{32} & a_{33} & a_{34} \\ a_{41} & a_{42} & a_{43} & a_{44} \end{pmatrix} = \begin{pmatrix} \begin{bmatrix} A_{3\times3} & A'_{1\times3} \\ A''_{1\times3} & w \end{bmatrix} \end{pmatrix}$$

此处，$A_{3\times3}$ 是指升维之前的 A 矩阵。$A'_{1\times3}$、$A''_{1\times3}$ 及 w 是升维之后新增的部分。在 $A_{3\times3}$ 中，由于在平移时不需要修改基向量的朝向，因此直接使用 $\begin{pmatrix} 1 & 0 & 0 \\ 0 & 1 & 0 \\ 0 & 0 & 1 \end{pmatrix}$ 即可。那么有：

$$AP = \begin{pmatrix} p_x + a_{14}\, p_w \\ p_y + a_{24}\, p_w \\ p_z + a_{34}\, p_w \\ A''_{1\times3} P_{xyz} + a_{44}\, p_w \end{pmatrix}$$

这结果和 $\begin{pmatrix} p_x + t_x \\ p_y + t_y \\ p_z + t_z \end{pmatrix}$ 太像了，只需让 $p_w = 1$、$\begin{pmatrix} t_x \\ t_y \\ t_z \end{pmatrix} = A'_{1\times3}$，就可用 $A'_{1\times3}$ 分别表示三个方向的平移量。而如果 P 是一个向量，那么自然不存在"平移"的关系，让 $p_w = 0$ 即可。当 $A''_{1\times3} = (0\ 0\ 0)$，且 $a_{44} = 1$ 时，正好能涵盖这层关系。

所以，平移矩阵可以写为 $\begin{pmatrix} 1 & 0 & 0 & t_x \\ 0 & 1 & 0 & t_y \\ 0 & 0 & 1 & t_z \\ 0 & 0 & 0 & 1 \end{pmatrix}$，不管是向量还是点，只要将它的齐次坐标右乘平移矩阵，就能实现平移变换。

2. 使用矩阵进行缩放

相比于平移变换，缩放变换就简单得多，它没有移动空间的原点位置，也未改变基向量的指向，只是对基向量进行伸缩。因此缩放矩阵 A 可以写为：$\begin{pmatrix} k_x & 0 & 0 & 0 \\ 0 & k_y & 0 & 0 \\ 0 & 0 & k_z & 0 \\ 0 & 0 & 0 & 1 \end{pmatrix}$，对于齐次坐标 $P\begin{pmatrix} p_x \\ p_y \\ p_z \\ p_w \end{pmatrix}$，有：

$$AP = \begin{pmatrix} k_x & 0 & 0 & 0 \\ 0 & k_y & 0 & 0 \\ 0 & 0 & k_z & 0 \\ 0 & 0 & 0 & 1 \end{pmatrix} \begin{pmatrix} p_x \\ p_y \\ p_z \\ p_w \end{pmatrix} = \begin{pmatrix} k_x p_x \\ k_y p_y \\ k_z p_z \\ p_w \end{pmatrix}$$

其中，当 P 为点时，$p_w = 1$；P 为向量时，$p_w = 0$。

3. 使用矩阵进行旋转

当计算旋转时，需要考虑两个要素：旋转轴与旋转角度。由于旋转变换是一种线性变换，为了方便计算，可以把在三维空间中的旋转拆解为以三个基向量为旋转轴各自的旋转变换。即对于旋转矩阵 A_R 有：

$$A_R = A_{R_Z} A_{R_X} A_{R_Y}$$

直接看三维空间下的旋转有些复杂，先研究二维空间下的旋转变换，如图 1-55 所示。

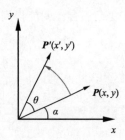

图 1-55

对于原向量 $P\begin{pmatrix} x \\ y \end{pmatrix}$，旋转 θ 角度后来到 $P\begin{pmatrix} x' \\ y' \end{pmatrix}$，可知有以下关系：

$$\begin{cases} x' = |P|\cos(\theta + \alpha) = \cos\theta \cdot x - \sin\theta \cdot y \\ y' = |P|\sin(\theta + \alpha) = \sin\theta \cdot x + \cos\theta \cdot y \end{cases}$$

即：$A_R P = \begin{pmatrix} \cos\theta & -\sin\theta \\ \sin\theta & \cos\theta \end{pmatrix} \begin{bmatrix} x \\ y \end{bmatrix}$。

而这实际上与在三维空间中绕 Z 轴旋转的变换别无二致，想象这是一个从 Z 轴上方俯瞰的视角，所有的向量都变成在 XY 平面上的投影，那么它的旋转肯定是遵从二维空间下的旋转规律的。因此，由于 Z 分量不参与计算，只需将目前的成果扩充至三维空间即可。

即：$A_{R_Z} P = \begin{pmatrix} \cos\theta & -\sin\theta & 0 \\ \sin\theta & \cos\theta & 0 \\ 0 & 0 & 1 \end{pmatrix} \begin{pmatrix} p_x \\ p_y \\ p_z \end{pmatrix}$。再将它转换为齐次坐标，最终得出：

$$A_{R_Z} = \begin{pmatrix} \cos\theta & -\sin\theta & 0 & 0 \\ \sin\theta & \cos\theta & 0 & 0 \\ 0 & 0 & 1 & 0 \\ 0 & 0 & 0 & 1 \end{pmatrix}$$

同理，可以得到绕 X 轴、Y 轴的旋转矩阵：

$$A_{R_X} = \begin{pmatrix} 1 & 0 & 0 & 0 \\ 0 & \cos\theta & -\sin\theta & 0 \\ 0 & \sin\theta & \cos\theta & 0 \\ 0 & 0 & 0 & 1 \end{pmatrix}, A_{R_Y} = \begin{pmatrix} \cos\theta & 0 & \sin\theta & 0 \\ 0 & 1 & 0 & 0 \\ -\sin\theta & 0 & \cos\theta & 0 \\ 0 & 0 & 0 & 1 \end{pmatrix}$$

需要注意的是，在绕 Y 轴旋转的变换矩阵中，$-\sin\theta$ 与 $\sin\theta$ 互换位置，这是因为当以"俯瞰视角观察 XZ 平面"时，如果以右侧为 X 轴正方向、以上侧为 Z 轴正方向，那么根据右手定则，此时 Y 轴的正方向将指向纸面而非观察者，因此需要以右侧为 Z 轴正方向、以上侧为 X 轴正方向，如图 1-56 所示。

通常，绕 X 轴旋转的角度被称为 Roll 角，绕 Y 轴旋转的角度被称为 Pitch 角，绕 Z 轴旋转的角度被称为 Yaw 角。将这些变换组合，就能得到 $\boldsymbol{A}_R$ 矩阵：

图 1-56

$$\boldsymbol{A}_R = \boldsymbol{A}_{R_Z}\boldsymbol{A}_{R_Y}\boldsymbol{A}_{R_X}$$

$$= \begin{pmatrix} \cos\theta & -\sin\theta & 0 & 0 \\ \sin\theta & \cos\theta & 0 & 0 \\ 0 & 0 & 1 & 0 \\ 0 & 0 & 0 & 1 \end{pmatrix} \begin{pmatrix} \cos\theta & 0 & \sin\theta & 0 \\ 0 & 1 & 0 & 0 \\ -\sin\theta & 0 & \cos\theta & 0 \\ 0 & 0 & 0 & 1 \end{pmatrix} \begin{pmatrix} 1 & 0 & 0 & 0 \\ 0 & \cos\theta & -\sin\theta & 0 \\ 0 & \sin\theta & \cos\theta & 0 \\ 0 & 0 & 0 & 1 \end{pmatrix}$$

4. 组合矩阵的空间变换

在算出平移、缩放、旋转的矩阵后，将它们按一定的顺序结合就可得到最终的变换矩阵。而我们知道，矩阵的变换顺序是不可以颠倒的，那么应该使用什么样的顺序组合这些线性变换呢？

我们知道，平移变换会受到基向量朝向的影响，而旋转变换会改变基向量的朝向，为了让"向右转，向前走"时的方向是"右转后的前"而不是"右转前的前"，我们约定让旋转变换先于平移变换进行；而缩放变换将改变空间的"度量单位"，如把原空间中的 1m 相当于新空间的 2m，为了让平移也遵循新的单位，所以让缩放也在平移变换前进行。所以，我们约定这样的变换顺序：先缩放→再旋转→最后平移。

那么，最终的空间变换式如下：

$$T = A_{\text{Translation}}\, A_{\text{Rotation}}\, A_{\text{Scale}}$$

↘ 1.3 习题

1. 在二维空间中，存在某个变换可使空间内的点以 $\begin{pmatrix} a \\ b \end{pmatrix}$ 为中心放大 n 倍，试求这个变换所对应的矩阵。

2. 在二维空间中，存在某个变换可使空间内的点以 $\begin{pmatrix} a \\ b \end{pmatrix}$ 为中心，逆时针旋转 θ 角，试求这个变换所对应的矩阵。

3. 已知向量 $\boldsymbol{a}$ 和一个与之不平行的面 B，面 B 的法向量为 $\boldsymbol{b}$，试求 $\boldsymbol{a}$ 在 B 上的投影。

4. 对于向量 $\boldsymbol{a}$ 与向量 $\boldsymbol{b}$，求证 $|\boldsymbol{a}+\boldsymbol{b}| \leq |\boldsymbol{a}| + |\boldsymbol{b}|$。

5. 从几何意义上解释：$\boldsymbol{A}\boldsymbol{A}^{-1} = \boldsymbol{E}$（$\boldsymbol{E}$ 为单位矩阵）、$(\lambda\boldsymbol{A})^{-1} = \dfrac{1}{\lambda}\boldsymbol{A}^{-1}$（$\lambda \neq 0$）、$(\boldsymbol{A}\boldsymbol{B})^{-1} = \boldsymbol{B}^{-1}\boldsymbol{A}^{-1}$。

第 2 章　渲染流水线

当我们打开电子游戏享受上面的精美画面时，你是否想过这些图形是如何显示到你的显示屏上的？答案是通过计算机图形渲染。在计算机图形学中，渲染（Render）指通过计算机程序将二维图像或三维模型经过一系列计算工序处理为图像的过程，如图 2-1 所示。而实施渲染工作的程序像是一个工厂流水线，将输入的模型、图像按照流程依次处理再输出，因此也被形象地称为渲染流水线（Rendering Pipeline）。

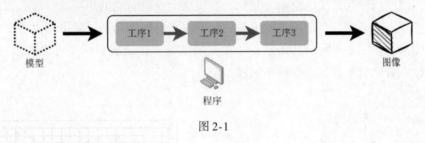

图 2-1

↘ 2.1　教机器人画速写

让我们从零开始。

现在有一个正方体，其边长为 1，正放在我们的面前，如图 2-2 所示。对大部分人来说，画下它的大致形状肯定不难。但是，如果想精准地表现它的结构关系，可能就有些难度了。

靠感觉画当然没有用数学算得准，最简单地能保证画出这个正方体在我们眼中准确形体的办法，就是"描点"。我们以这个立方体的中心为原点建立一个直角坐标系，这样可以得到一个空间，暂时把它叫作"正方体空间"。在这个空间内，可以准确地表示出所有能看到的顶点位置，如图 2-3 所示。

图 2-2

但我们作画的目标是在纸上，所以只知道点在正方体空间里的坐标并不能让我们方便地把它画到纸上。那么，我们也要在纸上建立一个直角坐标系空间，暂且称它为"纸面空间"，如图 2-4 所示。

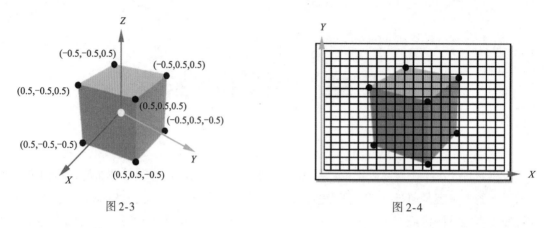

图 2-3　　　　　　　　　　　　　　图 2-4

既然正方体可以被画到纸上，那么在纸上肯定能找到正方体上那些能被我们看到的顶点，而每个点又肯定能用一个二维向量表示。根据在第 1 章中学习的知识，我们能确定这是一个从三维空间转换到二维空间的变换。假设这个变换对应的矩阵 A，那么我们肯定可以算出正方体上不同的点在纸面上的位置，只要将它们连接起来，就可画出一个非常准确的正方体图形，如图 2-5 所示。如果一个顶点的坐标不在纸面坐标系可以表示的范围内，那么这个顶点肯定看不到，我们就不用描这个点。

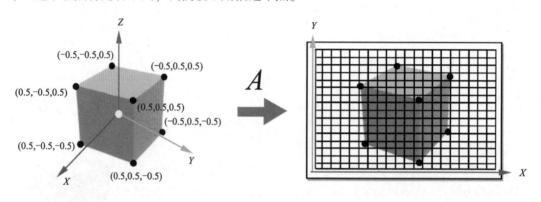

图 2-5

当然，让人算这个过程实在是有些煎熬。现在我们弄来一个机器人，让它坐到我们画速写进行观察的位置，把我们上面思考的数学算法输入为程序，让它去算即可，如图 2-6 所示。当然，为了计算出中间的各项数据，还需要向机器人输入各种信息，如观察的角度、观察的位置及正方体的尺寸等。

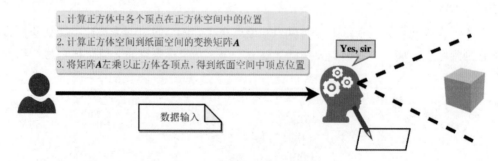

图 2-6

但是，经过这一系列流程后，只能得到一堆点，而不是图像。我们还需将点与点之间的大量间隙空白补上。如图 2-7 所示，在数据输入时，我们可以告诉机器人 A、B、C 三点在正方体空间构成了一个三角面，那么在纸面空间，A、B、C 三点所对应点围成的三角形中的每个二维点，必然与之前正方体空间中的三角形 ABC 上的三维点有着对应关系。此外，由于我们只知道顶点的坐标信息，那么在三角面中那些不是顶点的点的信息要如何得知呢？可通过插值计算，举个例子，如果有个点 P 出现在 A 点$(0,0)$ 和 B 点$(0,1)$ 连线的正中间，那么 P 点的坐标就是 $0.5 \times (0,0) + 0.5 \times (0,1) = (0,0.5)$；这样，让顶点之间空白点获得过渡平滑的各种数据。只要给这些点都涂上颜色，那么机器人就可"画"出一个属于正方体的三角面。只要对不同的三角形重复这个流程，就可得到一个完整的正方体。

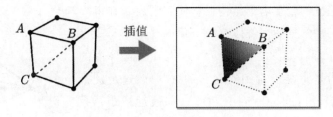

图 2-7

通过如图 2-8 所示的流程，我们成功地让机器人"画"出了正方体。

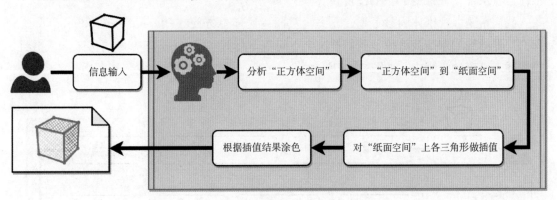

图 2-8

只画一个正方体当然是不够的。如果想让机器人学会"速写"一个大场景，那么要找到一个让它能同时画两个、三个甚至更多尺寸不一的正方体的流程。如果照搬之前的思路，那么绘制流程将会变成如图 2-9 所示的流程。

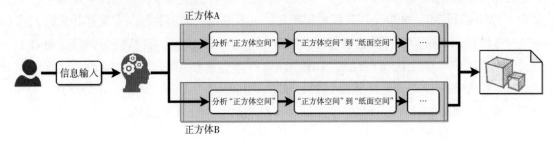

图 2-9

按照这个思路，不只是正方体，只要告诉机器人某个几何体所处于的空间，以及该空间下几何体中所有顶点的坐标，机器人就可画出不同的形体，我们将这个空间称为模型空间（Object Space）或本地空间（Local Space）。每个模型的空间或许不同，但它们都会被统一摆放到世界中给机器人观察，而世界的空间坐标系是绝对唯一的，所以世界空间到纸面空间的映射必然是唯一的，因此，为了计算便利，可以先将模型由模型空间转移到世界空间（World Space），再变换到纸面空间。现在，我们把这套流程从"画到纸上"变成"画到屏幕上"，那么最后的空间就可称为屏幕空间（Screen Space）。

下一个问题，我们怎么知道一个在世界中的点能不能被画在屏幕上呢？或者说，如何让机器人判断它能不能看到某个点？下面，需要请出视锥体（View Frustum）。在透视视角中，它具有一个三维的金字塔形结构，它代表观察者在世界中的可见区域。一种常见的视锥体有 1 个顶点（通常是观察者的位置）和 5 个面，如图 2-10 所示。所有在视锥体内的顶点都可以被认为是"能被看到的点"。通过修改这个棱锥张开的角度（视野，Field of View，FOV）和最远视距，我们就可以控制机器人能看到什么。有时候，我们可能还想限制机器人最近能看到什么，那么还需引入最近视距，这个视锥体也将从一个棱锥变成一个棱台。

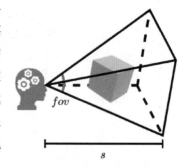

我们希望以视锥体为参考系建立一个空间，这样更方便 图 2-10
我们把看不到的东西裁剪掉，我们把这个空间叫作裁剪空间（Clip Space）。现在，将这个流程插入已有的流程中，如图 2-11 所示。

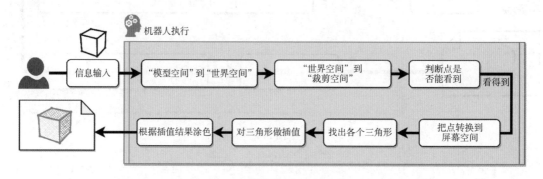

图 2-11

到此为止，我们大概地教会了一个机器人怎样画速写，但是可以预感这个流程中肯定要有相当多的计算量。如果是用计算机玩精巧的电子游戏，画面的复杂程度和让机器人去画速写也没什么不同，我们当然很信任计算机 CPU 强悍且准确的计算能力，只是面对上百的模型、成千上万的面，以及最后图像中动辄百万个像素点时（见图 2-12），这样庞大的计算量让 CPU 去逐个计算（见图 2-13）实在是有些力不从心，这未免也太慢了。尤其是在游戏这类需要实时渲染的程序中，玩家可没有耐心在计算机前慢慢地等 CPU 把像素点一个一个给画到屏幕上。

图 2-12

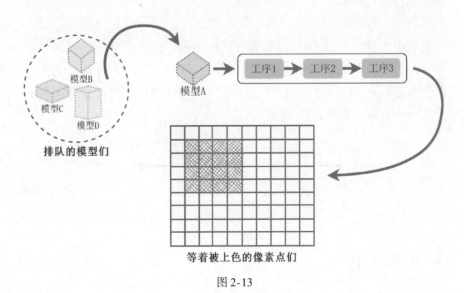

图 2-13

于是，GPU 这个救星登场了。

2.2 GPU 的"思维方式"

在讲述 GPU 之前，不妨回想一下汽车工业的发展历程，在 1913 年前福特开发出汽车流水线前，汽车组装只能让一位位工人逐工序完成，年产不过 12 台，效率极低；而引入了流水线概念后，每位工人只需不停地做同一道工序，所有工序并行进行，极大地提高了工厂的生产效率，生产效率提高了 8 倍。

而 GPU 对图像处理的高效率体现了同样的思路，GPU 采用数量众多的计算单元和超长的流水线，但每一个部分只有非常简单的控制逻辑（如同《摩登时代》中一个流水线工人只负责拧一个螺钉）。尽管计算能力不如 CPU，但耐不住人多力量大；这就好比拿出 100 道 10 以内加减法运算题给 100 个小学生和 1 个资深大学教授来做，尽管小学生能力并不强，但这么多个小学生同时做这些题消耗的总时长，总比一个学识渊博的大学教授做要来得快。两者的计算路径是有区别的，具体情况分别如图 2-14 和图 2-15 所示。

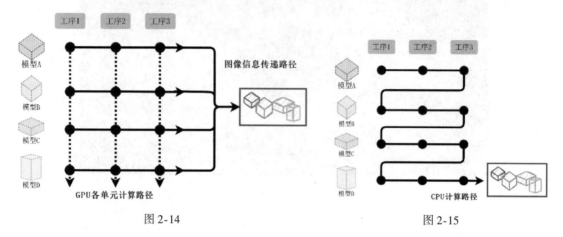

图 2-14　　　　　　　　　　　　　　　图 2-15

在渲染流程中，CPU 与 GPU 正如上节一样通力合作渲染图像。在运算过程中，CPU 如同进货的卡车不断地将要处理的数据丢给 GPU，GPU 工厂调动一个个如工人一般的计算单元对这些数据进行简单的处理，最后组装出产品——图像。这个过程中大大小小的工序可以大致分为三个阶段，如图 2-16 所示。

图 2-16

↘ 2.3　应用阶段

应用阶段（Application Stage）是一个由 CPU 主要负责的阶段，并且完全由开发人员掌控。在该阶段，CPU 将决定传递给 GPU 什么样的数据（如目标渲染场景中的光照情况、模型数据、摄像机的位置等），有时候还会对这些数据进行处理，如只传递给 GPU 可以被摄像机看见的元素，其他不可见的元素被剔除（Culling），并且告诉 GPU 这些数据的渲染状态（如要使用的纹理、着色器等）。

我们同样用工业流水线进行类比，这一块相当于工厂的产品进口部门，采购员（CPU）联系发货单位（RAM）订购想要的原材料（数据），并经过一番精挑细选拿出自己满意的材料（数据处理，如剔除），把这些材料连同它们的加工方式（如应当使用的着色器）丢给工厂。需要注意的是，由于这一块采购员是与发货单位的商人而不是工厂里的工人交流，所以他可以使用更复杂的语言（如高级程序语言）与商人讨价还价，而不是像在工厂中向工人发号施令时使用的指令（着色器语言）。

在应用阶段，CPU 从硬盘中把需要的数据拿出来放入内存中，经过之前所述的一系列操作后，再打包发给 GPU 进行进一步处理。虽然从渲染的角度来看，当 CPU 把数据传递到显存中后，这些数据在内存中的使命就已经结束，可以移除了，但对于一些特殊数据仍然可以"幸存"。例如，游戏中有一面墙，它的网格不仅需要被渲染出来，还需用来计算物体碰撞，那么 CPU 在将它的网格丢给 GPU 后并不会马上把它从内存中移除，因为 CPU 还需用这个网格计算碰撞。

在应用阶段，尽管 CPU 已经把数据准备得十分充分，但在完成传送任务后，CPU 也不能一走了之，它还需要向 GPU 下达一个渲染指令，这个指令就是 Draw call，如图 2-17 所示。由于之前我们已经把这个数据准备得十分完善了，所以 Draw call 仅仅指向需要被渲染的图元列表的命令，没有其他材质信息。这整个过程就好比进货人员把一捆写好了原料信息、加工方法的原材料丢到工厂的仓库后对工人下达命令："来！加工它！"，而没有必要再啰唆一次"用什么什么方法，加上什么什么工序，再加上什么什么，来给我加工这个东西"。

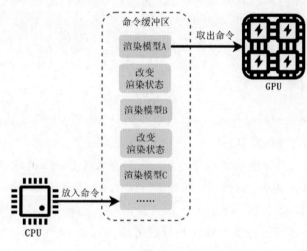

图 2-17

CPU 向 GPU 发送的指令也是像流水线一样的，CPU 往命令缓冲区中一个个放入命令，GPU 则依次取出执行。在实际渲染中，GPU 的渲染速度超过 CPU 提交命令的速度，导致渲染中大部分时间都消耗在 CPU 提交 Draw Call 上。解决这种问题的方法是使用批处理（Batching），即把要渲染的模型合并在一起提交给 GPU。例如，工厂想要把 100 根钢筋中间截断，如果发货方采用的方法是将钢筋一根一根地送给工厂，那么速度肯定是相当慢的；大部分情况都是发货方把这 100 根钢筋打包送给工厂，这样明显加快效率。

↘ 2.4 几何阶段

几何阶段（Geometry Stage）是一个由 GPU 主导的阶段，也就是说，从这个阶段开始，我们进入了上一节所说的"流水线"。如图 2-18 所示，几何阶段将把 CPU 在应用阶段发来的数据进行进一步处理，而这个阶段又可以进一步细分为若干个流水线阶段，可以类比理解为工厂流水线上进行的一道道工序。

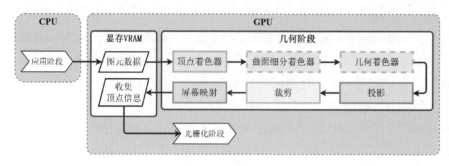

图 2-18

图 2-18 中展现了几何阶段中几个常见的渲染步骤（不同的图像应用接口存在些许不同，这里以 OpenGL① 为例），其中，绿色表示开发者可以完全编程控制的部分，虚线外框表示此阶段不是必需的，黄色表示开发者无法完全控制但可以进行一些配置的部分，紫色表示已经由 GPU 固定实现，开发者无法控制的阶段。

下面详细解释这几个细分阶段所做的工作。

2.4.1 顶点着色器

顶点着色器（Vertex Shader）是 GPU 流水线第一个阶段，也是必需的阶段，这一块可以由开发者完全控制。在顶点着色器中，我们无法创建或销毁任何一个顶点，也无法得到当前处理的这个顶点与其他顶点之间的关系。因为流水线上每次处理的顶点都是独立的，计算单元不需要考虑其他顶点的状态，所以进行这一步的速度会相当快。这里的顶点是指构成模型网格的点，如图 2-19 所示。

在这里，GPU 还需要进行模型转化与相机转换（Model- & Camera transformation），在 3D 渲染中，必须要设置一个摄像机来接收图像，这个摄像机的视野决定了程序最终会让我们看到什么样的画面。在前面，我们讲过"为了计算方便需要把模型从模型空间转移到世界空间"，但在这里为了方便后面的运算，还需要将顶点的空间由世界空间（见图 2-20）映射到摄像机的观察空间（见图 2-21）。

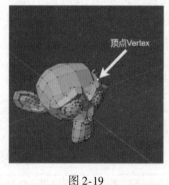

图 2-19

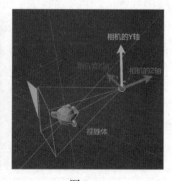

图 2-20　　　　　　　　　　　图 2-21

---

① OpenGL 是用于渲染 2D、3D 矢量图形的跨语言、跨平台的应用程序编程接口（API）。与之类似的还有 DirectX，它们的渲染流水线也会有些许差别。Unity 中默认使用 OpenGL 标准。

在世界空间下进行计算时，计算是相当不方便的；举个简单的例子，假如你看到一个球，想告诉你身边的一位朋友，但你该如何描述这个球的位置呢？这时我们可能会想到以这个世界作为参考系，用"东经XX度，北纬YY度"来表述这个球的位置——这听起来相当复杂（见图2-22），在实际生活中也没见过这么说的。在生活中最有效的做法是走到朋友身边，用手指着那个球说"你看，在你十点钟方向5m的位置有一个球"，如图2-23所示。这其实就是一个转变观察空间的例子，我们在不知不觉中将这个物体方位的位置表述由世界空间转换到朋友的观察空间中，这也正是大部分情况下GPU在这个阶段内要做的事情。转移到观察空间的好处是，如果规定了视角、可视距离，我们很快就能计算出一个点是否能被我们看到。在之后的流程中，我们将感受到它的作用。

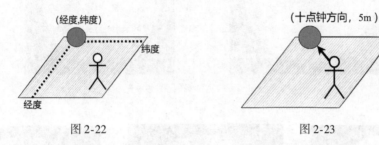

图2-22　　　　　　　　　　　图2-23

这个阶段可以由开发者控制，对顶点进行计算与变换，如下：

顶点坐标变换	
开发者可以编写程序在这个阶段修改顶点的坐标，实现如流动、摇曳等与顶点位置相关的效果。如右图通过坐标变换改变了原有球的形状。	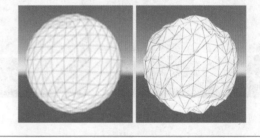
逐顶点计算	
开发者可以在这个阶段逐顶点地计算一些信息，如顶点光照等。右图中小球即通过各顶点法向与光源信息计算明暗。这里仅仅是"信息处理"，还不是真正的着色，可以理解为"为接下来的着色计算提供一些信息"。	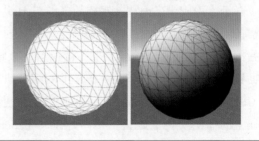

2.4.2　曲面细分着色器

在曲面细分着色器（Tessellation Shader 或 Tessellation Stage）中，程序员可以进行曲面细分操作，看起来就像在原有的图元内加入更多的顶点。

图2-24所示为进行曲面细分前的效果，图2-25所示为进行曲面细分后的效果。对于一些有大量曲面的模型，进行曲面细分可以让曲面更加圆润；如果为这些细分的顶点再准

备一些位置信息，那么这些细分的顶点将有助于我们展现一个细节更加丰富的模型。这也是贴图置换（Displacement Mapping）的基本思路。图2-26所示为使用基础贴图的效果，图2-27所示为使用法线贴图（有关法线贴图的内容将在5.3节学习）的效果，图2-28所示为使用置换贴图（置换贴图是一张包含了模型上凸起或凹陷信息的图片，在此处使用这个信息将顶点的位置做了凹凸偏移）的效果。

图 2-24　　　　　　　　　　　图 2-25

图 2-26　　　　　　图 2-27　　　　　　图 2-28

在进入该阶段之前，流水线还将经过 Hull-Shader Stage，如图2-29所示，这是一个可编程的阶段，开发者可以指挥 GPU 对顶点进行细分操作，但还不会真正进行细分，就像是指挥流水线上的工人说："来，帮我给这根钢筋中间打上三个标记，好让后面的工人在上面钻孔。"Tessellation Stage 是真正的细分阶段；尽管开发者无法在这个阶段进行编程，但 GPU 将会根据 Hull-Shader Stage 中的标记进行细分；就像流水线上的工人照着传过来的钢筋上的标记安装上旋钮。在离开 Tessellation Stage 之后，流水线将进入 Domain-Shader Stage，这是一个可编程的阶段，开发者可以指挥 GPU 对这些细分的顶点进行坐标计算；就像指挥流水线上的工人如何调整上一个流程里工人安装上的旋钮，把钢筋摆成想要的形状。这部分的细节在第6章再详细介绍。

曲面细分流程

图 2-29

2.4.3 几何着色器

在几何着色器（Geometry Shader）阶段，开发者可以控制 GPU 对顶点进行增、删、改操作。虽然几何着色器与顶点着色器都可以对顶点的坐标进行修改（图 2-30 和图 2-31 所示分别为几何着色器处理前和处理后的效果），但几何体着色器并行调用硬件困难，并行程度低，效率和顶点着色器有很大的差距；如果不是要做顶点增、删这些仅仅能用几何着色器实现的效果，那么还是用顶点着色器来完成吧！

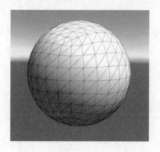
图 2-30

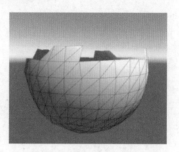
图 2-31

2.4.4 投影

尽管至此 GPU 已经在三维空间中做了很多工作，但最终是在一个二维的屏幕上查看我们渲染出来的图像——这就需要在 GPU 把三维空间映射到二维平面上。需要注意的是，尽管这个过程叫作"投影（Projection）"，但与数学上的投影还是有很大区别的。这个阶段中，GPU 将顶点从摄像机观察空间转换到裁剪空间（又被称为齐次裁剪空间），为之后的剔除过程以及投射到二维平面做准备。

常见的投影方式有：透视投影（图 2-32 所示为使用透视投影的演示，其结果如图 2-33 所示）与正交投影（图 2-34 所示为使用正交投影的演示，其结果如图 2-33 所示）。它们在计算时需要考虑远裁剪平面（Far Clipping Plane，即摄像机最远看到哪里）和近裁剪平面（Near Clipping Plane，即摄像机最近看到哪里）；透视投影需要额外考虑视野（Field of View），类似于视锥体张开的角度，视野越大，透视相机能看到的范围也越大；而在正交投影中，由于远裁剪平面和仅裁剪平面一样大，我们用裁剪平面的尺寸（Size）来表示它能看到的范围，尺寸越大，正交相机看到的范围也越大。在之后的章节中，将详细讲述这个过程。

图 2-32

图 2-33

图 2-34

图 2-35

结合 1.2 节矩阵与空间章节的知识，可以分别给出透视投影的投影矩阵。计算公式如下：

$$M_{projection} = \begin{bmatrix} \dfrac{\cot\dfrac{FOV}{2}}{aspect} & 0 & 0 & 0 \\ 0 & \cot\dfrac{FOV}{2} & 0 & 0 \\ 0 & 0 & -\dfrac{f+n}{f-n} & \dfrac{2fn}{f-n} \\ 0 & 0 & -1 & 0 \end{bmatrix}$$

式中，FOV 为视野；$aspect$ 为视野范围的横纵比；f 为远裁剪平面距离；n 为近裁剪平面距离。

以及正交投影的投影矩阵，计算分式如下：

$$M_{projection} = \begin{bmatrix} \dfrac{2}{r-l} & 0 & 0 & -\dfrac{r+l}{r-l} \\ 0 & \dfrac{2}{t-b} & 0 & -\dfrac{t+b}{t-b} \\ 0 & 0 & -\dfrac{2}{t-n} & -\dfrac{f+n}{f-n} \\ 0 & 0 & 0 & 1 \end{bmatrix}$$

式中，l 为视锥体左平面距离；r 为视锥体右平面距离；b 为视锥体下平面距离；t 为视锥体上平面距离；f 为远裁剪平面距离；n 为近裁剪平面距离。

需要注意的是，对于任意一个顶点，如果它乘以的是透视投影矩阵，其 w 分量将不再是 1，而如果它乘以的是正交投影矩阵，w 分量仍然是 1。发生这种现象的根本原因是透视空间并不是一个直角坐标系空间——在透视空间中，平行线会在无穷远处相交，因此引入一个额外的 w 分量来描述这种空间下的坐标，具体过程将在后面章节中学习。总之，在经过透视投影矩阵变化后，顶点中的 w 分量变成了一个衡量顶点到摄像机之间距离的参数。而正交投影矩阵的变化应该是最让人舒服的，它直接把空间变化为一个 x、y、z 三个坐标

都在 [−1,1] 区间内，$w=1$ 的立方体。

在 4.2.2 节中，将更深入地探讨这个问题。

2.4.5 裁剪

在经过投影过程把顶点坐标转换到裁剪空间后，GPU 就可进行裁剪（Clipping）操作。裁剪操作的目的是把摄像机看不到的顶点剔除，使它们不被渲染到。判断顶点是否可以免受裁剪也十分简单，经过前面的变换过程，只有满足 $x,y,z \in [-w,w]$ 的坐标才是"可以被看到的点"，具体流程将在后面章节中学习。

如果有一个面，它有一部分在看得到的区域，在另一部分不在看得到的区域，应该怎么处理呢？解决方案是，获取面与边缘相交的点，并以它们为新的顶点重建新的面，如图 2-36 所示。

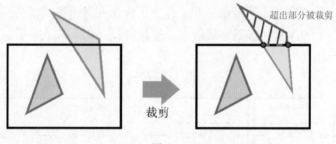

图 2-36

在把不需要的顶点裁剪掉后，GPU 需要把顶点映射到屏幕空间，这是一个从三维空间转换到二维空间的操作，更符合大家对"投影"的理解。对透视裁剪空间来说，GPU 需要对裁剪空间中的顶点执行齐次除法（其实就是将齐次坐标系中的 w 分量除以 x、y、z 分量），得到顶点的归一化的设备坐标（Normalized Device Coordinates，NDC），经过齐次除法后，透视裁剪空间会变成一个 x、y、z 三个坐标都在 [−1,1] 内的立方体。对于正交裁剪空间就要简单得多，只需把 w 分量去掉即可。

此时，顶点的 x、y 坐标就已经很接近于它们在屏幕上所处的位置。这时 z 分量虽然不会再用于查找位置，但它也不会被白白丢弃，而是被写入深度缓冲（Z-Buffer）中，可以做一些关于顶点到摄像机距离的计算。

2.4.6 屏幕映射

尽管 GPU 已经得到顶点的 x、y 坐标，但它们处于 [−1,1] 内，GPU 还需要进行屏幕映射（Screen Mapping）或视口转换（Viewport Transform）计算才能把它们映射到 1920 × 1080 或者其他分辨率的屏幕上。如图 2-37 所示，我们不仅对 x、y 坐标进行了缩放，还将位置进行了移动，以保证它能对齐屏幕的某个角落，得到的新坐标系称为屏幕坐标系。虽然只需两个坐标把顶点投射到屏幕上，但它仍然是三维的，这个多出来的 z 值就是在上面算出来的深度。

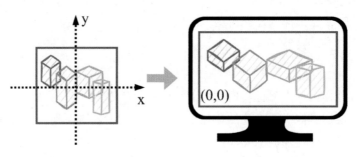

图 2-37

2.5 光栅化阶段

到此，GPU 也只是完成了渲染的一半工作，因为现在只是得到了一些顶点，它们还不是能被显示在屏幕上的像素，接下来就进入光栅化阶段（Rasterization Stage）。光栅化阶段的流程如图 2-38 所示。

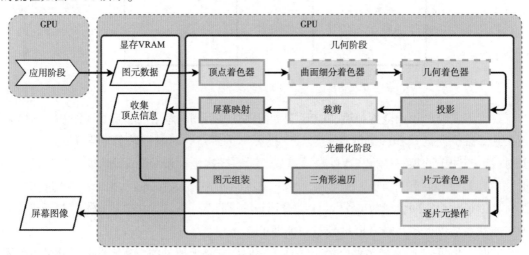

图 2-38

2.5.1 图元组装

有些资料把这个过程称为三角形设置（Triangle Setup），不过个人认为叫作图元组装（Primitive Assembly）更为贴切。这个过程做的工作就是把顶点数据收集并组装为简单的基本体（线、点或三角形），通俗地说就是把相关的两个顶点"连连看"，如图 2-39 所示。有些顶点能构成面，有些顶点只构成线，而有些顶点没有配对。

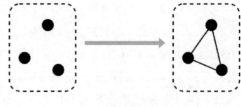

图 2-39

其实，在本次图元组装进行前，流水线会进行一个简化版的图元组装，那就是在顶点着色器后，这是因为此后的着色器中需要以片元为形式的输入。需要注意的是，这个流程是之于 OpenGL 而言的，在 DirectX 中，类似的过程在流水线一开始进行（DirectX 12）或是裁剪前进行（DirectX 11 及以前）。不同的管线在一些细节上会有所差异，但大体上的逻辑是不会变的。

2.5.2 三角形遍历

三角形遍历（Triangle Traversal）过程将检验屏幕上的某个像素是否被一个三角形网格所覆盖，被覆盖的区域将生成一个片元（Fragment）。当然，并不是所有的像素都会被一个三角形完整地覆盖，有相当多的情况都是一个像素块内只有一部分被三角形覆盖。对于这种情况，有三种解决方案：常用的有 Standard Rasterization（中心点被覆盖即被划入片元）、Outer-conservative Rasterization（只要被覆盖了，哪怕只有一点也被划入片元）、Inner-conservative Rasterization（完全被覆盖才会被划入片元）。需要注意的是，片元不是真正意义上的像素，而是包含了很多种状态的集合（如屏幕坐标、深度、法线、纹理等），这些状态用于最终计算出每个像素的颜色。如图 2-40 所示，顶点被投影到屏幕上。在图 2-41 所示的流程中，我们判断屏幕上哪些像素是在这些点构成的三角形内。最后在图 2-42 中就得到了结果。

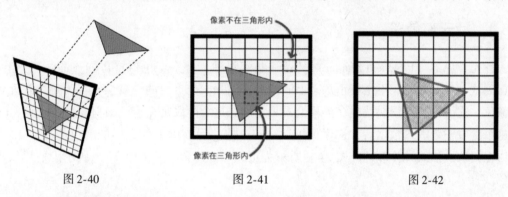

图 2-40　　　　　　　图 2-41　　　　　　　图 2-42

这一阶段涉及抗锯齿（Anti-aliasing）操作。因为不管用什么样的划分片元的方法（如以点的中心是否在三角形内来划分片元，见图 2-43），三角形边缘部分总会显得很锐利。当然，程序员也想出了各种各样的抗锯齿方法来解决这个问题，如多重采样抗锯齿（Multisampling Anti-Aliasing，MSAA），如图 2-44 所示，这种抗锯齿方法对中心点不在三角形内的边缘处采用不同程度的颜色浓度进行计算。

图 2-43　　　　　　　　　　　　图 2-44

GPU 还将对覆盖区域的每个像素进行插值计算。因为在一开始我们只知道顶点的各项数据，中间各个片元的数据需要 GPU 自己通过插值生成，这些插值计算可以根据片元在三角形内部的位置进行加权平均 $\Big[$如三角形三点的顶点色分别为$(1,0,0)$、$(0,0,1)$、$(0,0,1)$，那么这个三角形几何中心的顶点色就可计算为 $\frac{1}{3}(1,0,0) + \frac{1}{3}(0,1,0) + \frac{1}{3}(0,0,1) = \left(\frac{1}{3},\frac{1}{3},\frac{1}{3}\right)\Big]$，这样就能获得更精细的颜色和纹理坐标值，如图 2-45 所示。

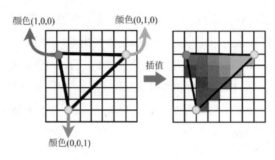

图 2-45

简单地说，这一步将告诉接下来的步骤，一个个三角形是怎样覆盖每个像素的。

2.5.3 片元着色器

片元着色器（Fragment Shader）又被一些资料称为像素着色器（Pixel Shader），但是进行到这一步时片元还不是真正意义上的像素。这是十分重要的一步，它将为每个片元计算颜色，这说明我们很快就能在屏幕上看见它们。这个阶段是完全可编程的；在收到 GPU 为这个阶段输入大量数据后，程序员可以决定这些片元该画上什么样的颜色。图 2-46 所示为根据顶点法线计算颜色，图 2-47 所示为根据 UV 计算颜色，图 2-48 所示为使用纹理着色。

图 2-46　　　　　　　　　图 2-47　　　　　　　　　图 2-48

此外，程序员还可以引入更多的信息计算颜色，包括法线贴图、高度图、糙度图等等。虽然片元着色器可以实现很多效果，但它仅可以影响单个片元。也就是说，在执行片元着色器时，它是不可以将自己的任何结果直接发送给附近片元的。

2.5.4 逐片元操作

在 OpenGL 中，这一步称为逐片元操作（Per-Fragment Operations）；而在 DirectX 中，这一步又称为输出合并阶段（Output-Merger）。从两个名字中大致可以推测出 GPU 在这个阶段要做的事情：对每个片元进行操作，将它们的颜色以某种形式合并，得到最终在屏幕上像素显示的颜色。主要工作有两个：对片元进行测试（Test）并进行合并（Merge）。测试步骤决定了片元最终是否会被显示出来。主要的测试有透明度测试（Alpha Test）、深度测试（Depth Test）及模板测试（Stencil Test）。这个阶段是高度可配置的。

1. 透明度测试

在透明度测试中，允许程序员对片元的透明度值进行检测，仅仅允许透明度值达到设置的阈值后才可以进行绘制。在 OpenGL 3.1 后这个 API 被删除了，但可以在片元着色器中实现类似的效果，在使用如图 2-49 所示的图片（中间为透明）对球体进行着色后，将球体上对应透明的区域给剔除了，如图 2-50 所示。

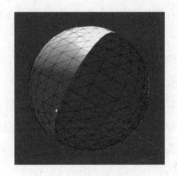

图 2-49　　　　　　　　　图 2-50

2. 深度测试

深度测试是一个十分重要的测试。在深度测试中，GPU 将读取片元的深度值（就是前面留下来的坐标 z 分量）与缓冲区的深度值进行比较，比较方式同样可以配置。缓冲区（buffer），用通俗的说法解释，就是一个容纳值的池子，在每一步的渲染中，片元都会在它对应的位置上写入一些值，存放这个值的容器称为缓冲区，当需要使用"之前步骤产生的数据"时，就可从这个池子中取出值进行运算。深度测试允许程序员设置如何渲染物体之间的遮挡关系。

对于如图 2-51 所示的摄像机与两个球体的场景，尽管 A 球在 B 球的后方，但通过修改深度测试，让 GPU 把 A 球未被遮挡的部分隐藏了，反而让 A 球被遮挡的部分显示出来，效果如图 2-52 所示。

大量的被遮挡片元直到深度测试阶段才会被剔除，而在此之前它们被同样地计算，这占用了 GPU 大量的资源。因此有种优化技术是将深度测试提前（Early-Z）。但这带来了与透明度测试的冲突，如某个片元甲虽然遮挡了另一个片元乙，但甲却是透明的，GPU 应当渲染的是片元乙，就产生了矛盾，这就是透明度测试导致性能下降的原因。

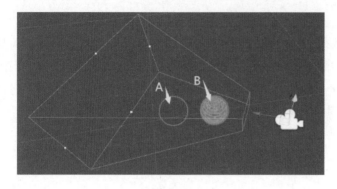

图 2-51　　　　　　　　　　　　　　　　　　图 2-52

在 4.3.2 节中，将进行详细讲解。

3. 模板测试

模板测试是一个相对复杂的测试。在模板测试中，GPU 将读取片元的模板值与模板缓冲区的模板值进行比较，如何比较可以由程序员决定，如果比较不通过，这个片元将被舍弃。

如图 2-53 所示，两个有重叠区域的小球，令左侧小球模板值为 3，缓冲区也被写入 3；右侧小球模板值为 2，缓冲区也被写入 2；在 2 个小球的重合处由于模板值不同，模板测试开始起作用。现在，令左侧小球画红色，右侧小球画蓝色，且右侧小球需要满足：模板值比缓冲区大的绘制为蓝色，否则绘制为绿色。右侧小球在不重合处模板值比缓冲区内模板值大（因为此处没有其他物体，模板值默认值为 0），因此渲染为蓝色；而重合处右侧小球的模板值小于缓冲区中红色小球写入的模板值 3，所以被绘制为绿色，如图 2-54 所示。

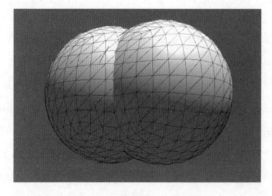
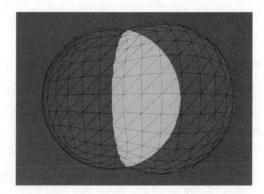

图 2-53　　　　　　　　　　　　　　　　　　图 2-54

在 4.3.4 节中，将进行详细讲解。

4. 混合

如果一个片元通过了上面所有的测试，那么它终于可以来到合并环节了。合并有两种主要的方式，一种是直接进行颜色的替换，另一种是根据不透明度进行混合（Blend），而混合操作同样是可配置的，程序员可以设定是把这两种颜色进行相加、相减还是相乘等，类似于在Photoshop中的操作，如图2-55所示。

图2-55

在经过上面的层层测试后，片元颜色被送到颜色缓冲区。GPU会使用双重缓冲（Double Buffering）策略，即屏幕上显示前置缓冲（Front Buffer），而渲染好的颜色先被送入后置缓冲（Back Buffer），再替换前置缓冲，以此避免在屏幕上显示正在光栅化的图元。

2.6 可编程渲染管线：Unity SRP

Unity的可编程渲染管线（Scriptable Render Pipeline，SRP）是Unity自2018版本后提供的一种新的渲染管线架构，它允许开发者基于自己的需求和目标来创建自定义的渲染管线。Unity提供了两个SRP模板：URP（通用渲染管线）和HDRP（高清渲染管线）。

在以前，也就是built-in管线中，必须遵照Unity给出的固定的渲染顺序以获得最终图像，综上所述，有许多"不可编程"的部分。但是在SRP中，可通过C#调用Unity提供的各种API改变渲染的流程，当然，这并不表示需要把整个渲染的底层都重写，其本质是一个"开放了渲染管线上层编辑权"的管线，至于最底层渲染的各种C＋＋代码，无须修改。这种可配置度高、灵活性高、性能更好的渲染管线在以后将大有用武之地。

尽管本书内容以built-in中的Shader编写为主，但并不代表读者学习完后还要再花同样的时间去学习SRP中Shader编写。实际上，二者有大量内容是相通的，而考虑目前built-in管线资料更多、门槛更低，对新手而言先掌握built-in管线也许更有事半功倍的效果。

2.7 习题

1. 在渲染流水线中，从模型空间到屏幕空间，一般要经过多少次空间的变换？
2. 在渲染中，通常需要控制Draw Call的数量，这样的做的原因是什么？

第 3 章　Shader 基础

终于，在漫长的基础知识学习之后，我们要接触 Shader 了。

↘ 3.1　我的第一个 Shader

既然要写 Shader，当然要有 Unity 工程和 Unity Shader。首先，创建一个 Unity 工程（见图 3-1），然后右击文件窗口，在弹出的菜单中选择 Create→Shader→Unity Shader 命令，创建 Shader 文件（见图 3-2），最后将创建的 Shader 命名为 FirstShader，如图 3-3 所示。

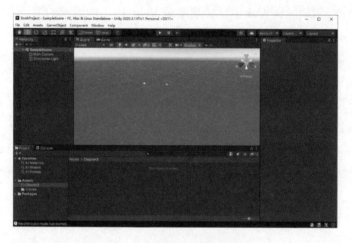

图 3-1

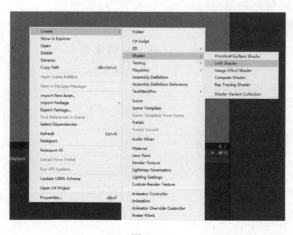

图 3-2

图 3-3

用 VS Code 或者 Rider 打开这个文件，这里笔者使用 Rider。

打开刚刚创建的 Shader 文件，可以看到下面的代码：

```
Shader "Unlit/FirstShader"
{
    Properties
    {
        _MainTex ("Texture", 2D) = "white" {}
    }
    SubShader
    {
        Tags { "RenderType" = "Opaque" }
        LOD 100
        Pass
        {
            CGPROGRAM
            #pragma vertex vert
            #pragma fragment frag
            // make fog work
            #pragma multi_compile_fog
            #include "UnityCG.cginc"
            struct appdata
            {
                float4 vertex : POSITION;
                float2 uv : TEXCOORD0;
            };

            struct v2f
            {
                float2 uv : TEXCOORD0;
                UNITY_FOG_COORDS(1)
                float4 vertex : SV_POSITION;
            };
            sampler2D _MainTex;
            float4 _MainTex_ST;
            v2f vert (appdata v)
            {
                v2f o;
                o.vertex = UnityObjectToClipPos(v.vertex);
                o.uv = TRANSFORM_TEX(v.uv, _MainTex);
                UNITY_TRANSFER_FOG(o,o.vertex);
```

```
            return o;
        }
        fixed4 frag (v2f i) : SV_Target
        {
            // sample the texture
            fixed4 col = tex2D(_MainTex, i.uv);
            // apply fog
            UNITY_APPLY_FOG(i.fogCoord, col);
            return col;
        }
        ENDCG
    }
  }
}
```

右击这个 Shader 文件，在弹出的菜单中选择 "Material" 命令，就可创建一个使用 FirstShader 的材质，如图 3-4 所示。

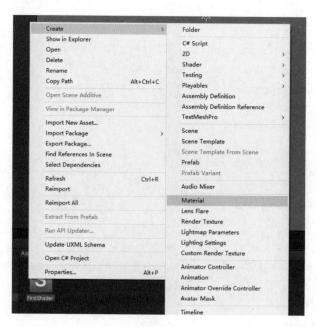

图 3-4

现在，在场景中创建一个球，并把刚刚创建的材质拖动上去，可以看到这个球突然间变成了全白，如图 3-5 所示。

恭喜你！现在你已经成功创建了第一个使用自己创建的 Shader 渲染的材质了！虽然它还有点奇怪，只有一个普普通通的纯白色。在正式开始写 Shader 之前，我们先对它进行简单的设置。

来到 Shader 代码中的 frag 函数部分，将 return col 改成 return half4 (1, 0, 0, 0)。

图 3-5

修改前的代码:

```
fixed4 frag (v2f i) : SV_Target
{
    // sample the texture
    fixed4 col = tex2D(_MainTex, i.uv);
    // apply fog
    UNITY_APPLY_FOG(i.fogCoord, col);
    return col;
}
```

修改后的代码:

```
fixed4 frag (v2f i) : SV_Target
{
    // sample the texture
    fixed4 col = tex2D(_MainTex, i.uv);
    // apply fog
    UNITY_APPLY_FOG(i.fogCoord, col);
    return half4(1,0,0,1);
}
```

保存修改后的代码文件,返回 Unity,我们发现这个小球变成了红色,如图 3-6 所示。

也许你已经猜出来了,frag 函数最后 return 部分就决定了材质要显示出的颜色,这个颜色的形式是一个表示 RGBA 四个通道的四维向量。但是如果只能指定这一大块毫无变化的红色,那未免与我们头脑中设想的千变

图 3-6

万化的效果差距太大了。别急,下面就把这个 Shader 拆开来看。

3.2　Properties

　　Properties(属性),即你想在外部控制的在 Shader 中会使用的参数。这么说对于没编程基础的读者来说可能有些晦涩。虽然我们创建的球体有颜色了,但是这个大红色实在是太丑了,我们想换个颜色,于是点开刚才创建的材质,但是迎面而来的是这样的面板,如图 3-7 所示。

　　这看起来完全无从下手啊,我们想要的是像 Unity 默认材质那样(见图 3-8),能在一个面板上通过拖动各种数值来设置效果。

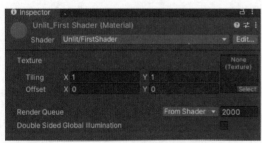

图 3-7

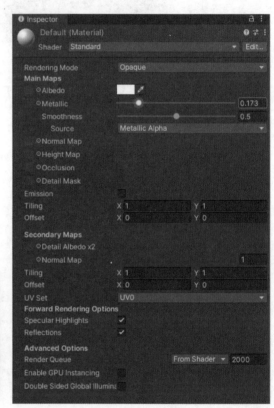

图 3-8

　　怎么办呢?在 Shader 中找到标着 Properties 的代码块,将其按下面的方法进行修改。修改前的代码:

```
Properties
{
    _MainTex ("Texture", 2D) = "white" {}
}
```

修改后的代码：

```
Properties
{
    _MainTex ("Texture", 2D) = "white" {}
    _Red("Red", float) =1
}
```

保存修改后的代码文件，返回 Unity，发现材质的面板上多了一行名为 Red 的文本框，如图 3-9 所示。

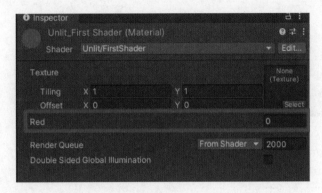

图 3-9

但是，我们修改 Red 的数值，会发现红球的颜色一点变化都没有，因为我们并未修改 Shader 的内容代码，在控制颜色部分根本没有使用到这个名为 Red 的数。所以还需要修改代码。

修改前的代码：

```
Pass
{
    CGPROGRAM
    #pragma vertex vert
    #pragma fragment frag
    // make fog work
    #pragma multi_compile_fog
    #include "UnityCG.cginc"
    // 省略 appdata
    // 省略 v2f

    sampler2D _MainTex;
    float4 _MainTex_ST;

    //省略 vert
    fixed4 frag (v2f i) : SV_Target
```

```
    {
      // sample the texture
      fixed4 col = tex2D(_MainTex, i.uv);
      // apply fog
      UNITY_APPLY_FOG(i.fogCoord, col);
      return half4(1,0,0,1);
    }
    ENDCG
}
```

修改后的代码:

```
Pass
{
    CGPROGRAM
    #pragma vertex vert
    #pragma fragment frag
    // make fog work
    #pragma multi_compile_fog
    #include "UnityCG.cginc"
    // 省略 appdata
    // 省略 v2f

    sampler2D _MainTex;
    float4 _MainTex_ST;
    float _Red;

    //省略 vert
    fixed4 frag (v2f i) : SV_Target
    {
      // sample the texture
      fixed4 col = tex2D(_MainTex, i.uv);
      // apply fog
      UNITY_APPLY_FOG(i.fogCoord, col);
      return half4(_Red,0,0,1);
    }
    ENDCG
}
```

返回 Unity 中，再修改面板中的 Red 值，会发现这个红球的颜色产生了变化！那么我们修改的这两行是什么意思呢。第一处 float _Red，表示在下面的代码使用来自 Properties 部分的一个叫 _Red 的参数，也就是之前在 Properties 中添加的 _Red 部分；需要注意的是，这两处的名字务必相同。第二处 return half4（_Red，0，0，1），我们已经知道，frag 函数中 return 后面是颜色，这里的意思就是我们希望返回的颜色的 R 值与取的是参数_Red 的值。

不妨试试看，给_Red 值输入一个不在 0～1 范围内的数，会发现一旦不在这个范围，这个球的颜色就不会有任何改变，要么负数一直是黑，要么超出 1 一直是红。实际上，Unity Shader 中返回的 RGBA 值的 4 个分量都只能接受 0～1 的数，所以我们希望输入的_Red 参数也能在这个范围内，可以按下面的方法修改 Properties。

修改前的代码：

```
Properties
{
    _MainTex ("Texture", 2D) = "white" {}
    _Red("Red", float) = 1
}
```

修改后的代码：

```
Properties
{
    _MainTex ("Texture", 2D) = "white" {}
    _Red("Red", Range(0, 1)) = 1
}
```

返回 Unity，面板上的 Red 多了一道滑动条，其值就被限定在 0～1 内。现在运用相同的原理，可以补充返回颜色的 G 和 B 通道，不妨自己试试看，代码最后如下：

```
Shader "Unlit/FirstShader"
{
    Properties
    {
        _MainTex ("Texture", 2D) = "white" {}
        _Red("Red", Range(0, 1)) = 1
        _Green("Green", Range(0, 1)) = 1
        _Blue("Blue", Range(0, 1)) = 1
    }
    SubShader
    {
        Tags { "RenderType" = "Opaque" }
        LOD 100
        Pass
        {
            CGPROGRAM
```

```
// 省略部分代码

sampler2D _MainTex;
float4 _MainTex_ST;
float _Red;
float _Green;
float _Blue;

// 省略 vert

fixed4 frag (v2f i) : SV_Target
{
    // sample the texture
    fixed4 col = tex2D(_MainTex, i.uv);
    // apply fog
    UNITY_APPLY_FOG(i.fogCoord, col);
    return half4(_Red,_Green,_Blue,1);
}
ENDCG
        }
    }
}
```

现在返回Unity，发现这个球的颜色可以被我们用三个滑动条随意修改了！恭喜，你的第一个Shader已经具备了超高的自由度！好了，现在三个Red、Green、Blue参数摆放得有点乱，我们想在它们上面打一个标题，命名为"Color"，可以这样修改Properties：

```
Properties
{
    _MainTex ("Texture", 2D) = "white" {}
    [Header(Color)] _Red("Red", Range(0, 1)) = 0
    _Green("Green", Range(0, 1)) = 0
    _Blue("Blue", Range(0, 1)) = 0
}
```

返回Unity，Red参数上会出现一个粗体的"Color"。到此为止，我们已经把Shader中的属性（见图3-10）能出现的5个要素都介绍了一遍。

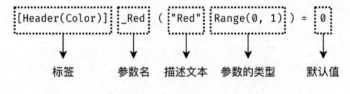

图3-10

这里只介绍一些 Shader 属性的基础知识，在后面的内容中将对 Shader 属性进行更详细的讲解。

3.3 SubShader

下面进入 SubShader 部分。在新建的这个 Shader 中，其结构如下：

```
SubShader
{
    Tags { … }
    LOD 100
    // 一些其他指令
    Pass
    {
        CGPROGRAM
        // 很多 pragma

        #include "UnityCG.cginc"

        struct appdata
        {
            …
        };

        struct v2f
        {
            …
        };

        //我们刚刚学习的参数

        v2f vert (appdata v)
        {
            …
        }
        fixed4 frag (v2f i) : SV_Target
        {
            …
        }
        ENDCG
    }
}
```

Tags是告诉Unity"在什么时候渲染""用什么方式渲染"的指令。

在进入实际例子之前，先复习之前在Properties中学习的知识，此前在Shader结尾返回的向量half4（_Red，_Green，_Blue，1），还有最后一个a分量是数值1，先将它也改为一个参数，如图3-11所示。根据我们的常识，颜色的Alpha值决定着它的透明度，所以如果在面板中修改这个参数，小球也理应变得透明。然而，事实是它完全没有任何变化。

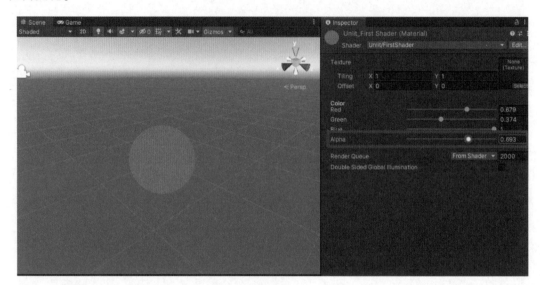

图3-11

现在对SubShader的开头部分稍作修改。

修改前的代码：

```
Tags { "RenderType" = "Opaque" }
LOD 100
```

修改后的代码：

```
Tags {
    "Queue" = "Transparent"
    "RenderType" = "Transparent"
}
Blend SrcAlpha OneMinusSrcAlpha
LOD 100
```

返回Unity，它已经是半透明的了，如图3-12所示。

那么，我们改的这几行代码分别是什么意思呢？

第一处："Queue" = "Transparent"，用来告诉Unity这个材质放到透明的队列中渲染。如果删掉这行，会发现物体虽然能半透明地显示出后面的天空盒，但是完全挡住其他物体，如图3-13所示。

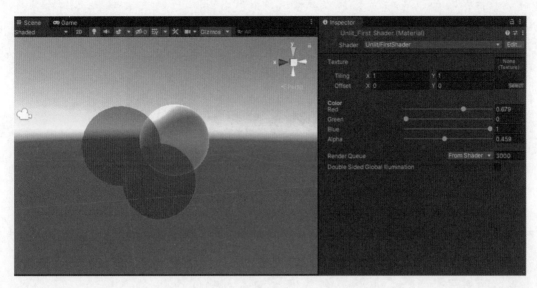

图 3-12

可以这样理解,假如你有半透明的贴纸和一堆不透明的贴纸,你想让半透明的贴纸上能投射出不透明贴纸的花纹,那么你在把这些贴纸贴上墙的时候,必定是遵循一个顺序"先把不透明的贴上去,再把半透明的贴上去"。这里 Queue 的意思是"渲染队列",也就是"先画什么,再画什么"的决定者。由于我们删去了这一行,Shader 默认把半透明的和其他不透明的放到统一队列中处理了,自然 Unity 就按照不透明渲染中的"遮挡"关系把它们画到屏幕上,所以呈现出图上这种离奇的"透明"效果。

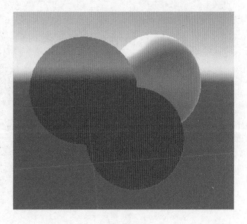

图 3-13

渲染效果和绘制上的顺序存在着重要的关系,而 Queue 起着控制绘制顺序的作用。Queue 常用的两种写法见表 3-1。

表 3-1 Queue 常用的两种写法

写 法	作 用	举 例
"Queue" = "[队列名]"	使用给出的名称对应的渲染顺序	"Queue" = "Transparent"
"Queue" = "[队列名]+[偏移量]"	在指定名称队列的渲染顺序基础上,通过一个偏差值调整渲染顺序	"Queue" = "Transparent + 100"

在面板中我们也能控制 Queue,如图 3-14 所示。

在场景中放置两个小球,为它们分别指定 Queue 值,红球为"Transparent + 100",绿球为"Transparent",透过红球看绿球,能看到绿球(见图 3-15),但透过绿球看红球,看不到红球(见图 3-16)。

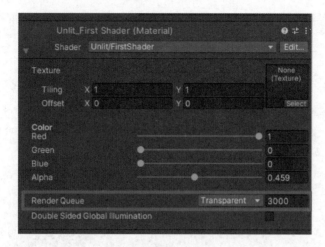

图 3-14

图 3-15

图 3-16

我们会发现，透过红球能看到绿球，而透过绿球看不到红球，这正是因为我们指定了红球总是在绿球后渲染，因此在渲染绿球颜色做混合时，它对在它之后渲染的"红球"信息一无所知，所以当然没法出现遮挡红球的效果。

可用的 Queue 见表 3-2。

表 3-2　可用的 Queue

名　称	作　用
Background	最先渲染，通常用来绘制背景
Geometry	默认队列
AlphaTest	渲染需要裁切的物体
Transparent	渲染半透明的物体
Overlay	渲染叠加效果

第二处："RenderType" = "Transparent"，用来告诉 Unity 这个 Shader 是什么类别的

Shader，相当于给 Shader 打上标签，方便在 C#代码中进行其他操作。

第三处：Blend SrcAlpha OneMinusSrcAlpha，用来告诉 Unity 这个 Shader 与其他像素的混合方式。按照上节所讲，既然它是一个半透明的物体，自然存在"混合"问题，即它的颜色和被它挡着的颜色该用一种什么样的方式结合以最终呈现。此处的意思是将两个颜色通过 Alpha 值进行混合。需要注意的是，它不在 Tag 内，它是一条指令。这样的指令在 Unity Shader 中有很多，具体如下。

（1）Blend 与 BlendOp

Blend 有许多结构，此处先介绍一种最简单的：Blend <对原颜色的处理> <对新颜色的处理>，Blend 的实际处理是按照：最终结果 = 对计算出的颜色处理系数 * 计算出的颜色操作（默认为相加）对屏幕原颜色处理系数 * 屏幕原颜色的形式混合。表 3-3 所示为几种混合方式及其效果。

表 3-3 几种常见混合方式及其效果

混 合 方 式	效 果

Blend SrcAlpha OneMinusSrcAlpha
// 取计算出的颜色的 Alpha 值与计算结果与计算出的颜色相乘，加上原颜色乘以计算出的颜色的(1 – Alpha)值
//代入式子中为：最终结果 = 新颜色的 Alpha 值 * 原颜色 + (1 – Alpha) * 屏幕原颜色
//右图中即：0.5 * 红色 + (1 – 0.5) * 绿色
	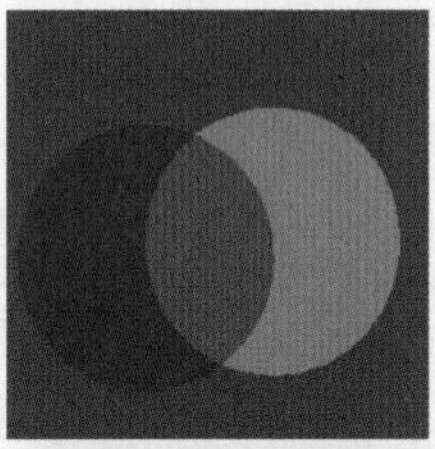

Blend DstColor Zero
//正片叠底效果
//代入式子中为：最终结果 = 屏幕原颜色 * 计算出的颜色 + 0 * 屏幕原颜色
	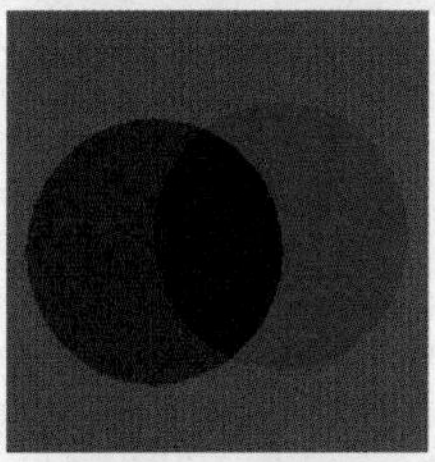

Blend One One
//线性减淡效果
//代入式子中为：最终结果 = 1 * 计算出的颜色 + 1 * 屏幕原颜色
	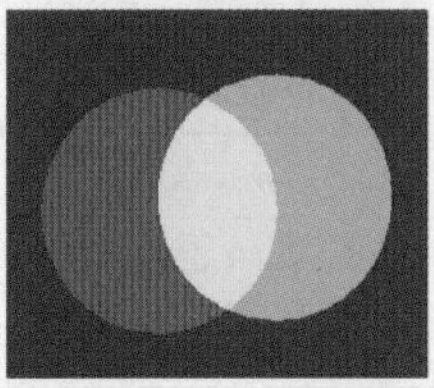

BlendOp Min
Blend One One
//将混合方式修改为取最小值
//代入式子中为：最终结果 = 取最小值(1 * 计算出的颜色, 1 * 屏幕原颜色)
	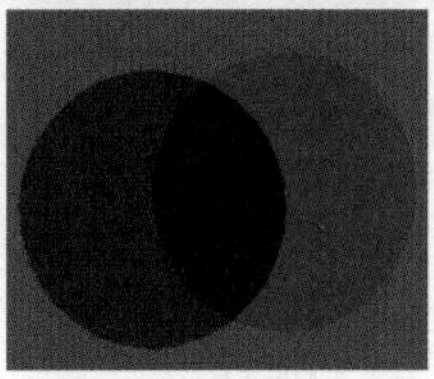

根据文档，可用的混合 Blend 操作见表 3-4。

表 3-4 可用的混合 Blend 操作

操作系数	作　用
One	值为 1，用于直接取该操作对应的颜色
Zero	值为 0，用于屏蔽取该操作对应的颜色
SrcColor	该 Shader 计算出的颜色结果
SrcAlpha	该 Shader 计算出的颜色结果的 Alpha 值
DstColor	在该 Shader 计算前，屏幕中的原有颜色
DstAlpha	在该 Shader 计算前，屏幕中的原有颜色的 Alpha 值
OneMinusSrcColor	1 减去该 Shader 计算出的颜色结果
OneMinusSrcAlpha	1 减去该 Shader 计算出的颜色结果的 Alpha 值
OneMinusDstColor	1 减去该 Shader 计算前屏幕中的原有颜色
OneMinusDstAlpha	1 减去该 Shader 计算前屏幕中的原有颜色的 Alpha 值

可用的混合运算 BlendOp 见表 3-5。

表 3-5 可用的混合运算 BlendOp

混合运算	作　用
Add	相加（默认）
Sub	相减，此处指计算出的颜色结果减去屏幕上原颜色
RevSub	相减，此处指屏幕上原颜色减去计算出的颜色结果
Min	取最小值
Max	取最大值
LogicalClear	逻辑运算：清除(0)，仅限 DX11.1
LogicalSet	逻辑运算：设置(1)，仅限 DX11.1
LogicalCopy	逻辑运算：复制(s)，仅限 DX11.1
LogicalCopyInverted	逻辑运算：逆复制(!s)，仅限 DX11.1
LogicalNoop	逻辑运算：空操作(d)，仅限 DX11.1
LogicalInvert	逻辑运算：逆运算(!d)，仅限 DX11.1
LogicalAnd	逻辑运算：与(s&d)，仅限 DX11.1
LogicalNand	逻辑运算：与非!(s&d)，仅限 DX11.1
LogicalOr	逻辑运算：或(s｜d)，仅限 DX11.1
LogicalNor	逻辑运算：或非!(s｜d)，仅限 DX11.1
LogicalXor	逻辑运算：异或(s^d)，仅限 DX11.1
LogicalEquiv	逻辑运算：相等!(s^d)，仅限 DX11.1
LogicalAndReverse	逻辑运算：反转与(s&!d)，仅限 DX11.1
LogicalAndInverted	逻辑运算：逆与(!s&d)，仅限 DX11.1
LogicalOrReverse	逻辑运算：反转或(s｜!d)，仅限 DX11.1
LogicalOrInverted	逻辑运算：逆或(!s｜d)，仅限 DX11.1

（2）Cull

Cull 的意思是剔除，其使用比 Blend 还更加简单，它只有三种指令可选，见表 3-6。

表 3-6 Cull 的三种指令及其效果

剔 除 指 令	效 果
Cull Back // 剔除背面不进行渲染，默认	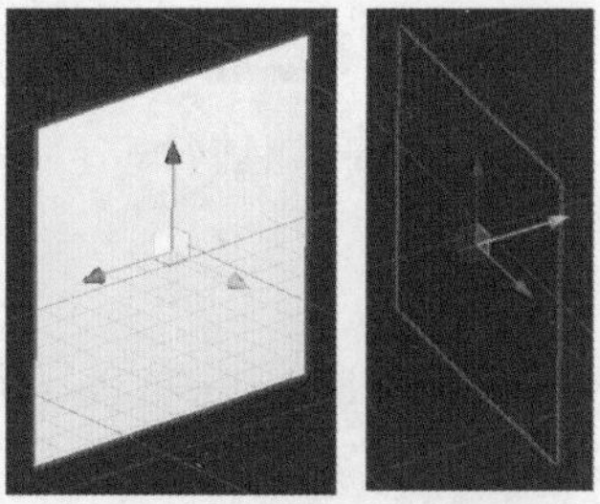
Cull Front // 剔除正面不进行渲染	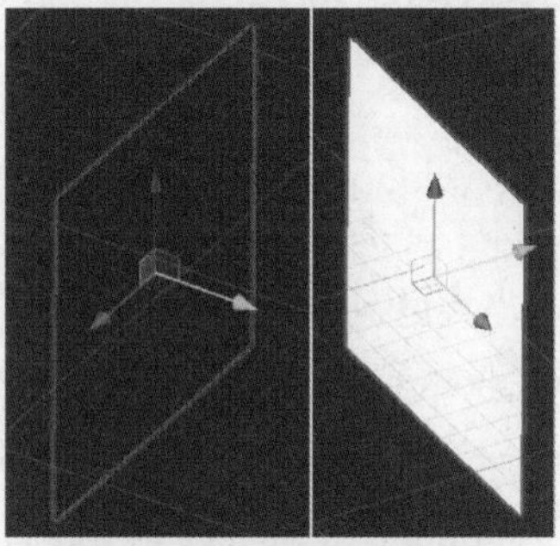
Cull Off // 不进行剔除	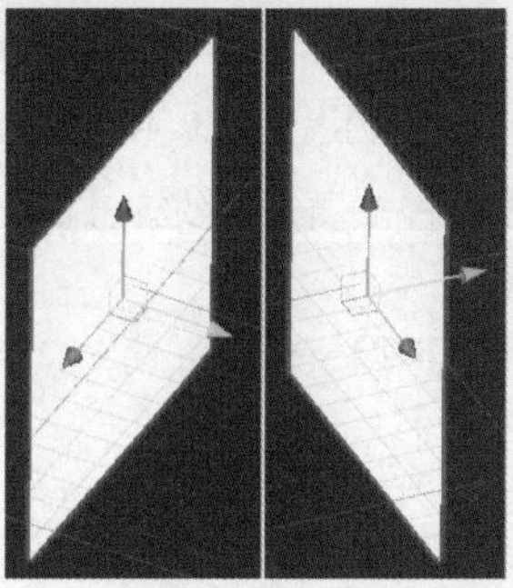

好了，现在你已经大致清楚这部分的 Shader 在做什么了，在实际开发过程中，可以灵活运用各种 Tag 和指令来实现我们的需求。

↘ 3.4 Pass

Pass 是 Shader 对象的基本元素，它可以设置 GPU 的状态，也包含能在 GPU 上运行的着色器程序。有些 Shader 只有一个 Pass，有些则有很多个。通俗地讲，可以把 Pass 理解为"作画的不同步骤"，如图 3-17 所示。比如，想一步步地画一个球，第一步先画这个球本身，第二步画它投射出的阴影，第三步给这个球加一道勾边。需要注意的是，这里的"步"是指"画这个球的步骤"，而不是"画整幅画的步骤"（就像你不能在教人画球的步骤里写上如何画球旁边的一个立方体），每一步都与这个球有关。Pass 与之类似，就是一步步地对你想要渲染的物体进行一遍遍的绘制。

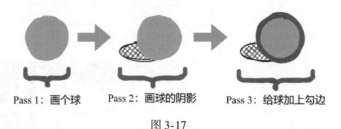

图 3-17

在我们创建的 Shader 中，Pass 大概的形式如下面的代码：

```
Pass{
    CGPROGRAM
    ...
    ENDCG
}
```

这里的 CGPROGRAM 与 ENDCG 互相对应，它们包裹着着色器代码，而它们以外的地方，就不能写入着色器代码。你可能会疑惑，那我们上面写的 Properties，Tag 那些一长串的代码难道不算代码吗？实际上，那些更像是"指令"，并不是真正处理渲染效果的模块。因为 Unity 的 built-in Shader 使用 CG 语言，此处的标识符对应的也是"CGPROGRAM"和"ENDCG"，如果使用 HLSL 语言 URP 管线，那么这里就相应变成"HLSLPROGRAM"和"ENDHLSL"。实际上，CG 语言在许多地方与 HLSL 语言相同，如果熟练了其中一种语言，那么写作另一种语言并不是一件难事。

3.4.1 Pragma

在 Pass 中存在许多以"#pragma"开头的代码，具体如下：

```
#pragma vertex vert
#pragma fragment frag

#pragma multi_compile_fog
```

在这里，"#pragma vertex vert"与"#pragma fragment frag"做的事情就是就是告诉机器：这个 Shader 的顶点着色器函数名叫作"vert"，而片元着色器的函数名叫作"frag"，所以可以在 Shader 的后半部分找到如下的代码：

```
v2f vert (appdata v) //这个叫 vert 的函数就是顶点着色器
{
    v2f o;
    o.vertex = UnityObjectToClipPos(v.vertex);
    o.uv = TRANSFORM_TEX(v.uv, _MainTex);
    UNITY_TRANSFER_FOG(o,o.vertex);
```

```
        return o;
    }

    fixed4 frag (v2f i) : SV_Target //这个叫 frag 的函数就是片元着色器
    {
        // sample the texture
        fixed4 col = tex2D(_MainTex, i.uv);
        // apply fog
        UNITY_APPLY_FOG(i.fogCoord, col);
        return half4(_Red,_Green,_Blue,_Alpha);
    }
```

#pragma multi_compile_fog，表示这个 Shader 中要使用 Unity 的 fog（雾效）相关定义，下面使用 Unity 已经实现过的各项有关雾的函数来帮助我们实现雾效果。这么说起来可能有些抽象，不妨亲自上手。我们先把 Shader 的 frag 函数进行修改：

```
    fixed4 frag (v2f i) : SV_Target
    {
        fixed4 col = fixed4(_Red,_Green,_Blue,_Alpha);
        // apply fog
        UNITY_APPLY_FOG(i.fogCoord, col);
        return col;
    }
```

在这里代码的修改主要是做了这些工作：用一个类型为 fixed4 的变量 col 将之前直接返回的结果颜色存下来，并使用函数 UNITY_APPLY_FOG（i.fogCoord, col），注意，这个函数的第二个参数就是我们创建的变量 col，意思是告诉 GPU 要让 col 这个颜色能接收雾效。

进入 Unity 开启 Fog 雾效，如图 3-18 所示。

当把摄像机移动得足够远时，可以发现它的颜色变灰了，也就是受到了雾效影响。图 3-19 和图 3-20 所示分别为未开启雾效和开启雾效的效果。

如果试图去掉 #pragma multi_compile_fog，就会发现，不管是否在 frag 中加入 UNITY_APPLY_FOG（i.fogCoord, col），材质都不会受到 Unity 的雾效影响。我们发现，pragma 在这一过程中起到类似全局开关的效果。实际上，Pragma

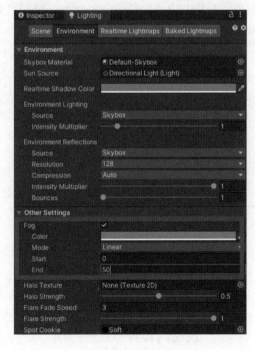

图 3-18

指令是 HLSL 的一种预处理器指令，可以让 Shader 代码根据不同的设备、图形 API 情况自动选择代码的执行方式。在之后的章节中，将会更深入地学习。

图 3-19　　　　　　　　　　　图 3-20

3.4.2　Include

接下来，我们能看到一行代码：

`#include "UnityCG.cginc"`

这行代码的意思是"引用一个叫作 UnityCG.cginc 的文件"，该文件是 Unity 提供的方便我们进行 Shader 开发的各类预定义的变量和函数。可以在 Unity 的官方文档中找到这些函数，在能真正看懂 Shader 前，笔者并不推荐把 UnityCG.cginc 的代码或者文档翻出来一个个看其中的各种函数。实际上，我们可以自定义一个 cginc 文件供我们在以后的开发中反复调用。

首先，创建一个"MyInc.cginc"文件。由于 Unity 不支持直接创建 cginc 文件，需要到我们之前创建 FirstShader 的同级目录下手动新建，如图 3-21 所示。

图 3-21

打开"MyInc.cginc"，创建一个名叫 OnlyRedAlpha 的函数，对它输入一个颜色，它只保留这个颜色的 R 通道和 A 通道后返回，代码如下：

```
half4 OnlyRedAlpha(half4 col)
{
    return half4(col.r,0,0,col.a);
}
```

返回 FirstShader.shader 文件，在原有的 include 语句后增加一句#include "MyInc.cginc" 以引用刚刚创建的 "MyInc.cginc" 文件：

```
#include "UnityCG.cginc"
#include "MyInc.cginc"
```

这样，就可以在后面的程序中使用刚刚创建的 OnlyRedAlpha 函数；例如，在 frag 函数中将 col 变量进行处理，只保留它的 R 和 A 通道：

```
fixed4 frag (v2f i) : SV_Target
{
    fixed4 col = fixed4(_Red,_Green,_Blue,_Alpha);
    col = OnlyRedAlpha(col);
    // apply fog
    UNITY_APPLY_FOG(i.fogCoord, col);
    return col;
}
```

返回 Unity，会发现材质面板上的 Green 和 Blue 滑条无论如何滑动都对颜色无法产生影响，我们在一个文件中创建的函数在它以外的文件中起到作用，如图 3-22 所示。

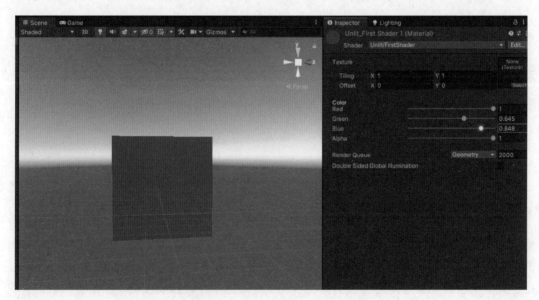

图 3-22

用一个单独文件放置常用的函数、变量其实是一个非常便捷高效的开发习惯。很多 Unity Shader 新手没有维护函数库的习惯，导致他们经常在不同项目甚至是同一个项目的不同 Shader 中将同一个效果上反反复复实现很多次，等到他们想把这些函数迁移出单独文件时，发现这些函数的各种调用与原 Shader 完完全全粘连到一块根本难以分割——这真的太浪费时间了。有一个自己常用的函数库真的能解决很多开发上的烦恼，所以从现在开始做。

3.5 Shader 内的结构体

下面，进入 Shader 结构体的学习。结构体（Struct），是由一系列数据构成的整体，这些数据可以是不同的类型，根据开发者的需要自行组合用来描述特定的对象或解决特定的问题。在 Shader 中，最常使用结构体的地方有两处：① 在进入顶点着色器前，需要告知 GPU 有关这个顶点的信息；② 在进入片元着色器前，需要告知 GPU 有关这个片元的信息。这两个阶段中，为了更高效方便地传递信息，需要把即将使用的相关信息打包到一个结构体中，以函数参数的形式进行传递。

在当前这一 Shader 中，数据的传递方式如图 3-23 所示。

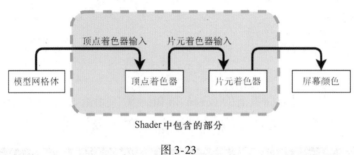

图 3-23

3.5.1 顶点着色器输入

继续看下面这段代码，也就是我们遇到的第一个结构体：

```
struct appdata{
    float4 vertex : POSITION;
    float2 uv : TEXCOORD0;
};
```

第一行：struct appdata，表明 Shader 创建了一个名为 appdata 的结构体，也可以把它改成别的名字。第二行：float4 vertex : POSITION，表明在 appdata 中创建了一个名为 vertex 的 float4 类型字段，后面的：POSITION 用于表明 vertex 是一个顶点位置，在 Unity Shader 中，类似于这种 "冒号 + 英文" 的修饰符用于定义这个字段需要获取什么信息，机器会根据这个修饰符从顶点中获取信息并放入。正如第三行：float2 uv : TEXCOORD0，创建一个名为 uv 的 float2 类型字段，并告诉机器这里要放入的是顶点的 TEXCOORD0 信息。注意，这一系列坐标都是基于模型空间下的。在顶点着色器输入中，常用的修饰符见表 3-7。

表 3-7 顶点着色器输入常用的修饰符

修　饰　符	对应的信息	类　　　型
POSITION	顶点位置信息	float3 或 float4
NORMAL	法线信息	float3

续表

修 饰 符	对应的信息	类 型
TANGENT	切线信息	float4
COLOR	顶点色	float4
TEXCOORD0	第一套 uv	float2，float3 或 float4
TEXCOORD1	第二套 uv	float2，float3 或 float4
TEXCOORD2	第三套 uv	float2，float3 或 float4
TEXCOORD3	第四套 uv	float2，float3 或 float4

好，现在让我们自己动手写一个顶点着色器输入结构体，命名为 MyAppdata，让它能向顶点着色器传入：顶点位置信息、顶点法线信息和第一套 uv，代码如下：

```
struct MyAppdata
{
    float4 vertex : POSITION;
    float3 normal : NORMAL;
    float2 uv : TEXCOORD0;
};
```

别忘了，在下面的 vert 函数中，还需要把我们的结构体传进去，也就是把输入参数的类型名改为 MyAppdata，代码如下：

```
v2f vert (MyAppdata v)
{
    v2f o;
    o.vertex = UnityObjectToClipPos(v.vertex);
    o.uv = TRANSFORM_TEX(v.uv, _MainTex);
    UNITY_TRANSFER_FOG(o,o.vertex);
    return o;
}
```

如果你想偷懒的话，在 UnityCG.cginc 中，Unity 官方为我们准备了几个已经定义好的顶点着色器输入结构体，代码如下：

```
struct appdata_base {
    float4 vertex : POSITION;
    float3 normal : NORMAL;
    float4 texcoord : TEXCOORD0;
    UNITY_VERTEX_INPUT_INSTANCE_ID  //这是一个用于 GPU 实例化的宏
};

struct appdata_tan {
    float4 vertex : POSITION;
    float4 tangent : TANGENT;
```

```
        float3 normal : NORMAL;
        float4 texcoord : TEXCOORD0;
        UNITY_VERTEX_INPUT_INSTANCE_ID
    };

    struct appdata_full {
        float4 vertex : POSITION;
        float4 tangent : TANGENT;
        float3 normal : NORMAL;
        float4 texcoord : TEXCOORD0;
        float4 texcoord1 : TEXCOORD1;
        float4 texcoord2 : TEXCOORD2;
        float4 texcoord3 : TEXCOORD3;
        fixed4 color : COLOR;
        UNITY_VERTEX_INPUT_INSTANCE_ID
    };
```

如果想调用这些结构体，我们的代码可以完全跳过声明 appdata 的部分，看起来更加精简，代码如下：

```
#pragma vertex vert
#pragma fragment frag
#pragma multi_compile_fog
#include "UnityCG.cginc"

// 一些属性

v2f vert (appdata_base v) //作为参数直接输入
{
    v2f o;
    o.vertex = UnityObjectToClipPos(v.vertex);
    o.uv = TRANSFORM_TEX(v.texcoord, _MainTex);
    UNITY_TRANSFER_FOG(o,o.vertex);
    return o;
}
```

3.5.2 片元着色器输入

接下来，可以看到一个名为 v2f 的结构体，代码如下：

```
struct v2f
{
    float2 uv : TEXCOORD0;
```

```
    UNITY_FOG_COORDS(1)
    float4 vertex : SV_POSITION;
};
```

它与上面的 appdata 非常相似。第一行,创建了一个名为 uv 的 float2 类型字段,并记录在 TEXCOORD0 下;第二行是一个宏命令,它表示使用 TEXCOORD1 记录一个与雾效有关的坐标,有关宏的内容将在下节学习;第三行与上文 appdata 中的 float4 vertex:POSITION 非常相似,但多了一个"SV_",此处的 SV 是 System Value 的缩写,它表示 vertex 是顶点在被转换到裁剪空间后的位置,在渲染流水线章节中我们知道,片元着色器是在光栅化环节的流程,此时顶点的位置经过屏幕映射,与 appdata 中的 vertex 的计算空间并不相同,因此注意使用"SV_POSITION"。

观察整个 Shader 的信息流转方式,可以发现在这个简单的 Shader 中只需处理顶点着色器输入和片元着色器输入这两个信息传递过程,其中顶点着色器输入不需要详细写出从模型网格体中取出的逻辑,只需列出所需的信息即可;而片元着色器输入需要在顶点着色器中进行计算,这也是二者最大的不同。

3.6 顶点着色器

我们在渲染流水线章节中学习过,顶点着色器是对模型顶点进行逐个处理的环节。先来看在当前 Shader 的顶点着色器中,Unity 默认实现了什么,代码如下:

```
v2f vert (appdata_base v)
{
    v2f o;
    o.vertex = UnityObjectToClipPos(v.vertex);
    o.uv = TRANSFORM_TEX(v.texcoord, _MainTex);
    UNITY_TRANSFER_FOG(o,o.vertex);
    return o;
}
```

第一行,v2f o;,声明了一个 v2f 结构体。

第二行,o.vertex = UnityObjectToClipPos(v.vertex);,将 v2f 结构体中的 vertex 字段赋值为一个名为 UnityObjectToClipPos 的函数对输入参数 v.vertex 的计算结果;返回渲染流水线一章的知识,在顶点着色器中,GPU 需要进行顶点空间的转换,在当前 Shader 中,v2f 结构体是由顶点着色器向片元着色器传递信息的,而片元着色器处理的输入坐标 SV_POSITION 位于裁剪空间,所以会想到在这一过程中将顶点空间由模型空间转换到裁剪空间,而这个函数,顾名思义,做的事情就是"将物体由模型空间转换到裁剪空间"。

第三行,o.uv = TRANSFORM_TEX(v.texcoord, _MainTex);,将 v2f 结构体中的 uv 字

段赋值为一个名为 TRANSFORM_TEX 函数对输入参数 v.texcoord、_MainTex 的返回值。在当前的 Shader 中还未使用到贴图纹理相关的内容，只需知道此处是一个将模型 uv 进行处理并传递的过程即可，具体内容将在下一章节学习。

第四行，UNITY_TRANSFER_FOG(o,o.vertex);，unity 的雾效处理宏，根据顶点的位置计算其对应的雾效系数，并将结果通过 v2f 进行传递，也就是在上节见到的"UNITY_FOG_COORDS(1)"。

第五行，return o;，将计算得到的 v2f 结构体返回给片元着色器。

下面，可以试着在顶点着色器中做一点自己的修改。返回第二行，我们知道这里是一个传递顶点位置的过程，所以可以尝试在这里修改顶点的位置。不妨试试看，将顶点在 y 坐标上进行偏移。由于是针对模型顶点的位置变化，所以要操控的空间应当是模型空间，即需要对 appdata_base 中的 vertex 值进行偏移，再通过空间变换传入 v2f。修改前和修改后的代码如下。

修改前的代码：

```
v2f vert (appdata_base v)
{
    v2f o;
    o.vertex = UnityObjectToClipPos(v.vertex);
    o.uv = TRANSFORM_TEX(v.texcoord, _MainTex);
    UNITY_TRANSFER_FOG(o,o.vertex);
    return o;
}
```

修改后的代码：

```
v2f vert (appdata_base v)
{
    v2f o;
    o.vertex = UnityObjectToClipPos(v.vertex + float3(0,1,0));
    o.uv = TRANSFORM_TEX(v.texcoord, _MainTex);
    UNITY_TRANSFER_FOG(o,o.vertex);
    return o;
}
```

在这里，Shader 修改了一行 UnityObjectToClipPos(v.vertex + float3(0,1,0));，将原参数 v.vertex，修改为 v.vertex + float3(0,1,0)，意思是对模型空间的顶点位置加上向量 $\begin{pmatrix} 0 \\ 1 \\ 0 \end{pmatrix}$，实现偏移效果。单击使用这个 Shader 对应材质的物体，屏幕会显示如图 3-24 所示的效果。

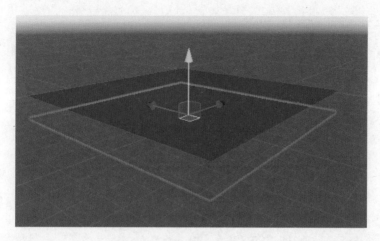

图 3-24

Unity 显示我们点选的物体在下方，而渲染出的物体在上方，与 Unity 高亮出的框线并不重合。实际上，我们并未修改模型本身的顶点，而是在模型数据传入 GPU 时修改它"被看到的位置"。因此，对于 CPU 所控制的部分，如 Unity 中顶点的位置并未变化，改变的仅仅是 GPU 中顶点的位置，即"显示的位置"，如图 3-25 所示。

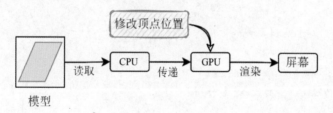

图 3-25

将偏移量修改为属性控制，即可在材质面板中进行调整，代码如下：

```
Shader "Unlit/FirstShade2"
{
    Properties
    {
        _MainTex ("Texture", 2D) = "white" {}
        [Header(Color)] _Red("Red", Range(0, 1)) = 0
        _Green("Green", Range(0, 1)) = 0
        _Blue("Blue", Range(0, 1)) = 0
        _Alpha("Alpha", Range(0, 1)) = 0
        [Header(Offset)] _Offset("Offset", float) = 0
    }
    SubShader
    {
        Tags {
```

```
            "Queue" = "Transparent"
            "RenderType" = "Transparent"
        }
        LOD 100
        Blend SrcAlpha OneMinusSrcAlpha
        Pass
        {
            CGPROGRAM
            #pragma vertex vert
            #pragma fragment frag
            // make fog work
            #pragma multi_compile_fog
            #include "UnityCG.cginc"
            #include "MyInc.cginc"

            struct v2f
            {
                float2 uv : TEXCOORD0;
                UNITY_FOG_COORDS(1)
                float4 vertex : SV_POSITION;
            };
            sampler2D _MainTex;
            float4 _MainTex_ST;
            float _Red;
            float _Green;
            float _Blue;
            float _Alpha;
            float _Offset;
            v2f vert (appdata_base v)
            {
                v2f o;
                o.vertex = UnityObjectToClipPos(v.vertex + float3(0,_Offset,0));
                o.uv = TRANSFORM_TEX(v.texcoord, _MainTex);
                UNITY_TRANSFER_FOG(o,o.vertex);
                return o;
            }
            // 省略 frag 片元着色器
        }
    }
}
```

3.7 片元着色器

片元着色器是 GPU 逐片元运算处理输出颜色的环节，在当前 Shader 中，Unity 实现片元着色器的代码如下：

```
fixed4 frag (v2f i) : SV_Target
{
    fixed4 col = fixed4(_Red,_Green,_Blue,_Alpha);
    col = OnlyRedAlpha(col);
    // apply fog
    UNITY_APPLY_FOG(i.fogCoord, col);
    return col;
}
```

首先，frag 函数与 vert 函数有个非常显著的区别，在 ftag 的函数名末尾带一个 ":SV_Target" 的后缀，它是用于片元着色器函数颜色输出的语义，即这里会告诉 GPU，该函数的输出结果将用于显示最终颜色，GPU 会将这个信息存储于对应的空间中，v2f 中的 ":SV_POSITION" 原理也与此类似，都起到告知 GPU 数据用途以便 GPU 将数据存储到特定物理位置的作用。

跳过注释，接下来是 fixed4 col = tex2D(_MainTex,i.uv);，由于在当前的 Shader 中未使用到贴图纹理相关的内容，只需知道此处是一个根据模型 uv 在贴图上采样颜色的过程即可，具体内容留到下一章详细叙述。

下面是我们在之前修改 Shader 时加入的 col = OnlyRedAlpha(col);，它对上一行计算出的 col 结果做了替换，这就是为什么在 Shader 中采样了一张贴图纹理但对结果没有任何影响的原因。

接下来是 UNITY_APPLY_FOG(i.fogCoord,col);，又是一个 unity 的雾效处理宏，它根据在顶点着色器中计算的存储于 v2f 的 fogCoord 中的雾效系数对得到的颜色进行处理。

最后是 return col;，将计算得来的结果 col 返回给 GPU。

简单的颜色修改在之前的学习中已经做过了，不妨试试看稍微复杂一些的修改。我们知道，片元着色器是逐个片元进行计算的，也就是说可以让不同的片元显示出不同的颜色。现在，尝试将输出结果与 x 坐标相关，代码如下：

```
fixed4 frag (v2f i) : SV_Target
{
    fixed4 col = fixed4(_Red,_Green,_Blue,_Alpha);
    col = OnlyRedAlpha(col);
    // 加入下面这行
    col = col * sin(i.vertex.x);
    // apply fog
```

```
    UNITY_APPLY_FOG(i.fogCoord, col);
    return col;
}
```

在片元着色器中加入 col = col *sin(i. vertex. x);，从字面意思上看，是将 col 与片元的 x 坐标的正弦计算结果相乘。返回 Unity，可以看到 x 坐标相关的颜色如图 3-26 所示。

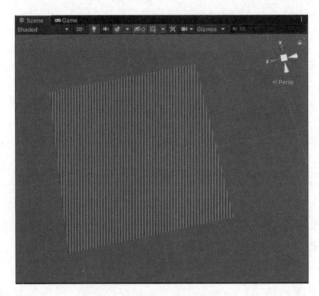

图 3-26

物体变成了条纹状的颜色，而且无论如何缩放、旋转、移动视角，看起来条纹的展开方式完全没有任何变化，这是由于我们使用裁剪空间下的 x 坐标进行的计算，而裁剪空间下坐标的展开依赖于我们观察的摄像机，所以视野中物体的摆放位置、大小关系就无法影响条纹的展开，好比我们用手摆成 O 形，透过它观察世界，O 形内的图像永远是透过它之后世界的颜色，只要我们的眼镜位置、旋转不变，无论我们怎么移动手，O 形内的画面都只与世界相关，而不会被手给缩放、旋转。

恭喜，现在我们走完了一个 Shader 的所有流程，如果你有跟着上面的修改一路编辑刚创建的 Shader，那么它现在应该是下面这样的：

```
Shader "Unlit/FirstShader2"
{
    Properties
    {
        _MainTex ("Texture", 2D) = "white" {}
        [Header(Color)] _Red("Red", Range(0, 1)) = 0
        _Green("Green", Range(0, 1)) = 0
        _Blue("Blue", Range(0, 1)) = 0
        _Alpha("Alpha", Range(0, 1)) = 0
```

```
        [Header(Offset)] _Offset("Offset", float) = 0
}
SubShader
{
    Tags {
        "Queue" = "Transparent"
        "RenderType" = "Transparent"
    }
    LOD 100
    Blend SrcAlpha OneMinusSrcAlpha

    Pass
    {
        CGPROGRAM
        #pragma vertex vert
        #pragma fragment frag
        // make fog work
        #pragma multi_compile_fog

        #include "UnityCG.cginc"
        #include "MyInc.cginc"

        struct v2f
        {
            float2 uv : TEXCOORD0;
            UNITY_FOG_COORDS(1)
            float4 vertex : SV_POSITION;
        };

        sampler2D _MainTex;
        float4 _MainTex_ST;
        float _Red;
        float _Green;
        float _Blue;
        float _Alpha;
        float _Offset;

        v2f vert (appdata_base v)
        {
            v2f o;
```

```
            o.vertex = UnityObjectToClipPos(v.vertex + float3(0,_Offset,0));
            o.uv = TRANSFORM_TEX(v.texcoord, _MainTex);
            UNITY_TRANSFER_FOG(o,o.vertex);
            return o;
        }

        fixed4 frag (v2f i) : SV_Target
        {
            fixed4 col = fixed4(_Red,_Green,_Blue,_Alpha);
            col = OnlyRedAlpha(col);
            col = col* sin(i.vertex.x);
            // apply fog
            UNITY_APPLY_FOG(i.fogCoord, col);
            return col;
        }
        ENDCG
    }
}
```

对于有计算机编程基础的读者而言，理解其中的代码并不会有太大的障碍。而如果读者对计算机编程了解不深或者没有了解，那么就有不少困惑。接下来，本书将简要介绍 Shader 编程语言的基本语法和数据结构，方便没有相关知识基础的人迅速入门。

3.8 我该怎么写呢

Shader 编程有三大语言：GLSL、HLSL 及 CG。

GLSL（OpenGL Shading Language）是基于 OpenGL 的 Shader 编程语言。GLSL 依赖于硬件，依靠显卡驱动来完成着色器的编译工作，显卡驱动支持 OpenGL，GLSL 就可以执行，这说明它不依赖于操作系统，有着极好的可移植性，但是这也造成了一定的风险，即不同的硬件可能会导致不同的渲染结果。

HLSL（High Level Shading Language）是微软公司推出的基于 DirectX 的 Shader 编程语言。它不依赖于硬件，而依赖于操作系统，这让它能保证渲染结果的一致性，但也让它的跨平台性差了许多。

CG（C for Graphic）是 NVIDIA 公司推出的 Shader 编程语言。这也是 Unity Shader 中默认使用的语言。CG 语言能根据平台的不同编译成相应的中间语言。所以 CG 语言与 GLSL、HLSL 语言相比离硬件底层更远，由于 NVIDIA 在开发 CG 过程中与微软合作密切，所以，CG 与 HLSL 非常相似，甚至说 CG 语言就是 HLSL 的变体。但是，早在 2012 年 NVIDIA 就弃用 CG 语言了，尽管 Unity 很早就使用 HLSL 编写 built-in 管线下的内置着色器，但其在 built-in 中供我们编写 Shader 的语言一直默认为 CG（即便是在 built-in 管线下，一些如 compute shader 的复杂 Shader 都已经不能使用 CG 了），直到在新推出的 SRP 管线中才普遍地拥抱 HLSL。你可能感到疑惑，不是说 HLSL 移植性差嘛，那我们开发出的 Shader 岂不是只能运行在 DirectX 上？实际上，Unity 中使用 HLSL 编写的 Shader 都将交叉编译成目标 API 所需的任何形式，如 OpenGL、Vulkan 平台。但如果使用 GLSL 编写 Shader，那么 Unity 并不会自动帮你将它交叉编译到其他的平台上。所以，本书推荐各位读者使用 HLSL（对 URP、HDRP 管线）或 CG（对 built-in 管线）来编写 Shader，这也是 Unity 官方所推荐的。

综上所述，HLSL 语言与 CG 语言颇为相似，在本节中，将以 CG 语言入手简要介绍基础的写法，并且主要叙述 HLSL 与 CG 语言互有交集的内容，这样能方便使用 built-in 管线和 SRP 管线的读者快速入门。实际上，只要掌握 CG 或 HLSL 其中一门语言，另一门语言不过是手到擒来。

CG 的语法与 C 语言极为类似，都是面向过程的强类型语言，对于有编程基础的读者，本节内容大致粗看即可；对于没有编程基础的读者也不必慌张，对比其他编程语言繁杂的语法、结构、特性，CG 要简单明了得多。

3.8.1　基本语法

1. 数据类型

在上节中，我们反复看到"float""half"这些单词，它们用于表示数据类型，即告诉 GPU 一个量是小数还是整数、是三维向量还是二维向量、是一个常规量还是一个结构体。

在 HLSL 中，常用到的数据类型见表 3-8。

表 3-8　HLSL 中常用到的数据类型

数据类型	用　　途
float	表示高精度小数。一般是 32 位值
half	表示中精度小数。一般是 16 位值
fixed *	表示低精度小数。一般是 11 位值。但现在诸多平台上已经弃用。仅在 CG 语言中使用，HLSL 中不含此数据类型
int	表示 32 位有符号整数
uint	表示 32 位无符号整数
bool	表示真或假
float2/half2/fixed2	表示一个二维向量，2 前的类型表示该向量中各个分量是什么类型。对于 float2 类型的向量，其 x 分量与 y 分量都为 float 型
float3/half3/fixed3	表示一个三维向量，3 前的类型表示该向量中各个分量是什么类型。对于 float3 类型的向量，其 x 分量、y 分量、z 分量都为 float 型
float4/half4/fixed4	表示一个四维向量，4 前的类型表示该向量中各个分量是什么类型。对于 float4 类型的向量，其 x 分量、y 分量、z 分量、w 分量都为 float 型

续表

数据类型	用　途
float2x2/float3x2/…	表示一个矩阵，矩阵的每个元素为 float 类型。形式为 float[n]x[m]，其中，[n]和[m]替换为 1~4 内任意整数，如 float2x2、float3x2。float 替换为 half、fixed 同理，如 half4x4
Sampler2D	采样器，用于对 2D 纹理进行采样，详细用途下一章节内容

2. 声明变量与变量赋值

在编程开发中数值运算是必不可少的，当需要一个空间临时存放数值时，声明变量就必不可少了。举个例子，你在做菜的过程中可能会切出萝卜丁、肉丁之类的备用品，但你肯定不能让它们一直放到砧板上，而是临时需要一个碗将它们装好备用，"指定一个碗用以装备用品"的过程就与声明变量类似，即让 GPU 开辟一个空间用于存储数值供后续使用，例如下面的代码：

```
v2f o;
float a;
half3 b;
```

以上都属于声明变量的语句。它由这几部分组成：变量数据类型 + 空格 + 变量名 + 分号。作为一门强类型语言，HLSL 声明变量时必须明确指定变量的类型，可以理解为在将肉丁、萝卜丁分装时，我们不能让一个碗一会儿用来装肉丁一会儿用来装萝卜丁，通常是一个碗在整个做菜流程中只用来装一种东西，一旦一个碗装了肉丁，那么它以后就都不能用来装萝卜丁了；在 HLSL 中，我们声明变量时一旦指定类型，那么这个变量将只能用来存储这个类型的值，不能再移作他用。变量名是变量的代号，在声明变量后，可以使用变量名来调用这个变量中存储的值。注意，在 Shader 编写中，除了宏命令（将在后文介绍），每一行代码的结尾都必须带上分号。

既然是要存储值的，那么怎样给变量赋值呢？可以用下面的代码实现：

```
float a; //声明变量
a = 1.5; //变量赋值
```

这样，变量 a 中就存储了一个值为 1.5 的 float 型量。在此处出现了//符号，表示它后面的内容是一个注释，它们是给开发者浏览代码时用于提醒、标注、解释的，对程序运行没有影响。

声明变量和赋值可以同时进行，代码如下：

```
float a = 1.5;
```

如果想赋值的是一个向量，则需要使用以下多种方式中的任意一种进行赋值，以下三种方法中返回的结果是相同的：

```
half4 v1 = half4(0.2,0.5,0.3,0.3); //方法1
half4 v2 = {0.2,0.5,0.3,0.3};      //方法2
```

```
vector<half,4> v3={0.2,0.5,0.3,0.3}; //方法3
```

为矩阵赋值的方法类似,以下三种方法返回的结果也相同:

```
half3x3 m1=half3x3(1,1,1,
                   1,1,1,
                   1,1,1); //方法1

half3x3 m2={1,1,1,
            1,1,1,
            1,1,1}; //方法2

matrix<half,3,3> m3={1,1,1,
                     1,1,1,
                     1,1,1}; //方法3
```

读者无须纠结于这种类似"茴香豆的茴字有几种写法"的问题,只需选择自己最习惯的写法即可。

当需要读取或设置向量中一个分量的值时,可通过在变量后加上"."连接符,接上自己需要的分量名进行获取,代码如下:

```
half4 v=half4(0.1,0.2,0.3,0.4);
half r=v.r; //返回0.1
half x=v.x; //返回0.1
half g=v.g; //返回0.2
half y=v.y; //返回0.2
half b=v.b; //返回0.3
half z=v.z; //返回0.3
half a=v.a; //返回0.4
half w=v.w; //返回0.4
```

也可以直接进行修改,代码如下:

```
half4 v=half4(0.1,0.2,0.3,0.4);
v.x=1;
half4 v2=v;   //返回half4 类型:(1,0.2,0.3,0.4)
```

而对于矩阵则略有区别,代码如下:

```
half2x2 m=half2x2(0,0.25,
                  0.75,1);
half n00=m[0][0]; //返回0
half n01=m[0][1]; //返回0.25
half n10=m[1][0]; //返回0.75
half n11=m[0][1]; //返回1
```

对于矩阵 m 的第一行第一列元素，可在 m 后使用两个中括号标注其位置进行读取，如 m[0][0]。注意，在 HLSL 中序号是从 0 开始计的，也就是说若想取第二行第一列元素，应当使用 m[1][0]。修改方法则同理，代码如下：

```
half2x2 m = half2x2(0,0.25,
                    0.75,1);
m[1][0] = 0;

//修改后 m 为(0,  0.25,
//          0,   1   )
```

3. 数学计算

在 HLSL 中，可以进行常见的各种数学运算，代码如下：

```
float a = 1.5;
float b = 2;
float add = a + b; //加法运算
float minus = a - b; //减法运算
float multiply = a * b; //乘法运算
float divide = a / b; //除法运算
```

有时候我们可能会遇到要把一个变量计算后再送回原变量的情况。例如，你声明了一个变量 a 并给它赋值，随着程序的进行，你需要让 a 变成原来的一半，虽然你可以声明一个新的量 a2 赋给它 0.5a 的值，然后在后面的代码使用 a2 这个变量——但这并不方便，我们可以只用一个变量 a 就解决这些问题，代码如下：

```
float a = 1.5;
a = a * 0.5;
```

在上面的代码中，a = a * 0.5；表示将 a 乘以 0.5 后再将结果赋予 a，这行程序从右往左执行，它先从变量 a 中取出存储的值 1.5，然后乘以 0.5，最后将结果 0.75 再送回 a 变量中，将 a 变量存储的值由原来的 1.5 替换为 0.75。对此，还有一种更快的写法，代码如下：

```
float a = 1.5;
a *= 0.5;
```

4. 逻辑判断与分支结构

程序框图如图 3-27 所示。

有时候需要一写代码在满足一定的条件下才执行，这就需要引入逻辑判断。在 Shader 中，可通过 if 语句表现程序执行的分支，如表 3-9 中的这段代码，程序判断 a 值是否大于 0，如果是，b 赋值为 1。

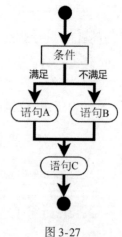

图 3-27

表 3-9 通过 if 语句表现程序执行的分支

结　构	代码样例	执行逻辑

if( ){
 	
}
	float a = 1;
	float b = 0;
	if(a > 0)
	{
	　　b = 1;
	}
	b + = 1;
		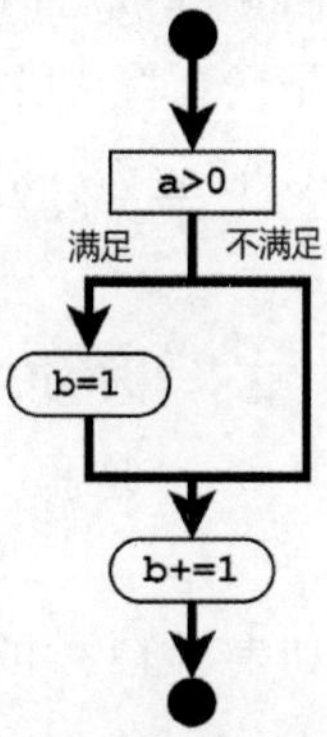 a>0 满足→b=1→b+=1；不满足→b+=1

如果需要执行形如"如果……那么……否则……"结构的分支，可通过 if-else 语句来实现，如表 3-10 中的这段代码，程序判断 a 值是否大于 0，如果是，b 赋值为 1，否则 b 赋值为 – 1。

表 3-10 通过 if-else 语句表现程序执行的分支

结　构	代码样例	执行逻辑

if( ){
 	
}else{
 	
}
	float a = 1;
	float b = 0;
	if(a > 0)
	{
	　　b = 1;
	}else{
	　　b = -1;
	}
	b + = 1;
		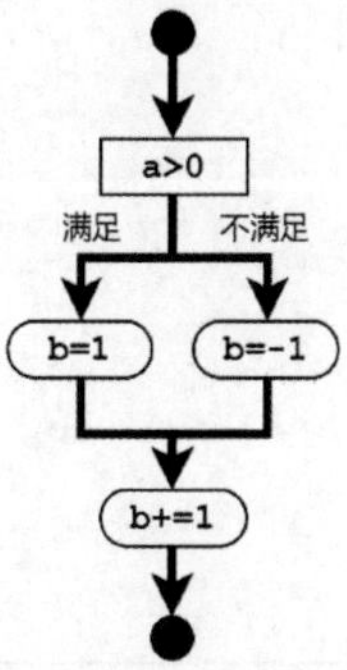 a>0 满足→b=1；不满足→b=-1；然后 b+=1

if-else 部分的语句还可以替换成三元运算符，其结构是 X = 条件判断?判定为真时的结果：判定为假时的结果，如上面的 if-else 部分就可以简写为表 3-11 中的形式。

表 3-11 if-else 代码及其简写

if-else 代码	简　写

if(a > 0)
{
　　b = 1;
}else{
　　b = -1;
}
	b = a > 0 ? 1 : -1;

但需要注意的是，对于 GPU 而言，执行条件分支对性能影响非常大。如前所述，GPU 执行程序是以流水线的方式完成的，这时 fragment Shader 的处理方式是：所有片段都会执行所有的分支，但是只会将片段采取的分支写入寄存器中。这说明两个分支都会被 GPU 运算一次，所以读者尽可能避免使用带有分支结构的语句。

5. 循环结构

循环结构是程序中经常使用的逻辑结构，一般结构如图 3-28 所示。

例如表 3-12 中的这段代码，使用 while 结构进行循环，令 a 重复加 1，直到 a 大于 b。

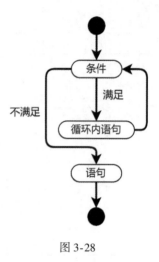

图 3-28

表 3-12　使用 while 结构进行循环

结　　构	代码样例	执行逻辑

while( ){
 	
}
	while (a <= b)
	{
	　　a += 1;
	}	

我们让 GPU 在 a 不大于 b 时反复执行 a+1 的代码，但这么做对于 GPU 而且其实非常危险，在渲染流水线一章介绍过，GPU 是许多计算能力弱的小单元构成的集合体，这说明不能将太过复杂的计算任务交给它，尤其是对运算速度有着巨大要求的实时渲染。在本例中，GPU 并不知道它要将这个循环做多少次，如果遇到不可控的 a 值或 b 值，那将意味着 GPU 有可能会困死在这个循环中，导致极高的渲染延迟或不可预测的崩溃，所以在 Shader 中，我们必须尽可能避免使用次数不固定的循环，在编写代码时如果要使用循环，务必直接在代码中确定循环次数。

基于此，for 循环结构（见表 3-13）是一个更好的选择。

例如，想让变量 a 反复 10 次加 1，那么代码可以按表 3-14 来写。

表 3-13　for 循环结构及其执行逻辑

结　　构	执 行 逻 辑

for(语句 A;条件 B;语句 C){
　　循环内语句
}
	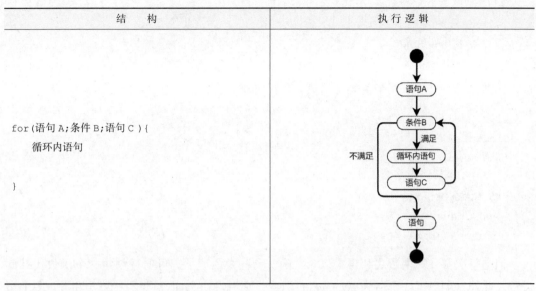

表 3-14　让变量 a 反复 10 次加 1 的代码

代 码 样 例	执 行 逻 辑

for (int i=0; i<10; i+=1)
{
　　a+=1;
}
	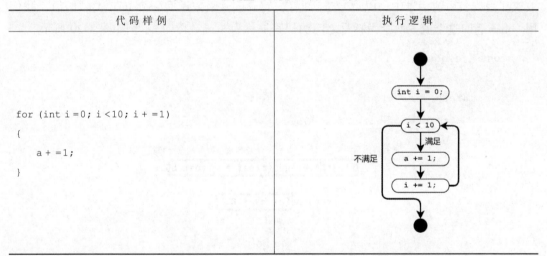

在本例中，在语句 A 处声明了一个新变量 i 并指定为 0；在条件 B 处指明"我们在 i 值小于 10 时做这个循环"；在语句 C 处指明每次循环结束后 i 值都加一；由于 i 的初始值 0 和循环次数 10 都是在代码中直接指定的，所以我们能确保这个循环只执行 10 次。在撰写 Shader 时，尽可能避免使用过于复杂的循环，若必须要出现循环，也尽可能保证循环次数可控。但是确保"循环次数可控"有多种方式，在代码中直接指明是一种方式，通过面板的参数输入指定也是一种方式。

6. 函数的定义与调用

有时候，我们会在代码中反复执行一段相同的逻辑处理。这时可通过创建一个函数代替此过程，声明函数的形式如下：

```
返回值的数据类型 函数名(参数类型 参数名)
{
    return 返回值;
}
```

例如,需要反复求两个值的平均值,代码如下:

```
float a = 1;
float b = 2;
float c = 3;

float abAverage = (a + b) * 0.5;
float acAverage = (a + c) * 0.5;
float bcAverage = (b + c) * 0.5;
```

但是每次都计算两数之和再乘以 0.5 确实有些太烦琐了,可通过创建一个函数代替此过程。此处,创建了一个名为 Average 的函数,它有两个 float 类型的参数 a 和 b,多个参数放在函数名后的括号中,以逗号进行间隔。Average 函数返回一个 float 类型的值,我们用 return 返回这个值。两个大括号之间的代码被称为"函数体"。示例如图 3-29 所示。

```
float Average(float a, float b)
{
    return (a + b) * 0.5;
}
```

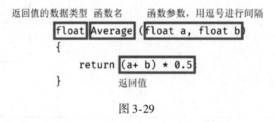

图 3-29

这样,烦琐的代码就可替换为下面的形式:

```
float a = 1;
float b = 2;
float c = 3;
float abAverage = Average(a,b);
float acAverage = Average(a,c);
float bcAverage = Average(b,c);
```

在这个例子中,声明了一个名为 Average 的函数,此后在所有需要求两个值的平均数的地方都可以调用 Average 函数,在 Average 的括号中按顺序输入参数,就可得到结果。注意,调用函数时输入的参数需要与创建函数时的参数类型一致,如图 3-30 所示。

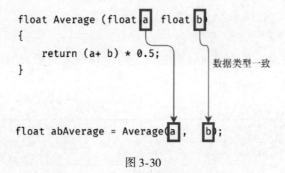

图 3-30

注意,不能在函数体内创建函数,如下面的代码就是非法的:

```
fixed4 frag (v2f i) : SV_Target
{
    half Average(half a, half b)
    {
        return (a +b)* 0.5;
    }

    float a =1;
    float b =2;
    float c =3;
    float abAverage = Average(a,b);
    float acAverage = Average(a,c);
    float bcAverage = Average(b,c);
}
```

下面的代码就是合法的:

```
half Average(half a, half b)
{
        return (a +b)* 0.5;
}

fixed4 frag (v2f i) : SV_Target
{
    float a =1;
    float b =2;
    float c =3;
    float abAverage = Average(a,b);
    float acAverage = Average(a,c);
float bcAverage = Average(b,c);
}
```

3.8.2 常用函数

Unity Shader 中内置了大量的函数供我们使用，有些来源于 HLSL，有些来源于 UnityCG.cginc 文件中，Unity Shader 中常用的函数见表 3-15。

表 3-15　Unity Shader 中常用的函数

函　　数	用　　途
abs(x)	计算 x 的绝对值
acos(x)	计算 x 的每个分量的反余弦值
all(x)	判断 x 的所有分量是否均不为零
any(x)	判断 x 中是否存在不为零的分量
asfloat(x)	将 x 转换为 float 型
asin(x)	计算 x 的每个分量的反正弦值
asint(x)	将 x 转换为 int 型量
asuint(x)	将 x 转换为 uint 型量
atan(x)	计算 x 的反正切值
atan2(y, x)	计算(y,x)的反正切值
ceil(x)	计算大于或等于 x 的最小整数
clamp(x, min, max)	将 x 限定在[min,max]内。如果 x 小于 min，返回 min；如果 x 大于 max，返回 max；若 x 在 min 与 max 之间，返回 x
clip(x)	如果 x 的任何分量小于零，则丢弃当前像素
cos(x)	计算 x 的余弦值
cosh(x)	计算 x 的双曲余弦值
cross(x, y)	计算两个三维向量的叉积
ddx(x)	计算 x 相对于屏幕空间 x 坐标的偏导数
ddy(x)	计算 x 相对于屏幕空间 y 坐标的偏导数
degrees(x)	将 x 从弧度制转换为角度制
determinant(m)	计算方阵 m 的行列式
distance(x, y)	计算 x、y 两点之间的距离
dot(x, y)	计算 x、y 两个向量的点积
exp(x)	计算以 e 为底的指数
exp2(x)	计算以 2 为基数的指数
faceforward(n, i, ng)	计算 -n · sigh(dot(i,n))。用于判断当前面是否朝向视角
floor(x)	计算小于或等于 x 的最大整数
fmod(x, y)	计算 x/y 的浮点余数
frac(x)	获取 x 的小数部分
frexp(x, exp)	获取 x 的尾数和指数
fwidth(x)	计算 abs(ddx(x))+abs(ddy(x))

续表

函　数	用　途
isfinite(x)	判断 x 是否是有限的
isinf(x)	判断 x 是否为 +INF 或 −INF
isnan(x)	判 x 是否为 NAN 或 QNAN
ldexp(x, exp)	计算 $x \cdot 2^{exp}$
length(v)	计算向量 v 的长度
lerp(x, y, s)	返回 x+s(y−x)，用于过渡
lit(NdotL, NdotH, m)	返回光照向量，float4（环境光，漫反射光，镜面高光，1）
log(x)	计算以 e 为底 x 的对数
log10(x)	计算以 10 为底 x 的对数
log2(x)	计算以 2 为底 x 的对数
max(x, y)	返回 x 和 y 中的最大值
min(x, y)	返回 x 和 y 中的最小值
modf(x, out ip)	将 x 拆分为小数部分和整数部分
mul(x, y)	对 x 和 y 执行矩阵乘法运算
noise(x)	使用 Perlin 噪声算法生成随机值
normalize(x)	返回 x 的归一化向量
pow(x, y)	返回 x^y
radians(x)	将 x 从角度制转换为弧度
reflect(i, n)	计算向量 i 在法线 n 下的反射向量
refract(i, n, R)	计算向量 i 在法线 n 下，以 R 为"入射和折射介质的折射率比值"的折射向量
round(x)	将 x 四舍五入为最接近的整数
rsqrt(x)	计算 $1/\sqrt{x}$
saturate(x)	返回 clamp(x,0,1)
sign(x)	获取 x 的符号
sin(x)	计算 x 的正弦值
sincos(x, out s, out c)	计算 x 的正弦和余弦
sinh(x)	计算 x 的双曲正弦值
smoothstep(min, max, x)	如果 x 在 [min,max] 范围内，返回在 0~1 的平滑插值
sqrt(x)	计算 x 的平方根 $\sqrt{x}$
step(a, x)	如果 x≥a，返回 1，否则返回 0
tan(x)	计算 x 的正切值
tanh(x)	计算 x 的双曲正切值
tex1D(s, t)	1D 纹理查找
tex1Dbias(s, t)	带偏差的 1D 纹理查找
tex1Dgrad(s, t, ddx, ddy)	具有渐变的 1D 纹理查找
tex1Dlod(s, t)	使用 LOD 进行 1D 纹理查找

续表

函 数	用 途
tex1Dproj(s, t)	具有射影分割的 1D 纹理查找
tex2D(s, t)	2D 纹理查找
tex2Dbias(s, t)	带偏差的 2D 纹理查找
tex2Dgrad(s, t, ddx, ddy)	具有渐变的 2D 纹理查找
tex2Dlod(s, t)	使用 LOD 进行 2D 纹理查找
tex2Dproj(s, t)	具有射影分割的 2D 纹理查找
tex3D(s, t)	3D 纹理查找
tex3Dbias(s, t)	带偏差的 3D 纹理查找
tex3Dgrad(s, t, ddx, ddy)	具有渐变的 3D 纹理查找
tex3Dlod(s, t)	使用 LOD 进行 3D 纹理查找
tex3Dproj(s, t)	具有射影分割的 3D 纹理查找
texCUBE(s, t)	立方体纹理查找
texCUBEbias(s, t)	带有偏差的立方体纹理查找
texCUBEgrad(s, t, ddx, ddy)	具有渐变的立方体纹理查找
tex3Dlod(s, t)	使用 LOD 进行立方体纹理查找
texCUBEproj(s, t)	具有射影分割的立方体纹理查找
transpose(m)	获取矩阵 m 的转置矩阵
trunc(x)	去掉 x 的小数部分

至此，我们已经对 HLSL/CG 语言大概写法有了初步的概念，但是，这还仅是一些非常基础的概念，我们将在之后的学习中逐步掌握更多有关 HLSL/CG 语言的机制。

↘ 3.9 习题

1. 写出一行 HLSL 代码，以计算一个值域在 $[0,1]$ 的正弦波动。
2. 撰写一个 HLSL 函数，对于输入 a，输出在二维空间下逆时针旋转 a 度的旋转矩阵。
3. 修改 3.7 最后的代码，使得使用该 Shader 的平面颜色随着平面在世界空间高度上升而变黑。

第 4 章　上个色吧：基础 Shader 上手

经过第 3 章的学习后，相信你已经能在 Shader 中让材质呈现出一种单一颜色了。也许还留有一些困惑，不过别担心，在下面的学习中，我们会反复接触到那些现在看起来晦涩难懂的内容，在本章结束时，你将会对 Shader 有全新的理解。

↘ 4.1　纹理

在第 3 章中，我们创建了一个 Shader，它对应的材质能让模型显示出单一纯色。但这对于一款游戏来说未免有些太粗糙了，只有这点纯色显然不太够用，所以我们希望能将一张图片贴在上面。

现在，我们尝试在 Unity 中制作一块能展示特定图像的平面，使用图片进行着色的平面效果如图 4-1 所示。

首先创建一个空平面，如图 4-2 所示。如图 4-3 所示，创建新 Shader，并为其创建材质，最后将创建好的材质拖入平面，如图 4-4 所示。

图 4-1　　　　　　　　　　　图 4-2

打开 Shader，再次进入第 3 章中颇为熟悉的 Unity 默认 Shader 模板。在第 3 章中，我们忽略了开头属性中的一段代码，代码如下：

```
_MainTex ("Texture", 2D) = "white" {}
```

图 4-3

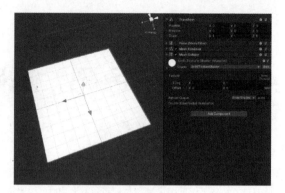
图 4-4

在这里，Shader 表示一个名为 "_MainTex" 的 2D 类型的属性，默认值为 "white"。

接着往下看：在 appdata 中，Shader 声明了 vertex 与 uv 量，分别代表顶点位置与 uv 数据，代码如下：

```
struct appdata
{
    float4 vertex : POSITION;
    float2 uv : TEXCOORD0;
};
```

在 v2f 结构体中，unity 过于贴心地附赠了 fog 相关内容，在本 Shader 中暂时用不着，不妨去掉，只留下 uv 和 vertex 即可，代码如下：

```
struct v2f
{
    float2 uv : TEXCOORD0;
    float4 vertex : SV_POSITION;
};
```

下面是两个变量，sampler2D 类型的 _MainTex 与 float4 类型的 _MainTex_ST；在第 3 章中介绍了，sampler2D 是一个 2D 采样器，即它可以获取一张 2D 图片纹理上的信息；另一个 _MainTex_ST 则非常神秘，首先，我们没有在参数中标明它，所以目前看起来我们无法在 Unity 的材质面板中调整它，那它的存在有何作用？在后面会讲解。

```
sampler2D _MainTex;
float4 _MainTex_ST;
```

下面是 vert 着色器，同样，由于我们的 Shader 不需要使用任何 fog 相关内容，尝试将它去掉。在第三行中，我们进行了 uv 的传递，将 uv 信息从 appdata 中转移到 v2f 上，这段函数的真正作用留给下一节揭晓。

```
v2f vert (appdata v)
{
```

```
    v2f o;
    o.vertex = UnityObjectToClipPos(v.vertex);
    o.uv = TRANSFORM_TEX(v.uv, _MainTex);
    return o;
}
```

在 frag 着色器中，同样去除 fog 相关内容。Shader 使用一个简单的 tex2D 函数，在 _MainTex 对应的图片纹理上根据 uv 信息采样图片的颜色信息放在 col 变量中，函数返回后，即返回一个"该片元根据 uv 在图片上对应的颜色"：

```
fixed4 frag (v2f i) : SV_Target
{
    fixed4 col = tex2D(_MainTex, i.uv);
    return col;
}
```

代码浏览完后发现，Unity 自带的 Shader 模板就是一个根据纹理对模型进行着色的 Shader，我们只做了简单删减，完全不需要添加任何代码。下面打开材质面板检验一下，将准备好的图片拖入"Texture"属性中，如图 4-5 所示，可以发现场景中的平面被附上了图片的颜色，如图 4-6 所示。

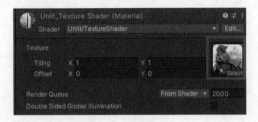

图 4-5

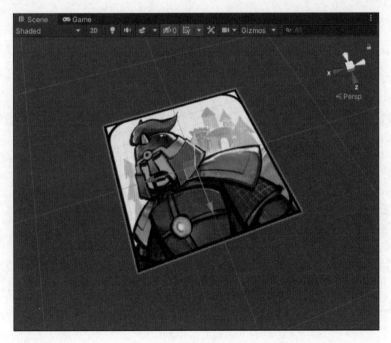

图 4-6

恭喜，你已经学会了如何在平面上显示一张图片了！但是这个过程好像我们并未做什么。图片为什么能被放到平面上显示？为什么它不偏不倚不大不小正好填满了平面？

4.1.1 平移、缩放、旋转——UV 的奇妙用途

要解决这两个问题，需要先了解 UV 映射（UV Mapping）的概念，它像是将一个 3D 模型各个面拆开，再各自贴到同一个平面上。如图 4-7 所示，可通过这个过程将圆柱体各面拼贴至二维平面上。

在图形学中，UV 映射指将 2D 图像投影到 3D 模型表面的过程，这使得 3D 模型的每一个三维点都能找到对应的二维点，从而让 3D 模型上的各个面都能唯一地指向 2D 图像的某个区域。对于 3D 模型上的任意一点 (x,y,z)，在进行 UV 映射后能得到对应的点 (u,v)（通常 $u \in [0,1]$，$v \in [0,1]$），那么对 3D 模型上某个三角面 ABC，构成该面的三个顶点 $A(x_0,y_0,z_0)$、$B(x_1,y_1,z_1)$、$C(x_2,y_2,z_2)$，都能找到其在二维平面的映射 $A'(x'_0,y'_0)$、$B'(x'_1,y'_1)$、$C'(x'_2,y'_2)$，那么三维空间中的三角面 ABC 就能在二维空间中映射到唯一对应的三角形 $A'B'C'$，根据这个流程对正方体进行 UV 映射，如图 4-8 所示。

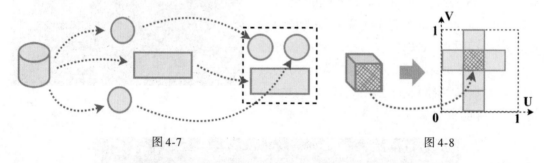

图 4-7　　　　　　　　　　　　　　图 4-8

在上一节中，我们在平面上显示图片利用的就是这个原理。Unity 中自带的默认平面的 UV 映射方法很简单，平面四个点分别映射为 (0,0)、(0,1)、(1,0)、(1,1)，它恰好填满了 UV 空间，所以我们拖入的图片被完整地显示在平面上。

那么，如果模型中的点映射到 $[0,1]$ 以外的空间会怎么样呢？在不修改模型的前提下，可以在 Shader 中实现这个效果。在 vert 函数中，将顶点的 uv 坐标翻倍：

```
v2f vert (appdata v)
{
    v2f o;
    o.vertex = UnityObjectToClipPos(v.vertex);
    // 修改 uv
    v.uv *= 2;
    o.uv = TRANSFORM_TEX(v.uv, _MainTex);
    return o;
}
```

返回 Unity，发现平面上铺满了 4 张图片，如图 4-9 所示。

不难理解，经过修改后，平面 4 个点被分别映射到 (0,0)、(0,2)、(2,0)、(2,2)，因此平面上只有 1/4 的区域处于"正常"的 UV 空间中。对于超出范围的 UV 坐标，Unity 的默认解决方案是：重复；如图 4-10 所示，贴图会在 UV 空间中无限地平铺，每经过 1 个单位便重复一次，因此 [1,2] 区域、[2,3] 区域将显示与 [0,1] 区域相同的内容。

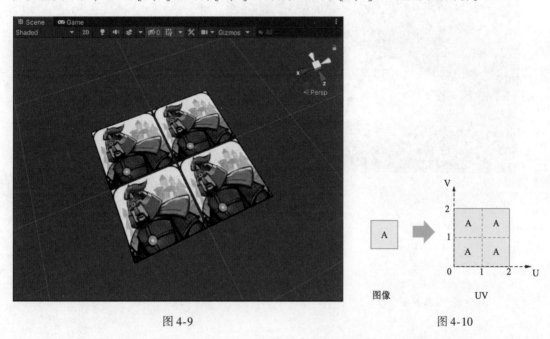

图 4-9　　　　　　　　　　　　　图 4-10

除了简单的缩放外，在 Shader 中，还可通过加减数值实现对 UV 坐标的偏离：

```
v2f vert (appdata v)
{
    v2f o;
    o.vertex = UnityObjectToClipPos(v.vertex);
    // 偏移 uv
    v.uv += float2(0.5,0.5);
    o.uv = TRANSFORM_TEX(v.uv, _MainTex);
    return o;
}
```

对应地，平面上的图像被朝 UV 空间的右上方各移动了 0.5 个单位，如图 4-11 所示，在 UV 上，它的表现如图 4-12 所示。

既然知道了控制 UV 就能控制平面上图像的显示方法，当然我们还能在 Shader 中对 UV 进行旋转，借助线性代数的知识，只需将 UV 左乘旋转矩阵 $\begin{pmatrix} \cos\theta & -\sin\theta \\ \sin\theta & \cos\theta \end{pmatrix}$ 即可。其效果如图 4-13 所示，在 UV 上表现如图 4-14 所示。

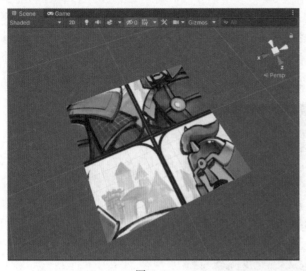

图 4-11

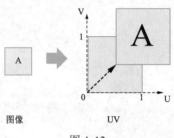

图 4-12

```
v2f vert (appdata v)
{
    v2f o;
    o.vertex = UnityObjectToClipPos(v.vertex);
    // 旋转,以弧度制计算
    float rad = -0.5;
    float sinx = sin(rad);
    float cosx = cos(rad);
    v.uv = mul(float2x2(cosx, -sinx, sinx, cosx), v.uv);
    o.uv = TRANSFORM_TEX(_MainTex, v.uv);
    return o;
}
```

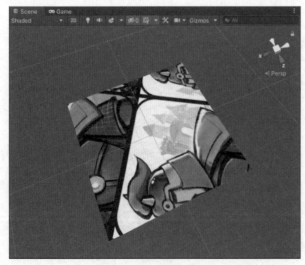

图 4-13

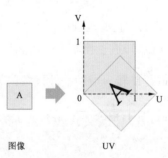

图 4-14

在上一节中，我们遇到过一个神秘的 float4 类型属性 _MainTex_ST，其实它是 Unity 中用于控制 UV 偏移与缩放的工具，当使用 TRANSFORM_TEX(uv,tex) 函数进行纹理采样时，它隐含了以下步骤：

```
// 以下两行代码作用相同
o.uv = TRANSFORM_TEX(v.uv, _MainTex);
o.uv = v.uv.xy* _MainTex_ST.xy + _MainTex_ST.zw;
```

在材质面板中就可以简单修改 _MainTex_ST 的值，如图 4-15 所示，框选处即为材质面板中 _MainTex_ST 的修改处。

将旋转的参数也开放出来，就得到可以自由在材质面板中控制 UV 缩放、平移、旋转的材质，如图 4-16 所示。

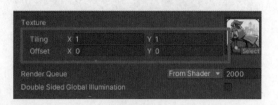

图 4-15

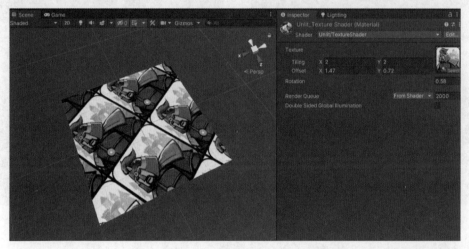

图 4-16

实际上，除了重复外，在纹理上可以指定其他的在超出 (0,1) 范围时的纹理采样方法。包括：Clamp（限制，将 UV 坐标限定在 [0,1] 范围内）、Mirror（镜像）、Mirror Once（镜像一次）、Per-axis（分轴）设置，如图 4-17 所示。图 4-18～图 4-21 所示分别为设置 Clamp、Mirror、Mirror Once 和 Per-axis（U-Repeat、V-Clamp）的效果。

图 4-17

图 4-18　　　　　　　　　　　　　　　图 4-19

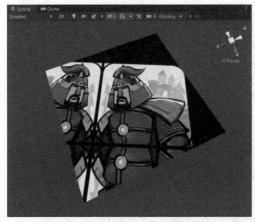

图 4-20　　　　　　　　　　　　　　　图 4-21

4.1.2　更多的纹理、奇妙的遮罩

我们已经掌握了对一张图进行采样的方法，现在不妨试试看，采样多张纹理实现更复杂的材质效果。在 Properties 中加入 :_SecondTex ("Second Texture", 2D) = "white" {}，并声明变量 sampler2D _SecondTex 与 float4 _SecondTex_ST；在 vert 着色器中，v2f 的 uv 字段已被 TRANSFORM_TEX(v. uv, _MainTex) 的返回值写入，已经没有留给 _SecondTex 的空间，现在我们有两个选择：① 在 v2f 结构体中存储一个额外的第二套 UV 信息，用于给_SecondTex 采样；② 在 v2f 结构体中沿用顶点的 UV 信息，只进行传值，在 frag 着色器中再处理 _MainTex 和 _SecondTex 的采样问题。

如果使用第一套方案，只需简单地将代码中 _MainTex 的处理部分复制稍作修改即可，代码如下：

```
struct v2f
{
```

```
        float2 uv : TEXCOORD0;
        // 存储额外的 uv2,存储于 TEXCOORD1 中
        float2 uv2 : TEXCOORD1;
        float4 vertex : SV_POSITION;
    };

    sampler2D _MainTex;
    float4 _MainTex_ST;
    sampler2D _SecondTex;
    float4 _SecondTex_ST;
    half _Rotation;

    v2f vert (appdata v)
    {
        v2f o;
        o.vertex = UnityObjectToClipPos(v.vertex);
        float sinx = sin(_Rotation);
        float cosx = cos(_Rotation);
        v.uv = mul(float2x2(cosx,-sinx,sinx,cosx), v.uv);
        o.uv = TRANSFORM_TEX(v.uv, _MainTex);
        // 计算针对_SecondTex 采样使用的 uv2
        o.uv2 = TRANSFORM_TEX(v.uv, _SecondTex);
        return o;
    }
    fixed4 frag (v2f i) : SV_Target
    {
        fixed4 col = tex2D(i.uv, _MainTex);
        fixed4 col2 = tex2D(i.uv2, _SecondTex);
        return col;
    }
```

"第二套 UV",即与第一套 UV 相区别的,另一种将三维模型映射到平面的方法,使用不同的 UV,可以让贴图以不同的方式在模型上展开,此处根据_SecondTex_ST 计算出一套新的 UV,并在 frag 着色器中用 uv 专门对_MainTex 进行采样、以 uv2 专门对_SecondTex 进行采样,可以在材质用两种不同的方法展开两张图片;值得一提的是,UV 和纹理本身并没有实际的联系,以 uv2 为例,尽管在计算时我们使用 TRANSFORM_ TEX(v.uv, _SecondTex),但这里仅仅是借用了_SecondTex 的 Offset 和 Tiling 信息,与图片本身并无关系,正因如此,在 frag 着色器中使用 uv2 采样_MainTex 也是毫无问题的:fixed4 col2 = tex2D(_MainTex, i.uv2);。

但是,使用第二套 UV 并不是一个好方法,首先它要占用一组宝贵的纹理坐标空间,而纹理坐标空间在复杂的 Shader 中通常另有他用,这也会带来不必要的性能问题,所以可

以在 frag 着色器中分别计算两套贴图的映射方式，代码如下：

```
v2f vert (appdata v)
{
    v2f o;
    o.vertex = UnityObjectToClipPos(v.vertex);
    // 传递顶点的 UV 信息,不做任何处理
    o.uv = v.uv;
    return o;
}
fixed4 frag (v2f i) : SV_Target
{
    float sinx = sin(_Rotation);
    float cosx = cos(_Rotation);
    // 使用传递过来的顶点信息计算旋转
    float2 uvRotated = mul(float2x2(cosx, -sinx, sinx, cosx), i.uv);

    // 使用计算过旋转的 UV 计算 _MainTex 采样时使用的 UV,命名为 uvForMainTex
    float2 uvForMainTex = TRANSFORM_TEX(uvRotated, _MainTex);
    // 使用 uvForMainTex 对 MainTex 进行采样
    fixed4 col = tex2D(_MainTex, uvForMainTex);

    // 使用计算过旋转的 UV 计算 _SecondTex 采样时使用的 UV,命名为 uvForSecondTex
    float2 uvForSecondTex = TRANSFORM_TEX(uvRotated, _SecondTex);
    // 使用 uvForSecondTex 对 SecondTex 进行采样
    fixed4 col2 = tex2D(_SecondTex, uvForSecondTex);
    return col2;
}
```

如图 4-22 所示，可以在平面上看到第二张纹理贴图的显示效果，此处使用了一张四周为黑色中间为白色渐进圆的纹理，通过修改 Tiling 值，能在平面上显示出多个白点。利用这个纹理，可以组合出多种混合效果。例如，在 SecondTex 显示为黑色的区域降低 MainTex 的亮度、在 SecondTex 显示为白色的区域偏移 MainTex 的颜色……像这样使用一张纹理影响另一张纹理显示效果的做法经常在渲染中使用，通常将这种"影响其他效果的纹理"称为遮罩（Mask）。

根据这个思路，修改 frag 着色器，代码如下：

```
fixed4 frag (v2f i) : SV_Target
{
    float sinx = sin(_Rotation);
    float cosx = cos(_Rotation);
    float2 uvRotated = mul(float2x2(cosx, -sinx, sinx, cosx), i.uv);
```

```
        float2 uvForMainTex = TRANSFORM_TEX(uvRotated, _MainTex);
        fixed4 col0 = tex2D(_MainTex, uvForMainTex);
        float2 uvForSecondTex = TRANSFORM_TEX(uvRotated, _SecondTex);
        fixed4 col1 = tex2D(_SecondTex, uvForSecondTex);

        // 将col0与col1的R通道相乘,即可使模型在SecondTex显示为黑色的区域,降低MainTex的亮度;
        // 而SecondTex越白,MainTex变暗的程度就越低
        float4 col = col0 * col1.r;
        return col;
    }
```

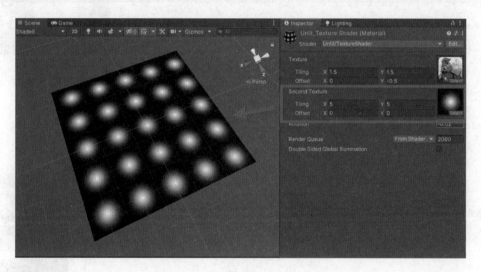

图 4-22

经过修改，材质效果如图 4-23 所示。

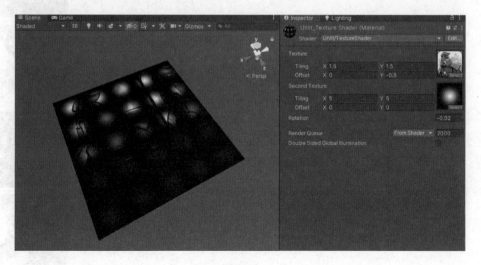

图 4-23

借此思路，分离 MainTex 与 SecondTex 的旋转，并引入一个新的参数来控制遮罩的强度，让这个 Shader 具有更广泛的用途。

4.1.3 混合的艺术

在引入两种纹理后，我们自然要面对一个问题：如何将两种颜色混合起来？在 Photoshop 等图像处理软件中，经常能找到大量的图像混合方法，如图 4-24 所示。在 Shader 中，最常用的混合方法是使用 lerp 函数：lerp(col0,col1,alpha)，在 lerp 函数中，第三个参数 alpha 值越接近 0，返回结果就越接近 col0，alpha 越接近 1，返回结果就越接近 col1。若想简单地在两种颜色中做过渡，这是一个非常高效的选择。

Photoshop 等图像处理软件中颜色的混合方法都有对应的算法，我们能在 Shader 中将它们一一实现（见表 4-1）。其中，c0 为上面代码的 MainTex 颜色，c1 为上面代码的 SecondTex 颜色。

图 4-24

表 4-1 在 Shader 中实现的不同效果及其代码

名 称	代 码 (half4 c0:颜色0, half4 c1:颜色1, half4 r:结果)	效 果
透明度混合	r = c0 * (1 - c1.a) + c1 * (c1.a);	
变暗	r = min(c0,c1);	
变亮	r = max(c0,c1);	
正片叠底	r = c0 * c1;	
滤色	r = 1 - ((1 - c0) * (1 - c1));	

第 4 章　上个色吧：基础Shader上手

续表

名　称	代　码 (half4 c0:颜色0, half4 c1:颜色1, half4 r:结果)	效　果
颜色加深	r = c0 - ((1 - c0) * (1 - c1))/c1;	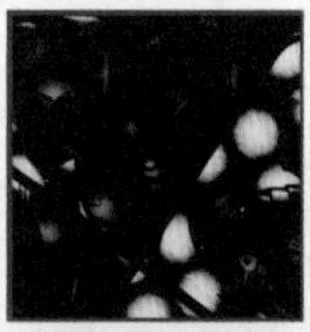
颜色减淡	r = c0 + (c0 * c1)/(1 - c1);	
线性加深	r = c0 + c1 - 1;	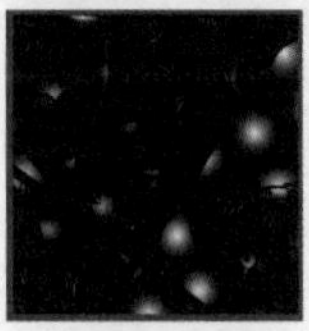
线性减淡	r = c0 + c1;	
叠加	half4 f = step(c0, half4(0.5,0.5,0.5,0.5)); r = f * c0 * c1 * 2 + (1 - f) * (1 - (1 - c0) * (1 - c1) * 2);	
强光	half4 f = step(c1, half4(0.5,0.5,0.5,0.5)); r = f * c0 * c1 * 2 + (1 - f) * (1 - (1 - c0) * (1 - c1) * 2);	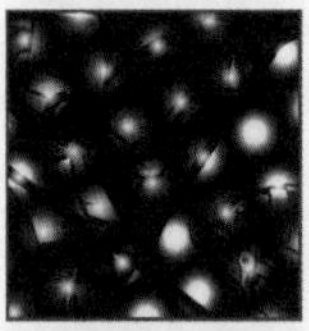
柔光	half4 f = step(c1, half4(0.5,0.5,0.5,0.5)); r = f * (c0 * c1 * 2 + c0 * c0 * (1 - c1 * 2)) + (1 - f) * (c0 * (1 - c1) * 2 + sqrt(c0) * (2 * c1 - 1));	
亮光	half4 f = step(c1, half4(0.5,0.5,0.5,0.5)); r = f * (c0 - (1 - c0) * (1 - 2 * c1)/(2 * c1)) + (1 - f) * (c0 + c0 * (2 * c1 - 1)/(2 * (1 - c1)));	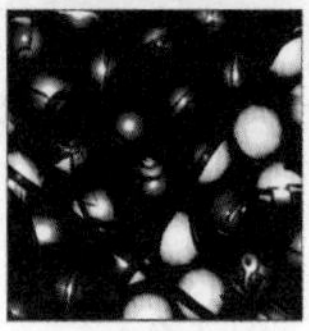

续表

名　称	代　码 （half4 c0;颜色0，half4 c1;颜色1，half4 r;结果）	效　果
点光	half4 f = step(c1,half4(0.5,0.5,0.5)); r = f * (min(c0,2 * c1)) + (1 - f) * (max(c0,(c1 * 2 - 1)));	
线性光	r = c0 + 2 * c1 - 1;	
实色混合	half4 f = step(c0 + c1,half4(1,1,1,1)); r = f * (half4(0,0,0,0)) + (1 - f) * (half4(1,1,1,1));	
排除	r = c0 + c1 - c0 * c1 * 2;	
差值	r = abs(c0 - c1);	
深色	half4 f = step(c1.r + c1.g + c1.b,c0.r + c0.g + c0.b); r = f * (c1) + (1 - f) * (c0);	
浅色	half4 f = step(c1.r + c1.g + c1.b,c0.r + c0.g + c0.b); half4 r = f * (c0) + (1 - f) * (c1);	
减去	r = c0 - c1;	

名 称	代 码 （half4 c0:颜色0, half4 c1:颜色1, half4 r:结果）	效 果
划分	r = c0/c1;	

可以将这些代码放入一个头文件中，在需要时使用。

4.1.4 示例代码

以下是一个使用 lerp 函数进行混合的案例：

```
Shader "Unlit/TextureShader"
{
    Properties
    {
        [Header(Main Texture)]
        _MainTex ("Texture", 2D) = "white" {}
        _MainTexRotation ("Main Texture Rotation", float) = 0

        [Header(Second Texture)]
        _SecondTex ("Second Texture", 2D) = "white" {}
        _SecondTexRotation ("Second Texture Rotation", float) = 0
        _MaskIntensity ("Mask Intensity", range(0,1)) = 0.5
    }
    SubShader
    {
        Tags { "RenderType" = "Opaque" }
        LOD 100

        Pass
        {
            CGPROGRAM
            #pragma vertex vert
            #pragma fragment frag
            // make fog work
            #pragma multi_compile_fog

            #include "UnityCG.cginc"
```

```hlsl
struct appdata
{
    float4 vertex : POSITION;
    float2 uv : TEXCOORD0;
};

struct v2f
{
    float2 uv : TEXCOORD0;
    float4 vertex : SV_POSITION;
};

sampler2D _MainTex;
float4 _MainTex_ST;
sampler2D _SecondTex;
float4 _SecondTex_ST;
half _MainTexRotation;
half _SecondTexRotation;

half _MaskIntensity;

v2f vert (appdata v)
{
    v2f o;
    o.vertex = UnityObjectToClipPos(v.vertex);
    o.uv = v.uv;
    return o;
}

fixed4 frag (v2f i) : SV_Target
{
    float sinxMain = sin(_MainTexRotation);
    float cosxMain = cos(_MainTexRotation);
    float2 uvRotatedMain = mul(float2x2(cosxMain, -sinxMain, sinxMain, cosxMain), i.uv);
    float2 uvForMainTex = TRANSFORM_TEX(uvRotatedMain, _MainTex);
    fixed4 col0 = tex2D(_MainTex, uvForMainTex);

    float sinxSecond = sin(_SecondTexRotation);
    float cosxSecond = cos(_SecondTexRotation);
```

```
                float2 uvRotatedSecond = mul(float2x2(cosxMain, - sinxMain,
sinxMain,cosxMain),i.uv);
                float2 uvForSecondTex = TRANSFORM_TEX(uvRotatedSecond,_SecondTex);
                fixed4 col1 = tex2D(_SecondTex, uvForSecondTex);
                // lerp 函数用于实现过渡
                float4 col = col0 * lerp(1 - _MaskIntensity,1,col1.r);
                return col;
            }
            ENDCG
        }
    }
}
```

效果如图 4-25 所示。

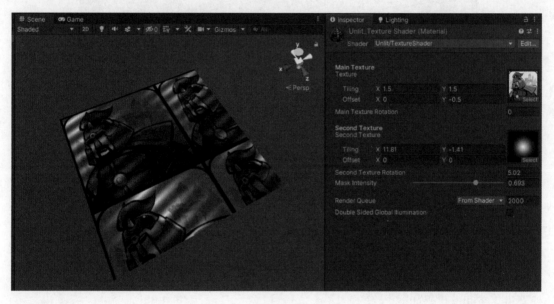

图 4-25

4.2 不同空间的操作

在上一节的学习中,我们只是简单地使用 UnityObjectToClipPos 函数,将模型顶点的坐标由模型空间转到观察空间中。在本节中,将要学习利用不同的空间来实现我们想要实现的渲染效果。

4.2.1 世界空间与模型空间

世界空间是在 Unity 场景中以场景原点为参考系的坐标系。打开 Unity 场景后,若一个

Gameobject 不存在父级节点，那么它当前的坐标就是以世界空间进行衡量的。图 4-26 所示为一个在世界空间位于原点的球体。

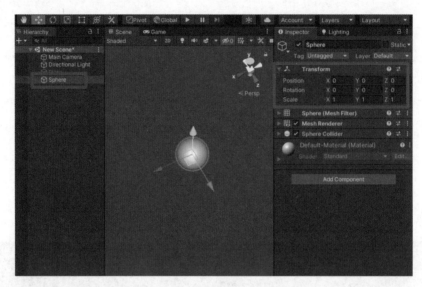

图 4-26

新建一个 Shader，尝试在 Shader 中获取顶点的世界空间坐标。首先，需要在 v2f 结构体开辟出存储该世界空间的位置，代码如下：

```
struct v2f
{
    float2 uv : TEXCOORD0;
    float4 worldPos : TEXCOORD1;
    float4 vertex : SV_POSITION;
};
```

然后，在 vert 着色器中通过将 unity_ObjectToWorld 矩阵左乘顶点坐标，将顶点坐标变换至世界空间，代码如下：

```
v2f vert (appdata v)
{
    v2f o;
    o.vertex = UnityObjectToClipPos(v.vertex);
    o.worldPos = mul(unity_ObjectToWorld, v.vertex);
    o.uv = TRANSFORM_TEX(v.uv, _MainTex);
    UNITY_TRANSFER_FOG(o,o.vertex);
    return o;
}
```

如果读者在之前的章节中对空间变换的原理尚不清晰，可以在此处多停留一段时间，借助 Shader 进行实验。在 frag 着色器中使用计算得到的 worldPos 进行着色，代码如下：

```
fixed4 frag (v2f i) : SV_Target
{
    float4 col = float4(i.worldPos.x,i.worldPos.y,i.worldPos.z,1);
    return col;
}
```

现在进入 Unity，可以发现一个五彩斑斓的球，如图 4-27 所示。

移动这个球，发现上面的颜色会根据世界位置的不同而发生改变，具体情况为：沿 X 轴方向移动球，小球变红，如图 4-28 所示；沿 Y 轴方向移动球，小球变绿，如图 4-29 所示；沿 Z 轴方向移动球，小球变蓝，如图 4-30 所示。

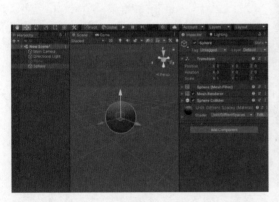

图 4-27　　　　　　　　　　　　　　　　图 4-28

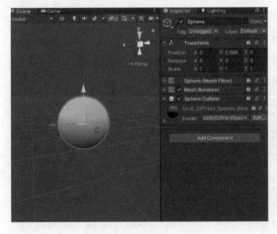

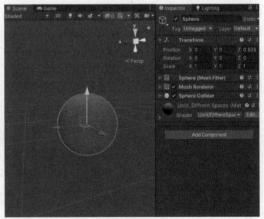

图 4-29　　　　　　　　　　　　　　　　图 4-30

操作这个小球，发现旋转小球时，颜色不会发生任何变化，如图 4-31 所示；而如果放大小球，则小球的颜色会明显变亮，如图 4-32 所示。

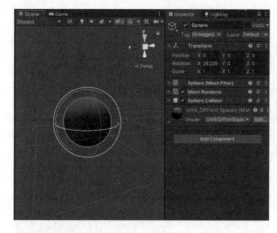
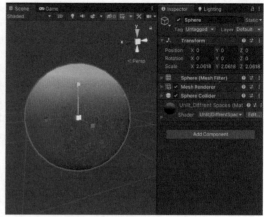

图 4-31　　　　　　　　　　　　　　图 4-32

这符合我们的直觉，因为当前材质的着色逻辑是将世界空间的 X 坐标填充至 R 通道，Y 坐标填充至 G 通道，Z 坐标填充至 B 通道。位移、缩放模型都会改变模型上顶点在世界空间的坐标值，则对应的 RGB 值也被改变；旋转模型时，虽然对于模型上的某个特定顶点 A 而言，其世界空间位置发生了变化，但又有原处于其他位置的顶点 B 被旋转到该顶点原来所在的位置上，由于 B 点的新位置与 A 点的旧位置在世界空间下完全重合，因此也返回相同的 RGB 值。

如果将计算 worldPos 的方法改为右乘，会发现：①位移完全无法改变模型颜色；②旋转模型时颜色也会随着一起旋转；③缩放时模型颜色依旧会发生变化。这是为什么呢？

设矩阵 M_{o2w} 表示 unity_ObjectToWorld，则 M_{o2w} 矩阵可写为 M_T 位移矩阵、M_R 旋转矩阵、M_S 缩放矩阵三个矩阵变换的组合：

$$M_{o2w} = M_T M_R M_S$$

在左乘情况下（见图 4-33 上半部分），顶点 v 在经过运算 $M_T M_R M_S v$ 时，对顶点的坐标依次经过缩放、旋转、位移变换，基向量。在右乘情况下（见图 4-33 下半部分），顶点 v 在运算 $v M_T M_R M_S$ 时，先将空间的基向量经过缩放、旋转、位移变换，再降得到后的新空间根据对顶点坐标的基向量取值。也就是说，经过一圈运算后，我们又回到模型空间下进行取值。这也就不难理解了，在右乘算法下，缩放模型时，模型空间的基向量一起随着缩放，若直接取此时的 v 应当与原来相同，但由于 M_S 矩阵包含了场景中该模型的缩放信息，最终在 M_{o2w} 变化后取顶点信息，同样能发现坐标被缩放；旋转模型时，模型空间的基向量在世界空间中随着旋转，尽管 M_R 矩阵包含该信息，但 v 是一个相对于模型空间的值，其并未改变，表现为旋转模型时颜色也随着旋转；所以颜色也随着轴发生变化；平移模型时，模型空间的基向量在世界空间中随着移动，M_T 包含了该移动信息，但同样由于 v 作为模型空间坐标并未改变，所以表现为平移模型时颜色未发生变化。

借助世界空间坐标，可以在 Unity 实现许多基于场景的渲染效果。例如，在地形的材质中根据地形的高度（Y 坐标）进行着色，如图 4-34 所示。

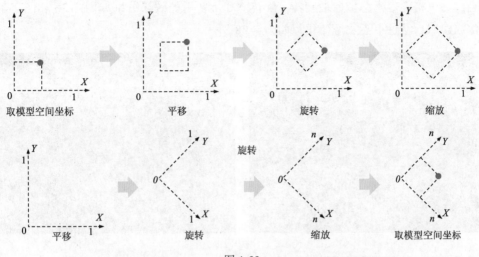

图 4-33

图 4-34

如果想在 frag 着色器中使用模型空间的顶点坐标，可以在 vert 着色器中直接传递，只要在 v2f 结构体中有对应的字段即可，代码如下：

```
v2f vert (appdata v)
{
    v2f o;
    o.vertex = UnityObjectToClipPos(v.vertex);
    // 传递模型空间下坐标
    o.objectPos = v.vertex;
    o.worldPos = mul(unity_ObjectToWorld,v.vertex);
    o.uv = TRANSFORM_TEX(v.uv, _MainTex);
    UNITY_TRANSFER_FOG(o,o.vertex);
    return o;
}
```

使用模型空间坐标着色，能看到移动模型，颜色不会发生变化，如图 4-35 所示；旋转模型，颜色将随着模型坐标轴旋转，旋转前和旋转后的效果分别如图 4-36 和图 4-37 所示；缩放模型，颜色不会发现变化，如图 4-38 所示。

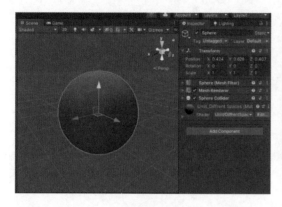

图 4-35

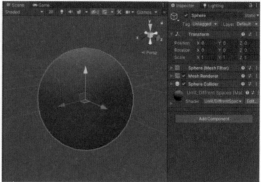

图 4-36

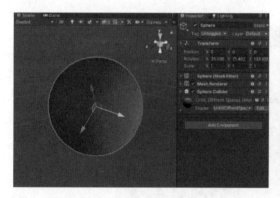

图 4-37

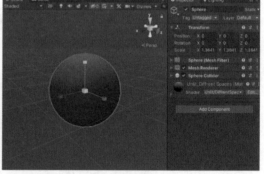

图 4-38

利用该特性，可以实现诸多需要依赖模型自身位置而实现的渲染效果。例如，需要在游戏中实现"扫描线"风格的特效，让模型从上到下出现断断续续的线条花纹；如果需要这个扫描效果会随着模型旋转而偏移，那么就应当在模型空间中计算它；反之，如果要求这个扫描线无论如何都是以垂直于地面方向运动，那么就应当在世界空间中计算它。我们不妨在此试一下。

由于两个效果都需要使用"根据某个值计算扫描线"这一功能，我们可以直接将其在一个函数中统一实现。影响扫描线效果的两个关键参数分别为扫描线宽度与扫描线间距，于是可以大致确定我们需要实现的这个函数为如下结构：输入三个 float 类型参数，坐标值、扫描线宽度、扫描线间距，返回一个在[0,1]区间的 float 类型数值，其中 0 表示为间隔，1 表示为扫描线。对于输入的坐标值 y，将之除以（扫描线宽度 + 扫描线间距），取结果的小数，则可以知道当前的坐标值 y 处于扫描线与间距组合中的几分位，再判断该分位是扫描线区域还是间隔区域即可，代码如下：

```
float ScanEffect(float v, float lineWidth, float gap)
{
```

```
    // 使用 frac 函数取值的小数部分
    float p =   frac(v / (lineWidth + gap))* (lineWidth + gap);
    // 使用 step 将结果二值化,p 小于 gap 返回 0,否则返回 1
    return step(gap, p);
}
```

在 frag 着色器中，分别用模型空间和世界空间的 y 坐标进行扫描线计算，代码如下：

```
fixed4 frag (v2f i) : SV_Target
{
    float objSpace = ScanEffect(i.objectPos.y,_LineWidth,_LineGap);
    float worldSpace = ScanEffect(i.worldPos.y,_LineWidth,_LineGap);
    // 使用 lerp 函数调整使用的空间
    // 当_WorldSpaceIntensity 为 0 时,显示 objSpace
    // 当_WorldSpaceIntensity 为 1 时,显示 worldSpace
    return lerp(objSpace,worldSpace,_WorldSpaceIntensity);
}
```

现在在场景中摆放了两个同样倾斜了 45°角的小球，左侧使用模型空间计算扫描线，右侧使用世界空间计算扫描线，但它们的结果却各不相同，如图 4-39 所示。

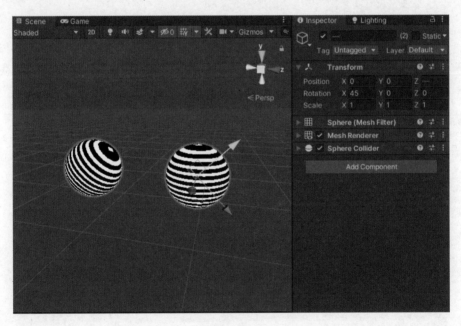

图 4-39

完整代码如下：

```
Shader "Unlit/DiffrentSpaces"
{
    Properties
```

```
    {
        _MainTex ("Texture", 2D) = "white" {}
        _LineWidth ("Line Width", Range(0,0.1)) = 0.05
        _LineGap ("Line Gap", Range(0,0.5)) = 0.1
        _WorldSpaceIntensity ("_World Space Intensity", Range(0,1)) = 0
    }
    SubShader
    {
        Tags { "RenderType"="Opaque" }
        LOD 100

        Pass
        {
            CGPROGRAM
            #pragma vertex vert
            #pragma fragment frag
            // make fog work
            #pragma multi_compile_fog

            #include "UnityCG.cginc"

            sampler2D _MainTex;
            float4 _MainTex_ST;
            float _LineWidth;
            float _LineGap;
            float _WorldSpaceIntensity;

            struct appdata
            {
                float4 vertex : POSITION;
                float2 uv : TEXCOORD0;
            };

            struct v2f
            {
                float2 uv : TEXCOORD0;
                float4 worldPos : TEXCOORD1;
                float4 objectPos : TEXCOORD2;
                float4 vertex : SV_POSITION;
            };
```

```
v2f vert (appdata v)
{
    v2f o;
    o.vertex = UnityObjectToClipPos(v.vertex);
    o.objectPos = v.vertex;
    o.worldPos = mul(unity_ObjectToWorld,v.vertex);
    o.uv = TRANSFORM_TEX(v.uv, _MainTex);
    UNITY_TRANSFER_FOG(o,o.vertex);
    return o;
}

float ScanEffect(float v, float lineWidth, float gap)
{
    // 使用 frac 函数取值的小数部分
    float p = frac(v / (lineWidth + gap)) * (lineWidth + gap);
    // 使用 step 将结果二值化,p 小于 gap 返回 0,否则返回 1
    return step(gap, p);
}

fixed4 frag (v2f i) : SV_Target
{
    float objSpace = ScanEffect(i.objectPos.y,_LineWidth,_LineGap);
    float worldSpace = ScanEffect(i.worldPos.y,_LineWidth,_LineGap);
    // 使用 lerp 函数调整使用的空间
    // 当_WorldSpaceIntensity 为 0 时,显示 objSpace
    // 当_WorldSpaceIntensity 为 1 时,显示 worldSpace
    return lerp(objSpace,worldSpace,_WorldSpaceIntensity);
}
ENDCG
      }
   }
}
```

同理,还可以计算模型其他特定点位在世界空间下的坐标。例如,在世界空间中计算插值进行着色,使模型下半部分为白色,其余为黑色,如图 4-40 所示;旋转模型,着色效果不随着一起旋转,如图 4-41 所示;移动模型,着色效果随着一起移动,如图 4-42 所示。

图 4-40

图 4-41

图 4-42

上面这些例子中，Shader 中通过对原点坐标 (0,0,0) 左乘变换矩阵得到其世界空间坐标。注意，对于坐标点的变换，务必将点的齐次 w 坐标设为 1。详细代码如下：

```
fixed4 frag (v2f i) : SV_Target
{
    // 计算模型原点(0,0,0)在世界空间的距离
    half4 horizontalLineWP = mul(unity_ObjectToWorld,float4(0,0,0,1));
    half yDist = horizontalLineWP.y - i.worldPos.y;
    half4 col = smoothstep(0,0.1,yDist);

    return col;
}
```

我们也可以将向量变换至世界空间进行一些计算。在下面的例子中，Shader 通过计算当前片元与原点向量和世界空间 Y 轴方向夹角进行着色，在模型上画出与原点在模型空间 Y 轴夹角呈 60° 的片元的连线，如图 4-43 所示。

图 4-43

```
fixed4 frag (v2f i) : SV_Target
{
    // 当前片元到模型原点的向量,转为世界空间
    half4 v = mul(unity_ObjectToWorld,float4(normalize(i.objectPos.xyz - float3(0,0,0)),0));
    half4 worldYAxis = float4(0,1,0,0);

    // 求夹角的 cos 值
    half cos = dot(v,worldYAxis)/(length(v)* length(worldYAxis));
    // 通过二值化相减计算插值
    half4 col = step(0.49,cos) - step(0.51,cos);

    return col;
}
```

若需要将世界空间坐标转入模型空间，则可以使用矩阵：unity_WorldToObject，如将世界空间原点转入模型空间：mul(unity_WorldToObject,float4(0,0,0,1))。

4.2.2 观察空间与裁剪空间

在渲染流水线章节的学习中，我们知道模型上的顶点要变换到齐次裁剪坐标系需要经过三个步骤：将顶点由模型空间变换至世界空间、将顶点由世界空间变换至观察空间、将顶点由观察空间变换至裁剪空间。在之前的代码中，我们使用一行简单的：o.vertex = UnityObjectToClipPos(v.vertex);就做完了这三项工作。其实，我们可以手动通过矩阵乘法完

成这项工作：

$$v_{\mathrm{P}} = M_{\mathrm{P}} M_{\mathrm{V}} M_{\mathrm{M}} v_{\mathrm{O}}$$

```
o.vertex = mul(UNITY_MATRIX_P,
            mul(UNITY_MATRIX_V,
                mul(UNITY_MATRIX_M,v.vertex)
                )
            );
```

在这段代码中，依次对顶点的模型空间坐标右乘了三个矩阵：UNITY_MATRIX_M、UNITY_MATRIX_V、UNITY_MATRIX_P。它们代表的变换分别为：从模型空间到世界空间、从世界空间到观察空间、从观察空间到裁剪空间。此外，Unity 中还内置了将三个变换合为一体的变换矩阵，代码如下：

```
o.vertex = mul(UNITY_MATRIX_MVP,v.vertex);
```

这行代码与上述手动左乘三个矩阵的代码作用相同。注意，虽然这里矩阵的名称为"UNITY_MATRIX_MVP"，但并不能将之视为 $M_{\mathrm{M}} M_{\mathrm{V}} M_{\mathrm{P}}$ 计算的结果，而是 $M_{\mathrm{P}} M_{\mathrm{V}} M_{\mathrm{M}}$。在 Unity Shader 中，默认将向量视为列向量，因此遵循左乘变换。但如果误将向量作为行向量使用，如 o.vertex = mul(v.vertex, UNITY_MATRIX_MVP);，你会发现计算结果依然是正确的，这归功于 Shader 中的 mul 函数做了自动处理，它将自动根据参数中向量的位置决定左乘或是右乘。

观察空间，是以摄像机坐标为参考系构建的空间，因此又被称为摄像机空间（Camera Space）。当要绘制一些基于观察画面计算的效果时，需要转入观察空间进行计算。Unity 提供的转换矩阵见表 4-2。

表 4-2 Unity 提供的转换矩阵及其作用

矩 阵	作 用
UNITY_MATRIX_MVP	从模型空间到裁剪空间的变换矩阵
UNITY_MATRIX_MV	从模型空间到观察空间的变换矩阵
UNITY_MATRIX_V	当前观察空间
UNITY_MATRIX_P	当前裁剪空间
UNITY_MATRIX_VP	从观察空间与裁剪空间的组合变换矩阵
UNITY_MATRIX_T_MV	UNITY_MATRIX_MV 矩阵的转置
UNITY_MATRIX_IT_MV	UNITY_MATRIX_MV 矩阵的逆转置矩阵
_Object2World	当前模型空间到世界空间的变换矩阵
_World2Object	当前世界空间到模型空间的变换矩阵
unity_WorldToCamera	从世界空间到观察空间的变换矩阵
unity_CameraToWorld	从观察空间到世界空间的变换矩阵

其中，使用 UNITY_MATRIX_MVP 进行矩阵变换可以写作 UnityObjectToClipPos(vertex) 的函数调用形式；使用 UNITY_MATRIX_VP 进行矩阵变换可以写作 UnityWorldToClip-

Pos(vertex)的函数调用形式；使用 UNITY_MATRIX_P 进行矩阵变换可以写作 UnityViewToClipPos (vertex)的函数调用形式。

在 frag 着色器中直接返回 mul(UNITY_MATRIX_MVP, i.objectPos)的结果，你会发现，使用该 Shader 的物体返回的颜色与其位置、旋转、缩放均无关系，仅仅取决于其在观察窗口内的位置。返回结果中能观察到两条明显的直线相交于窗口中心，将窗口分割为四块不同颜色的区域，如图 4-44 所示。

若仅转换至观察空间 mul(UNITY_MATRIX_MV, i.objectPos);，也能得出类似的效果，如图 4-45 所示。

图 4-44

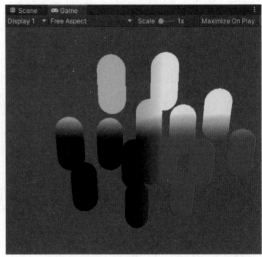

图 4-45

虽然是"类似的效果"，但它们的数值含义其实是不同的。在观察空间中，顶点的位置被转移到以摄像机为原点的坐标空间中，对于某观察空间内的顶点 v_V，其 x、y、z 分量分别表示 v_V 在该空间内 x、y、z 三个方向的坐标值，这表示从世界空间到观察空间只是将世界空间坐标转化为以摄像机为参考系的坐标，因此它也被称为摄像机空间（Camera Space）。

而对于裁剪空间内的顶点，它是从观察空间中通过投影矩阵的变换后得来的，可通过坐标 x、y、z 分量与 w 的关系判定该点是否在视锥体内，即"在渲染中是否可见"。在可视范围内，视锥体在 XY 平面的横截面始终为一个正方形，其 z 分量表示该坐标距离摄像机的距离。对于 $v_C\begin{pmatrix}x_C\\y_C\\z_C\\w_C\end{pmatrix}$，满足 $\begin{cases}x_C\in[-w_C,w_C]\\y_C\in[-w_C,w_C]\\z_C\in[-w_C,w_C]\end{cases}$ 时，可判定 v_P 位于视锥体内；所以裁剪空间这一步计算只是在观察空间中对坐标值进行计算处理，原来需要经过视野、裁剪平面大小等各类复杂计算才能判定可见性，在裁剪空间中只需对点坐标分量比较即可得出结果。这个过程中可见区域的数值变换如图 4-46 所示,其中,Near 表示近裁剪平面的距离,NearHeight 表示近裁剪平面的高度,Far 表示远裁剪平面的距离,FarHeight 表示远裁剪平面的高度。

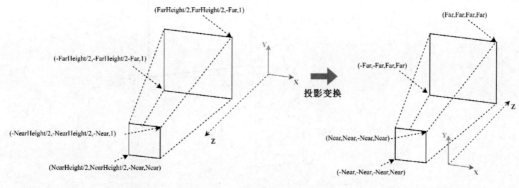

图 4-46

执行这个转换的投影矩阵,我们已经在渲染流水线的章节中见过了:

$$M_{\text{projection}} = \begin{bmatrix} \dfrac{\cot \dfrac{FOV}{2}}{aspect} & 0 & 0 & 0 \\ 0 & \cot \dfrac{FOV}{2} & 0 & 0 \\ 0 & 0 & -\dfrac{f+n}{f-n} & \dfrac{2fn}{f-n} \\ 0 & 0 & -1 & 0 \end{bmatrix}$$

透视投影的投影矩阵,FOV 为视野;$aspect$ 为视野范围的横纵比;f 为远裁剪平面距离;n 为近裁剪平面距离。

$$M_{\text{projection}} = \begin{bmatrix} \dfrac{2}{r-l} & 0 & 0 & -\dfrac{r+l}{r-l} \\ 0 & \dfrac{2}{t-b} & 0 & -\dfrac{t+b}{t-b} \\ 0 & 0 & -\dfrac{2}{t-n} & -\dfrac{f+n}{f-n} \\ 0 & 0 & 0 & 1 \end{bmatrix}$$

正交投影的投影矩阵;l 为视锥体左平面距离;r 为视锥体右平面距离;b 为视锥体下平面距离;t 为视锥体上平面距离;f 为远裁剪平面距离;n 为近裁剪平面距离。

在透视投影下,裁剪空间如图 4-47 所示,其中 Near、Far 表示相机的近裁剪平面和远裁剪平面,它们分别对应图 4-48 中摄像机组件的各个参数。

在正交投影下,远裁剪平面与近裁剪平面大小一致,空间表现如图 4-49 所示。

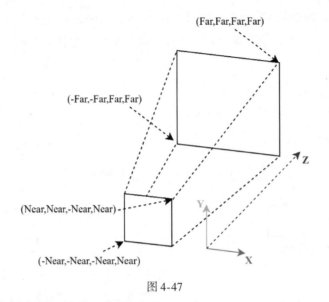

图 4-47

图 4-48

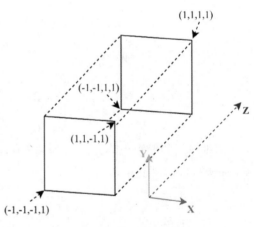

图 4-49

在裁剪空间或观察空间，可以计算出许多新效果。例如，根据 z 分量得到该点距离相机的距离，并由此进行着色。如图 4-50 所示，使用 Z 分量作为着色的计算参数，使距离相机远的像素呈现出黑色。

或者尝试让原点越接近屏幕中心的模型更亮，如图 4-51 所示。

```
//获取坐标原点位于裁剪空间的位置
float4 cPos = UnityObjectToClipPos(float4(0,0,0,1));

// 此处将分量x/y除以分量w,用于抵消透视带来的影响
float4 col = smoothstep(1,0,abs(cPos.x/cPos.w)) * smoothstep(1,0,abs(cPos.y/cPos.w));
return col;
```

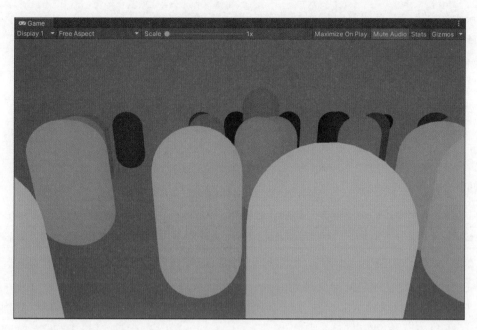

图 4-50

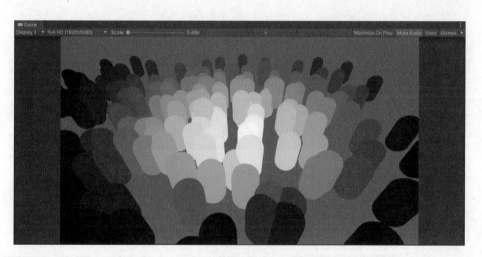

图 4-51

4.3 控制覆盖的方式

在渲染的过程中,将绘制许多物体。那么,这些物体是以什么样的方式进行叠加的呢?

4.3.1 渲染队列

在前面的章节中,提到了渲染队列(Render Queue)的概念,它决定了GPU"先画什么，再画什么"。在 Shader 中有一个对应的 Render Queue 值，Render Queue 值越小，渲染顺序就越靠前；Render Queue 值越大，渲染顺序就越靠后。Shader 中内置了 5 种不同的渲染队列标签，见表 4-3。

表 4-3 Shader 中内置的 5 种渲染队列标签

标签名	对应数值	效　　果
Background	1 000	最先渲染的队列，一般用于天空盒渲染
Geometry	2 000	不透明物体的渲染队列，是 Unity Shader 中默认的渲染队列
Alpha test	2 450	对含有透明部分、需要进行 Alpha Test 的物体渲染队列。此处的"透明"指全透明，请与半透明做出区分
Transparent	3 000	半透明、需要进行 Alpha Blend 的物体的渲染队列
Overlay	4 000	最后被渲染的物体队列，一般用于渲染需要覆盖全局的效果，如光晕等

在 Unity 中，引擎先渲染所有的不透明物体，而半透明物体按离摄像机距离远近排序从后往前渲染。分别创建渲染队列为 Geometry、Alpha test、Transparent 的三种材质，新建 Unity 场景，沿着摄像机方向由近至远分别放置 A、B、C、D、E、F 六个小球，分别对应 Geometry、Alpha test、Transparent、Geometry、Alpha test、Transparent 的材质顺序，如图 4-52 所示。

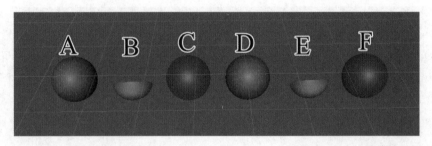

图 4-52

同时，开启 Frame Debugger（见图 4-53），其界面如图 4-54 所示。通过这个工具可以查看场景的渲染顺序，观察每个渲染步骤下的变化。

图 4-53　　　　　　　　　　　　　　　　图 4-54

拖动 Frame Debugger 上方滑条，渲染顺序如图 4-55～图 4-60 所示。渲染近处 Geometry 和远处 Geometry 的效果分别如图 4-55 和图 4-56 所示；渲染近处 Alpha Test 和远处 Alpha Test 的效果分别如图 4-57 和图 4-58 所示；渲染远处 Transparent 和近处 Transparent 的效果分别如图 4-59 和图 4-60 所示。

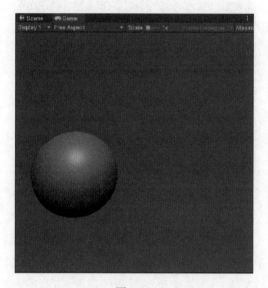

图 4-55　　　　　　　　　　　　　　图 4-56

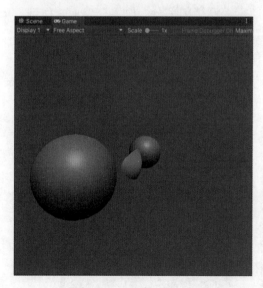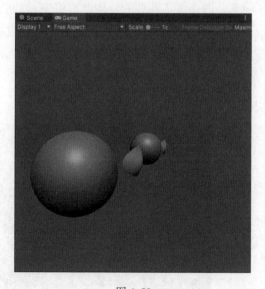

图 4-57　　　　　　　　　　　　　　图 4-58

在 Frame Debugger 中，发现 Geometry 与 Alpha test 队列都是在 Render.OpaqueGeometry 中渲染的（见图 4-61），渲染顺序为"A、D、B、E"，表明同一材质下物体由近至远依次渲染；而 Transparent 队列在另外的 Render.TransparentGeometry 中渲染，染顺序为"F、C"，表明同一材质下物体由远至近依次渲染。

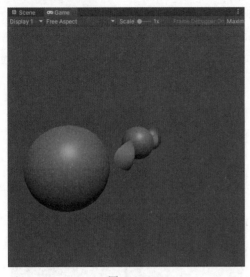 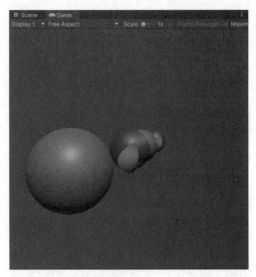

图 4-59　　　　　　　　　　　图 4-60

根据绘画的尝试，在绘制图形时从远至近依次绘制可以保证近处的物体始终遮盖远处的物体，这就是画家算法（Painter's algorithm）。对于渲染而言，每次用近处的渲染结果覆盖一个较远物体的渲染结果时，都意味着 GPU 浪费了之前渲染这些被遮蔽区域所做的花销，尤其是在 Geometry 与 Alpha test 队列中被渲染的都是完全不透明的区域，在计算这些区域时并不关心它挡住了什么，因此反向画家算法（Reverse painter's algorithm）被提了出来，即先渲染近处的物体，再渲染远处物体未被遮挡的部分。所以在 Frame Debugger 中，引擎对于"不透明"与"不透明 + 全透明"物体的渲染都遵循由近到远的顺序；而渲染半透明物体由于需要对覆盖前的颜色做混合，遵循由远到近的渲染顺序。

但这两种算法无法解决一个棘手的问题：如图 4-62 所示，要素模型之间如果相互穿插交错怎么办？

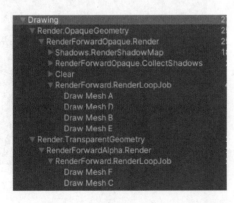 

图 4-61　　　　　　　　　　　图 4-62

4.3.2　深度测试、深度写入、深度裁切与 Early-Z

根据遮挡关系，距离近的物体应该被覆盖在距离远的物体上，如果是规则的、不相互穿插的物体，只需根据物体的中心点坐标排序即可。但场景中的模型复杂，模型整体之间通常相互交错，再以模型整体作为单位不再合适，因此度量"前"还是"后"的单位就由模型变为片元，即根据片元距离摄像机的距离判断渲染顺序。那么，如何判断片元是前还是后呢？深度（Depth）的概念就此被提出。

深度是一个衡量片元与摄像机距离的值。在4.2.2节中，我们介绍了裁剪空间，在这一步之后，GPU将进行归一化操作，将裁剪空间变换至一个由 $\begin{pmatrix} -1 \\ -1 \\ -1 \end{pmatrix}$ 到 $\begin{pmatrix} 1 \\ 1 \\ 1 \end{pmatrix}$ 的立方体中，这个空间被称为归一化的设备坐标（Normalized Device Coordinate，NDC）。两空间中对应的两点 $P_{\text{clip}}(x_{\text{clip}}, y_{\text{clip}}, z_{\text{clip}}, w_{\text{clip}})$、$P_{\text{NDC}}(x_{\text{NDC}}, y_{\text{NDC}}, z_{\text{NDC}}, w_{\text{NDC}})$ 坐标满足以下关系：

$$\frac{(x_{\text{clip}}, y_{\text{clip}}, z_{\text{clip}})}{w_{\text{clip}}} = (x_{\text{NDC}}, y_{\text{NDC}}, z_{\text{NDC}})$$

这个将坐标值除以 w 分量的过程被称为透视除法，如图4-63所示。

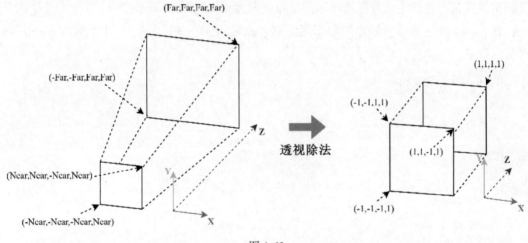

图 4-63

在NDC空间中，能非常简单地求给出深度信息，只要把 z 坐标映射到 0～1 区间内即可。

$$depth = 0.5 z_{\text{NDC}} + 0.5$$

求出屏幕空间位置的方法也同理，在映射到 0～1 区间后，还要乘以屏幕的分辨率：

$$\begin{cases} ScreenX = Width \times (0.5 x_{\text{NDC}} + 0.5) \\ ScreenY = Width \times (0.5 y_{\text{NDC}} + 0.5) \end{cases}$$

现在，只需比对当前渲染片元与上一个同位置片元的深度信息，即可知道一个片元是否可见。因此，需要一个池存储深度信息，这个池就是深度缓冲区（Z-Buffer）。若当前渲染片元的深度值小于池中的深度值时，说明这个片元能被看见，那么就将该片元覆盖上去；否则说明片元不可见，便丢弃这个片元的渲染结果，如图4-64所示。这个过程称为深度测试（Z-Test），将新的深度值写入深度缓冲区的过程称为深度写入（Z-Write），通过深度测试对片元进行选取或丢弃的过程被称为深度裁切（Z-Clip）。

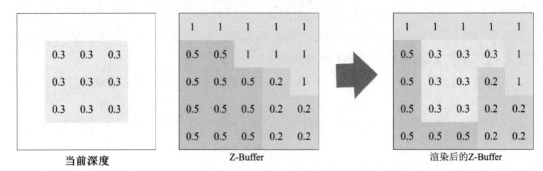

图 4-64

由于在进行深度测试时，GPU 已经走完了片元着色器，此时丢弃片元渲染结果说明之前的片元着色器计算白费了。为了进一步提高渲染效率，Early-Z 被提出来。在光栅化过程后，即可知道片元的深度值了，此时即可将片元的深度与深度缓冲区进行比对，通过深度测试的片元再进行片元着色器计算，这样就能大幅度提高渲染效率。

在 Shader 中，可以有限地控制深度测试、深度写入、深度裁切的过程。在 SubShader 块可以指定：

```
Shader "Unlit/CustomZ"
{
    Properties
    {

    }
    SubShader
    {
        ZClip False
        ZWrite On
        ZTest LEqual
        Pass
        {
        }
    }
}
```

也可以在 Pass 块中指定：

```
Shader "Unlit/CustomZ"
{
    Properties
```

```
    {

    }
    SubShader
    {
        Pass
        {
            ZClip False
            ZWrite On
            ZTest LEqual
        }
    }
}
```

ZTest 可取的值及效果见表 4-4。

表 4-4 ZTest 可取的值及效果

取值	效果
Less	绘制比现有片元更近的片元。丢弃与现有片元位于相同深度或更远的片元
LEqual（默认值）	绘制比现有片元更近或深度相同的片元。丢弃比现有片元更远的片元
Equal	绘制与现有片元深度相同的片元。丢弃更近或更远的片元
GEqual	绘制比现有片元更远或深度相同的片元。丢弃比现有片元更近的片元
Greater	绘制比现有片元更远的片元。丢弃与现有片元深度相同或更近的片元
NotEqual	绘制比更近或更远的片元。丢弃与现有片元深度相同的片元
Always	不进行深度测试。绘制所有片元，无论深度如何

ZWrite 可取的值及效果见表 4-5。

表 4-5 ZWrite 可取的值及效果

取值	效果
On	允许片元将深度写入深度缓冲区
Off	禁止片元将深度写入深度缓冲区

ZClip 可取的值及效果见表 4-6。

表 4-6 ZClip 可取的值及效果

取值	效果	
True（默认值）	将深度裁剪模式设置为裁剪（Clip）。 不在摄像机 Near 至 Far 范围内的片元将被剔除	
False	将深度裁剪模式设置为限制（Clamp）。使比近平面更近的片元视为在近平面，比远平面更远的平面视为在远平面。将出现要么物体完全可见，要么完全不可见的情况	

现在，可以利用这些参数实现许多效果。例如，想让一个物体无法被遮蔽住，那么可以将它的 Ztest 设置为 Always，使其无视遮挡关系永远可见，如图 4-65 所示。

```
Pass
{
    // 使 ZTest 为 Always
    ZTest Always
    CGPROGRAM
    // 省略
    ENDCG
}
```

那么是否可以让小球被挡住的部分和未被挡住的部分呈现出不同的效果呢？在之前的章节中，我们提到过 Pass 的概念，一次 Pass 对应一次"绘制"，可通过叠加使用多个 Pass，一次 Pass 绘制效果的一部分，最终形成完整的效果。此处，可以尝试使用两个 Pass，一个 Pass 渲染将小球被挡住的部分，另一个 Pass 渲染未被挡住的部分，而我们要做的仅仅是区别两次 Pass 的 ZTest 值。

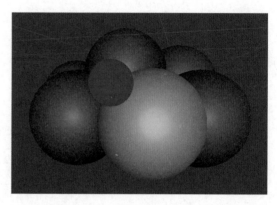

图 4-65

在渲染被遮挡部分的 Pass 中，将 ZTest 设置为 Greater，使该片元在深度值大于深度缓冲区中值时被选中（该片元被遮挡），但务必记得关闭深度写入 ZWrite，因为深度测试已被修改为 Greater，若不关闭深度写入，被遮挡的深度值会被写入深度缓冲区中，影响后续的渲染。在渲染未被遮挡的 Pass 中，只需保持 ZTest 为 LEqual 即可。

```
Shader "Unlit/CustomZ"
{
    Properties
    {
        _Color("Color", Color) = (1,1,1)
    }
    SubShader
    {
        Tags { "Queue" = "Opaque" }
        // 第一个 Pass,渲染被遮挡的部分
        Pass
        {
            // 关闭深度写入
            ZWrite Off
```

```
            ZTest Greater
            CGPROGRAM
            #pragma vertex vert
            #pragma fragment frag
            #include "UnityCG.cginc"

            half4 _Color;
            struct appdata
            {
                //省略
            };

            struct v2f
            {
                //省略
            };

            v2f vert (appdata v)
            {
                //省略
            }

            fixed4 frag (v2f i) : SV_Target
            {
                return _Color* 0.5;
            }
            ENDCG
    }
    Pass
    {
            ZTest LEqual
            CGPROGRAM
            #pragma vertex vert
            #pragma fragment frag
            #include "UnityCG.cginc"

            half4 _Color;
            struct appdata
            {
                //省略
            };
```

```
            struct v2f
            {
                //省略
            };

            v2f vert (appdata v)
            {
                //省略
            }

            fixed4 frag (v2f i) : SV_Target
            {
                return _Color;
            }
            ENDCG
        }
    }
}
```

这部分代码的效果如图 4-66 所示。

除了对不透明物体进行深度上的处理，还可以对半透明物体进行类似的操作。在 Shader 中直接开启半透明时，对于一些网格复杂的模型，由于存在视线方向上三角面的重叠（见图 4-67），导致透明效果被叠加，出现让我们很烦心的碎块，如图 4-68 所示。

图 4-66

如何解决这个问题呢？为了防止视线方向上存在面的重叠，只需让被挡住的面不要被渲染即可。顺着这个思路，先将透明物体的深度值依照深度检测写入深度缓冲区，这样深度缓冲区上将只留下模型上最小的深度值。再根据之前写入的深度进行深度检测并渲染，这样被遮住的透明面就不会再参与渲染。根据这个思路，只需两个 Pass 就能实现效果：在第一个 Pass 中，只写入深度，不渲染任何颜色；在第二个 Pass 中，像往常一样渲染颜色。

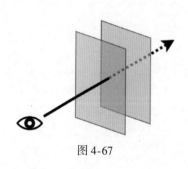

图 4-67

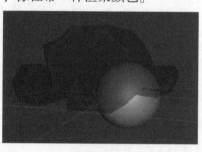

图 4-68

如何在 Pass 中做到"不渲染任何颜色"呢？可以使用 ColorMask 命令：

```
Pass{
    ColorMask 0
}
```

ColorMask 的一般写法有两种，具体见表 4-7。

表 4-7　ColorMask 的一般写法及效果

结　　构	效　　果
ColorMask <颜色通道>	写入默认渲染目标的指定颜色通道
ColorMask <颜色通道> <渲染目标>	写入指定渲染目标的指定颜色通道

取值及效果见表 4-8。

表 4-8　取值及效果

参　　数	取　　值	效　　果
渲染目标	整数，0~7	渲染目标的索引值
颜色通道	0	不输出任何颜色
	R	启用对 R 通道的颜色写入
	G	启用对 G 通道的颜色写入
	B	启用对 B 通道的颜色写入
	A	启用对 Alpha 通道的颜色写入
	不带空格的 R、G、B、A 的任意组合，如 RGB、RG	启用对指定通道的颜色写入

由此，得到半透明物体渲染效果，如图 4-69 所示。

图 4-69

代码如下：

```
Shader "Unlit/CustomZ"
{
    Properties
    {
        _Color("Color", Color) = (1,1,1)
    }
```

```
SubShader
{
    Tags { "Queue" = "Transparent" }
    Pass{
        ZWrite On
        ColorMask 0
    }
    Pass
    {
        ZTest LEqual
        blend SrcAlpha OneMinusSrcAlpha
        CGPROGRAM
        #pragma vertex vert
        #pragma fragment frag

        #include "UnityCG.cginc"

        half4 _Color;
        struct appdata
        {
            //省略
        };
        struct v2f
        {
            //省略
        };
        v2f vert (appdata v)
        {
            //省略
        }
        fixed4 frag (v2f i) : SV_Target
        {
            return _Color;
        }
        ENDCG
    }
}
```

4.3.3 溶解效果：Alpha Test 与 Clip 操作

我们知道，在 Alpha Test 队列中渲染的物体的特点是：片元要么全透明、要么完全不透明。但这个"透明"实际上并不是由返回颜色的 Alpha 值决定的,而是需要进行手动裁切的。例如,想让一个模型在世界空间 $y = 0$ 以下区域全部不显示,在 AlphaTest 队列中,应该按照表 4-9 中正确的方法操作。

表 4-9　模型在世界空间 $y = 0$ 以下区域全部不显示的操作对比

错误的写法	正确的写法

fixed4 frag(v2f i) : SV_Target
{
　// 世界空间 y < 0 的区域返回 0,y > 0 区域返回 1
　half y = step(0, i.worldPos.y);
　return half4(1, 1, 1, y);
}
	fixed4 frag(v2f i) : SV_Target
	{
	　// 世界空间 y < 0 的区域返回 -1,y > 0 区域返回 1
	　half y = (step(0, i.worldPos.y) - 0.5) * 2;
	　clip(y);
	　return half4(1, 1, 1, 1);
	}

在这里的 Shader 中,真正发挥"透明"作用的函数是 clip(x),这个函数判断输入的参数 x,当 x 或 x 的任意分量小于 0,那么这个片元将被丢弃;否则将片元留下。因此与其说是"透明",倒不如说是"裁切"更加准确。实际上,clip 函数不止是在 Alpha Test 通道中有效果,在 Geometry 队列、Transparent 队列中都能起到"裁切"的功能。

沿用这个思路,可以实现一个根据指定纹理逐步裁切模型的效果。首先对一张纹理进行采样,将采样结果与一个参数相减,在 clip 函数中,随着参数变化,采样结果与参数的差也不断变化,这样就可以实现改变参数逐步使模型消失的效果,这就是游戏中常见的"溶解"效果。

首先,在 Unity 中导入一张带有黑、白以及各种程度的灰的噪声纹理,如图 4-70 所示。然后像往常一样进行 uv 传递、采样。这样能得到一个被填满了黑白灰噪点的小球,如图 4-71 所示。其代码如下:

```
v2f vert (appdata v)
{
    v2f o;
    o.vertex = UnityObjectToClipPos(v.vertex);
    o.uv = TRANSFORM_TEX(v.uv, _MainTex);
    return o;
}
fixed4 frag (v2f i) : SV_Target
```

```
{
    half4 col = tex2D(_MainTex, i.uv);
    return col* _Color;
}
```

图 4-70　　　　　　　　图 4-71

当然，如果需要一个纯色的小球，那么并不需要让噪点显示在小球上。噪点的作用是与一个可被我们改变的属性做减法运算，将结果送入 clip 函数，滑动材质的滑条，小球被溶解直至消失，如图 4-72 所示。

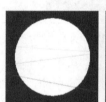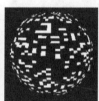

图 4-72

代码如下：

```
Shader "Unlit/AlphaCut"
{
    Properties
    {
        _Color("Color", Color) = (1,1,1)
        _MainTex ("Texture", 2D) = "white" {}
        _Cutoff("Cutoff", range(0,1)) = 0
    }
    SubShader
    {
        Tags { "Queue" = "AlphaTest" }
        Pass
        {
```

```
CGPROGRAM
#pragma vertex vert
#pragma fragment frag

#include "UnityCG.cginc"

half4 _Color;
half _Cutoff;
sampler2D _MainTex;
float4 _MainTex_ST;

struct appdata
{
    float4 vertex : POSITION;
    float2 uv : TEXCOORD0;
};
struct v2f
{
    float4 vertex : SV_POSITION;
    float2 uv : TEXCOORD0;
};
v2f vert (appdata v)
{
    v2f o;
    o.vertex = UnityObjectToClipPos(v.vertex);
    o.uv = TRANSFORM_TEX(v.uv, _MainTex);
    return o;
}
fixed4 frag (v2f i) : SV_Target
{
    half4 col = tex2D(_MainTex, i.uv);
    clip(col - _Cutoff);
    return _Color;
}
ENDCG
        }
    }
}
```

4.3.4 模板测试

在前面的学习中，我们已经了解了深度测试的概念。但如果想实现一些与深度无关的遮蔽效果，那么就要寻找其他的测试方法。在 Unity 中，还能使用另一种测试：模板测试（Stencil Test）。

它与深度测试有着类似的流程：片元有一个属于自己的模板值，渲染中也存在一个存储模板值的缓冲区，每次渲染时，将片元的模板值与缓冲区的做对比，通过测试的片元被留下，未通过测试的片元被剔除。它与深度测试使用最大的区别是模板值是由开发者自己设定的。

模板测试的结构与示例见表 4-10。

表 4-10 模板测试的结构与示例

结 构	示 例

Stencil
{
    Ref < ref >
    ReadMask < readMask >
    WriteMask < writeMask >
    Comp < comparisonOperation >
    Pass < passOperation >
    Fail < failOperation >
    ZFail < zFailOperation >
    CompBack < comparisonOperationBack >
    PassBack < passOperationBack >
    FailBack < failOperationBack >
    ZFailBack < zFailOperationBack >
    CompFront < comparisonOperationFront >
    PassFront < passOperationFront >
    FailFront < failOperationFront >
    ZFailFront < zFailOperationFront >
}
	Stencil
	{
	    Ref 2
	    Comp equal
	    Pass keep
	    ZFail decrWrap
	}

模板测试使用的公式为：

$$(ref \& readMask) comparisonFunction (stencilBufferValue \& readMask)$$

虽然结构看起来非常复杂，但每个属性都是可选的。各个参数的值类型与范围及其功能见表 4-11。

表 4-11 各个参数的值类型与范围及其功能

参　数	值类型与范围	功　能
ref	整数。范围 0~255。默认值为 0	模板值参考值。GPU 使用在 comparisonOperation 中定义的操作，将模板值缓冲区的当前内容与该值进行比较。同时，该值需要与 readMask 或 writeMask 进行与运算，这取决于是发生读取操作还是写入操作。根据下方参数，GPU 还可以将该值写入模板值缓冲区
readMask	整数。范围 0~255。默认值为 255。作为二进制掩码使用	GPU 在读取 ref，执行模板测试时使用此值作为掩码，进行与运算

续表

参 数	值类型与范围	功 能
writeMask	整数。范围 0~255。默认值为 255。作为二进制掩码使用	GPU 在写入模板值缓冲区时使用此值作为掩码,进行与运算
comparisonOperation	比较操作。默认值为"Always"	GPU 对片元执行的模板测试的操作。如果除了 comparisonOperationBack 和 comparisonOperationFront 之外还定义了该值,则该值将覆盖它们
passOperation	模板值操作。默认值为"Keep"	当片元同时通过模板测试和深度测试时,GPU 在模板值缓冲区上将执行该操作。如果除了 passOperationBack 和 passOperationFront 之外还定义了该值,则该值将覆盖它们
failOperation	模板值操作。默认值为"Keep"	当片元未通过模板值测试时,GPU 在模板值缓冲区上将执行该操作。如果除了 failOperationBack 和 failOperationFront 之外还定义了该值,则该值将覆盖它们
zFailOperation	模板值操作。默认值为"Keep"	当片元通过模板值测试但深度测试失败时,GPU 在模板值缓冲区上将执行该操作。如果除了 zFailOperation 和 zFailOperation 之外还定义了该值,则该值将覆盖它们
comparisonOperationBack	比较操作。默认值为"Always"	背向摄像机的片元执行模板测试时的操作。如果定义了 comparisonOperation,则该值将覆盖此值
passOperationBack	模板值操作。默认值为"Keep"	当背向摄像机的片元同时通过模板测试和深度测试时,GPU 在模板值缓冲区上执行的操作。如果定义了 passOperation,则该值将覆盖此值
failOperationBack	模板值操作。默认值为"Keep"	当背向摄像机的片元未通过模板测试时,GPU 在模板值缓冲区上执行操作。如果定义了 failAction,则该值将覆盖此值
zFailOperationBack	模板值操作。默认值为"Keep"	当背向摄像机的片元通过模板测试但深度测试失败时,GPU 在模板值缓冲区上执行的操作。如果定义了 zFailAction,则该值将覆盖此值
comparisonOperationFront	比较操作。默认值为"Keep"	对面向摄像机的片元执行模板测试执行的操作。如果定义了 comparisonOperation,则该值将覆盖此值
passOperationFront	模板值操作。默认值为"Always"	当面向摄像机的片元同时通过模板测试和深度测试时,GPU 在模板值缓冲区上执行的操作。如果定义了 passOperation,则该值将覆盖此值
failOperationFront	模板值操作。默认值为"Keep"	当面向摄像机的片元未通过模板测试时,GPU 在模板值缓冲区上执行的操作。如果定义了 failAction,则该值将覆盖此值
zFailOperationFront	模板值操作。默认值为"Keep"	当面向摄像机的片元通过模板测试但深度测试失败时,GPU 在模板值缓冲区上执行的操作。如果定义了 zFailAction,则该值将覆盖此值

其中比较操作的取值及其功能见表 4-12。

表 4-12 比较操作的取值及其功能

值	对应整数	功能
Never	1	不渲染该片元
Less	2	当片元的模板值小于当前模板值缓冲区中的值时，呈现该片元
Equal	3	当片元的模板值等于当前模板值缓冲区中的值时，呈现该片元
LEqual	4	当片元的模板值小于或等于当前模板值缓冲区中的值时，呈现该片元
Greater	5	当片元的模板值大于当前模板值缓冲区中的值时，呈现该片元
NotEqual	6	当片元的模板值与当前模板值缓冲区中的值不同时，呈现该片元
GEqual	7	当片元的模板值大于或等于当前模板值缓冲区中的值时，呈现该片元
Always	8	始终渲染该片元

模板值操作的取值及其功能见表 4-13。

表 4-13 模板值操作的取值及其功能

值	对应整数	功能
Keep	0	保留模板值缓冲区的当前内容
Zero	1	将 0 写入模板值缓冲区
Replace	2	将当前片元的模板值写入模板值缓冲区
IncrSat	3	递增当前模板值缓冲区中的值。如果该值已经为 255，则保持为 255
DecrSat	4	递减当前模板值缓冲区中的值。如果该值已经为 0，则保持为 0
Invert	5	反转当前模板值缓冲区中值的所有位
IncrWrap	6	递增当前模板值缓冲区中的值。如果该值已经为 255，则变为 0
DecrWrap	7	递减当前模板值缓冲区中的值。如果该值已经为 0，则变为 255

通过模板测试能实现许多深度测试无法实现的效果。例如，想让一个圆球只有透过一个特定的平面才能看见。在 Unity 中，搭建如图 4-73 所示的场景。

为了让这个小球只能通过平面观察到，就必须使小球只有在隔着平面观察时才能满足模板测试条件，否则不通过模板测试。模板缓冲区默认模板值为 0。在平面的 Shader 中，设置其模板值为 1，Pass 属性设置为 Replace，即通过模板测试时，将缓冲区的模板值写为 1。同时，关闭白色平面的深度写入，因为我们需要透过白色平面观察小球，若白色平面进行深度写入，则小球将无法通过深度测试。

图 4-73

```
SubShader
{
    Tags { "Queue" = "Geometry" }
    ZWrite Off
    Stencil
```

```
    {
      Ref 1
      Pass Replace
    }
    Pass
    {
        // 省略
    }
}
```

在目标小球的 Shader 中，设置其模板值为 1；Comp 属性设置为 Equal，即当缓冲区的模板值与 1 相同时，才显示该片元，代码如下：

```
SubShader
{
    Tags { "Queue" = "Geometry" }
    Stencil
    {
      Ref 1
      Comp Equal
    }
    Pass
    {
        // 省略
    }
}
```

现在，场景中的小球只能通过白色平面才能观察到，如图 4-74 所示。

但现在又出现了新的问题：由于关闭了平面的深度写入，其他处于平面后的物体都无法显示出正确的遮挡关系，如图 4-75 中所示的红球。由于已经无法利用平面的深度信息，因此要让红球无法通过模板测试。此处，红球使用的 Unity 的 Standard 材质，渲染队列为 2 000，则可以让白色平面在红球渲染后渲染。因为白色平面的深度值小于红球，则在深度测试中它将覆盖红球的颜色；对应地，蓝球也要修改渲染队列与白色平面一致。

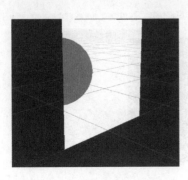

图 4-74

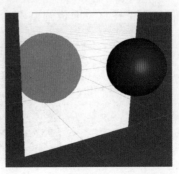

图 4-75

```
Tags { "Queue" = "Geometry+1" }
```

现在，红球在渲染中被移动到正确位置，如图 4-76 所示。

还有一个稍微有些麻烦的问题，如果场景中想创建许多个类似的"透过才能观察"的效果，那么要创建多个 Shader，而这些 Shader 之间的区别仅仅是模板值的变化。实际上，这些信息可以放入 Properties 中方便操作。同样地，各种模板值操作也可以放入 Properties 中：

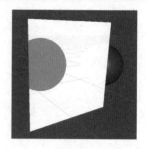

图 4-76

```
Properties
{
    _Color("Color", Color) = (1,1,1)
    _StencilRef("StencilRef",Int) = 0
    [Enum(UnityEngine.Rendering.CompareFunction)]_StencilComp("StencilComp",Int) = 3
    [Enum(UnityEngine.Rendering.StencilOp)]_StencilPassOp("StencilPassOp",Int) = 2
}
SubShader
{
    Tags { "Queue" = "Geometry+1" }
    ZWrite Off
    Stencil
    {
        Ref [_StencilRef]
        Comp [_StencilComp]
        Pass [_StencilPassOp]
    }
    Pass
    {
        // 省略
    }
}
```

现在，可以直接在材质面板调整相关属性，如图 4-77 所示。

图 4-77

4.4 完善材质面板：Properties

Shader 写出来是给人用的，一个直观明晰的材质面板相当重要。在 Unity 中，可以声明使用的作为输入的类型见表 4-14。

表 4-14 可以使用的作为输入的类型及其作用

类型	示例	作用
Integer	_ExampleName ("Integer display name", Integer) = 1	新版本 Unity 新增的类型。此类型真正由整数实现。如果版本支持，则使用 Integer 而不是 Int
Int	_ExampleName ("Int display name", Int) = 1	旧版本 Unity 的整数，由浮点数而不是整数实现。如果版本支持，则使用 Integer 而不是 Int
Float	_ExampleName ("Float display name", Float) = 0.5 _ExampleName ("Float with range", Range(0.0, 1.0)) = 0.5	浮点数，可使用 Range 开启范围滑动条支持
Texture2D	_ExampleName ("Texture2D display name", 2D) = "" {} _ExampleName ("Texture2D display name", 2D) = "red" {}	将以下值放入默认值字符串中以使用 Unity 的内置纹理："white":(RGBA:1,1,1,1)、"black":(RGBA:0,0,0,1)、"gray":(RGBA:0.5,0.5,0.5,1)、"bump":(RGBA:0.5,0.5,1,0.5)、"red":(RGBA:1,0,0,1)。如果将字符串留空或输入无效值，则默认为"gray"。 注意，这些默认纹理在材质面板中不可见
Texture2DArray	_ExampleName ("Texture2DArray display name", 2DArray) = "" {}	纹理数组是相同大小/格式/标识的 2D 纹理的集合，GPU 可以将其作为单个纹理资源，通过索引进行访问
Texture3D	_ExampleName ("Texture3D", 3D) = "" {}	默认值为"gray"（RGBA:0.5,0.5,0.5,1）
Cubemap	_ExampleName ("Cubemap", Cube) = "" {}	默认值为"gray"（RGBA:0.5,0.5,0.5,1）
CubemapArray	_ExampleName ("CubemapArray", CubeArray) = "" {}	一个立方体贴图数组是大小和格式相同的立方体贴图数组，GPU 可以将其作为单个纹理资源，通过索引进行访问
Color	_ExampleName ("Example color", Color) = (.25, .5, .5, 1)	对应 Shader 中的 float4 类型。材质面板会提供一个拾色器
Vector	_ExampleName ("Example vector", Vector) = (.25, .5, .5, 1)	对应 Shader 中的 float4 类型。材质面板会显示 4 个单独的浮点字段

此外，还可在 Properties 中通过表 4-15 中的标签指定属性的某些特征。

表 4-15 标签及其功能

标签	功能
[Gamma]	表明对一个 float 或 vector 类型的属性去除伽马校正

续表

标签	功能
[HDR]	指示纹理或颜色属性使用高动态范围颜色（HDR）。对于纹理属性，如果分配了高动态范围颜色（LDR）纹理，Unity 编辑器将显示警告。对于颜色属性，Unity 编辑器使用 HDR 拾色器
[HideInInspector]	告知 Unity 编辑器在材质面板中隐藏此属性
[MainTexture]	设置材质的主纹理，这样可在 C#代码中使用 Material.mainTexture 访问该纹理。默认情况下，Unity 将属性名称为"_MainTex"的纹理视为主纹理。如果 Shader 中的纹理需要使用不同的属性名称，但又希望 Unity 将其视为主纹理，就可使用此标签。如果多次使用此标签，Unity 将使用第一个标签对应的属性并忽略后续属性
[MainColor]	设置材质的主颜色，可以在 C#代码中使用 Material.color 访问该颜色。默认情况下，Unity 将属性名称为"_Color"的颜色视为主颜色。如果 Shader 中的颜色需要使用不同的属性名称，但又希望 Unity 将其视为主颜色，就可使用此标签。如果多次使用此标签，Unity 将使用第一个标签对应的属性并忽略后续属性
[NoScaleOffset]	指示 Unity 编辑器隐藏此纹理属性的 Tiling 和 Offset 字段
[Normal]	指示纹理属性需要法线贴图。如果分配了不兼容的纹理，Unity 编辑器将显示警告
[PerRendererData]	此属性的纹理值将以 MaterialPropertyBlock 形式从渲染对象的渲染器（Renderer）中获取，例如 Sprite 对象，它的 Image 组件中的 Source Image 属性可在 Shader 中被读取，这样多个 Sprite 可以共用同一个材质而不需手动创建多个纹理不同的材质

同时，Unity 的 MaterialPropertyDrawer 类提供了许多能在材质面板的 UI 上进行优化的标签，见表 4-16。

表 4-16　能在材质面板的 UI 上进行优化的标签及其功能

标签	功能

[Toggle]	允许启用或禁用单个 Shader 关键字。它使用 float 类型存储 Shader 关键字的状态，并在材质面板上将其显示为一个开关。启用开关后，Unity 将启用 Shader 关键字；禁用开关后，Unity 将禁用 Shader 关键字。
	如果指定关键字名称，则开关会影响具有该名称的着色器关键字。如果未指定着色器关键字名称，则切换会影响具有该名称的着色器关键字："（属性名）+_ON"。
	有关 Shader 关键字的内容，请参见后续章节。
	
	示例：
	//指定关键字，对应的关键字为 ENABLE_FEATURE
	[Toggle(ENABLE_FEATURE)] _ExampleFeatureEnabled ("Enable feature", Float) = 0
	
	//不指定关键字，对应的关键字为_ANOTHER_FEATURE_ON
	[Toggle] _Another_Feature ("Enable another feature", Float) = 0

[ToggleOff]	与 Toggle 类似，但效果与之相反。开启该开关后，Unity 会禁用 Shader 关键字；禁用该开关后，Unity 将启用 Shader 关键字。此外，未指定 Shader 关键字名称时的默认名称为"（属性名）+_OFF"。
	
	示例：
	//指定关键字，对应的关键字为 DISABLE_EXAMPLE_FEATURE
	[ToggleOff(DISABLE_FEATURE)] _ExampleFeatureEnabled ("Enable feature", Float) = 0
	
	//不指定关键字，对应的关键字为_ANOTHER_FEATURE_OFF
	[ToggleOff] _Another_Feature ("Enable another feature", Float) = 0

续表

标 签	功 能
[KeywordEnum]	KeywordEnum 修饰一个 float 类型属性，它允许在材质面板中选择 Shader 启用一组 Shader 关键字中的哪一个。使用该标签的属性将显示一个弹出菜单，用它决定这个材质启用哪个 Shader 关键字。对应的关键字名称为"(大写属性名)_(大写枚举名)"，最多可使用 9 个名称。 示例： //对应的关键字为 _OVERLAY_NONE、_OVERLAY_ADD、_OVERLAY_MULTIPLY [KeywordEnum(None, Add, Multiply)] _Overlay ("Mode", Float) = 0
[Enum]	Enum 修饰一个 float 类型属性，使用该标签的属性将显示一个弹出菜单。 可以提供一个 C#代码中的枚举类型名称（最好精确到命名空间，防止重名），或者直接写上键值对，最多可以指定 7 个键值对。 示例： //将弹出两个选项：One 和 SrcAlpha，若选前者，_Blend 的值将为 1；若选后者，_Blend 的值将为 5； [Enum(One,1,SrcAlpha,5)] _Blend ("Blend mode subset", Float) = 1 //_Blend 弹出菜单中的选项将于 C#中 UnityEngine.Rendering.BlendMode 枚举类对应。 [Enum(UnityEngine.Rendering.BlendMode)] _Blend2 ("Blend mode", Float) = 1
[PowerSlider]	PowerSlider 会使被修饰的属性显示一个滑动条，与普通的 Range 不同，PowerSlider 的数值变换不是线性的。 示例： //滑动条的数值将进行幂为 3 的指数映射 [PowerSlider(3.0)] _Shininess ("Shininess", Range (0.01, 1)) = 0.08
[IntRange]	IntRange 会使被修饰的属性显示一个滑动条，与普通的 Range 不同，IntRange 的数值是整数。 示例： //滑动条的数值将进行幂为 3 的指数映射 [IntRange] _Alpha ("Alpha", Range (0, 255)) = 100

[Space]	在 Shader 属性之前显示一段空位。
	
	示例：
	// 在该属性先显示一段小空位
	[Space] _Prop1 ("Prop1", Float) = 0
	
	//在该属性先显示一段大空位
	[Space(50)] _Prop2 ("Prop2", Float) = 0

[Header]	在属性之前创建一个标题文本。 示例： [Header(A group of things)] _Prop1 ("Prop1", Float) = 0

示例代码如下:

```
Properties
{
    //主纹理
    [MainTexture]_Tex("Texture", 2D) = "white" {}

    //在面板中隐藏
    [HideInInspector]_MainTex2("Hide Texture", 2D) = "white" {}

    //去除 Tiling 和 Offset
    [NoScaleOffset]_MainTex3("No Scale/Offset Texture", 2D) = "white" {}

    [PerRendererData]_MainTex4("PerRenderer Texture", 2D) = "white" {}

    // 法线纹理
    [Normal]_MainTex5("Normal Texture", 2D) = "white" {}

    //主颜色
    [MainColor]_Col("Color", Color) = (1,0,0,1)

    //HDR 颜色
    [HDR]_HDRColor("HDR Color", Color) = (1,0,0,1)

    _Vector("Vector", Vector) = (0,0,0,0)

    // 去除 Gamma 矫正
    [Gamma]_GVector("Gamma Vector", Vector) = (0,0,0,0)

    [Header(A group of things)]

    // 创建"_Tog_ON" Shader 关键字
    [Toggle]_Tog("Auto keyword toggle", Float) = 0

    // 创建 "ENABLE_TOGG" Shader 关键字
    [Toggle(ENABLE_TOGG)]_Togg("Keyword toggle", Float) = 0

    // 枚举混合模式
    [Enum(UnityEngine.Rendering.BlendMode)]_Blend("Blend mode Enum", Float) = 1

    // One - 1、SrcAlpha - 5 的下拉菜单
    [Enum(One,1,SrcAlpha,5)]_Blend2("Blend mode subset", Float) = 1
```

```
// 创建 _OVERLAY_NONE, _OVERLAY_ADD, _OVERLAY_MULTIPLY Shader 关键字
[KeywordEnum(None, Add, Multiply)] _Overlay("Keyword Enum", Float) = 0

// 三次方映射的滑动条
[PowerSlider(3.0)] _Shininess("Power Slider", Range(0.01, 1)) = 0.08

// 整数的滑动条
[IntRange] _IntSlider("Int Range", Range(0, 255)) = 100

// 小空隙
[Space] _Prop1("Small amount of space", Float) = 0

// 大空隙
[Space(50)] _Prop2("Large amount of space", Float) = 0
}
```

效果如图 4-78 所示。

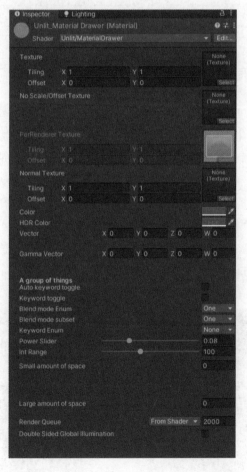

图 4-78

4.5 你能获得的其他信息

在 Shader 中，还可在模型和场景中获取其他有用的信息。

4.5.1 顶点上的其他信息

在前文中曾介绍过可在 appdata 中获取各类信息。目前为止，只使用过 POSITION 和 TEXCOORD。顶点上的信息见表 4-17。

表 4-17 顶点上的信息

修饰符	对应的信息	类型
POSITION	顶点位置信息	float3 或 float4
NORMAL	法线信息	float3
TANGENT	切线信息	float4
COLOR	顶点色	float4
TEXCOORD0	第一套 uv	float2, float3 或 float4
TEXCOORD1	第二套 uv	float2, float3 或 float4
TEXCOORD2	第三套 uv	float2, float3 或 float4
TEXCOORD3	第四套 uv	float2, float3 或 float4

1. 法线

法线（Normal），在三维空间中指垂直于平面的向量。在许多三维软件中，都能找到这条向量，如在 Blender 中，可以将面的法线可视化为一条青色的线段，如图 4-79 所示。

平面的法线很好理解，但我们知道，在 appdata 中，传输进来的其实是顶点的信息。那么顶点的法线是垂直于什么的呢？难道有"垂直于顶点"这种说法吗？实际上，由于一个顶点可以被多个面共享（多个面同时连接同一个顶点），而不同的面通常拥有不同的法线信息，这时就需要一个标准来定义什么是"顶点的法线"。

第一种方法称为平滑着色（Smooth Shading），顶点法线为其连接的所有平面法线做加权平均计算而得。以正方体为例，顶点法线为该顶点所连接的三个平面的法线平均值，如图 4-80 所示。

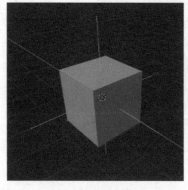

图 4-79

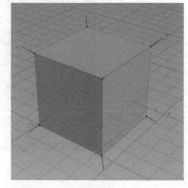

图 4-80

第二种方法称为平直着色（Flat Shading），顶点法线为其所连接平面的法线。这里介绍一个新的概念，在图形学中，"顶点（vertex）"与"点（point）"并不是一个东西。以正方体为例，一个正方体有 8 个点，这 8 个点由 6 个面共享，这是几何意义上的"点"；但在渲染中，同样的点在不同的面上可能就携带了不同的信息，除了上面介绍的法线信息，还可以对应不同的 UV 坐标。

在图 4-81 中，选中的 3 个面拥有 4 个共用点，如图 4-82 所示，在分布的 UV 中，它们没有任何一点是共用的。当遇到同一"点（point）"需要传递多个不同信息的情况，"顶点（vertex）"的概念就被提出来。顶点是传递一组数据的最基本集合，它可以包含位置（Position）、UV、法线（Normal）等多种信息；即便在渲染中许多顶点看起来是重合的，但在数据中（也就是 appdata 结构体在读取的信息）它们并不指向同一个来源。因此，若使顶点法线与所连接平面的法线相同，则有如图 4-83 所示的效果。

  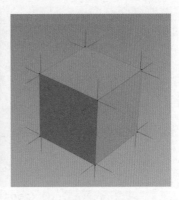

图 4-81　　　　　　　　　　图 4-82　　　　　　　　　　图 4-83

那么，这两种不同的计算法线的方法对渲染有什么影响呢？在三维软件中，尝试对同一模型（见图 4-84 和图 4-85）切换不同的法线计算方式（或称着色方式），可以看到在平滑着色模式下，模型的轮廓不明显，十分圆滑；在平直着色模式下，模型的轮廓非常明显，十分生硬。

平滑着色（左）平直着色（右）　　　　　平滑着色（左）平直着色（右）

图 4-84　　　　　　　　　　　　　　　图 4-85

这刚好对应了两种不同着色形式的不同适用场合：当需要渲染一个棱角分明的物体时，就使用平直着色；当需要渲染一个圆润光滑的物体时，就使用平滑着色。实际上，通过单独调整顶点（Vertex）的法线，可以在一个模型上使用不同的着色方式。如图4-86所示，手动指定在模型的上半部使用平滑着色，下半部使用平直着色。

返回 Unity，进一步感受这两种不同的法线计算方式对渲染带来的改变。在 Shader 中，可以在 appdata 中取法线信息：

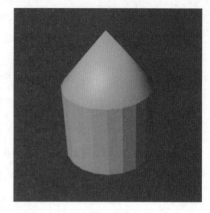

图 4-86

```
struct appdata
{
    float4 vertex : POSITION;
    float2 uv : TEXCOORD0;
    float3 normal : NORMAL;
};
```

在大多数情况下，需要使用法线向量与世界空间下的向量进行计算，使用在 vert 着色器中把法线由模型空间转换至世界空间。即：

```
struct v2f
{
    float2 uv : TEXCOORD0;
    float4 vertex : SV_POSITION;
    float3 normal : TEXCOORD1;
};

v2f vert (appdata v)
{
    v2f o;
    o.vertex = UnityObjectToClipPos(v.vertex);
    o.uv = TRANSFORM_TEX(v.uv, _MainTex);
    // 转换法线
    o.normal = UnityObjectToWorldNormal(v.normal);
    return o;
}
```

需要注意的是，此处 UnityObjectToWorldNormal 并不等于 mul (unity _ ObjectToWorld, v. normal)。我们必须保证法线垂直于所在平面，如果模型未进行缩放，那么模型本身的法线向量的确不会在方向上出现偏差，一旦模型发生了不统一的缩放，而法线仍然保持原有空间尺度下的指向，则会发生严重的错误，如图4-87所示。

单轴缩放

图 4-87

若要避免这个问题，就必须使法线做反向的缩放变换进行还原，如图 4-88 所示。

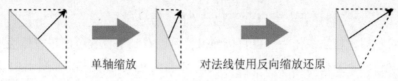

图 4-88

设从物体空间到世界空间的变换为 O，由于变换可分解为：缩放（S）、旋转（R）、位移（P）三部分，则可改写为：$O = SRP$，由于法线是向量，变换时不需要考虑位置，因此可以简写为：

$$O = SR$$

其逆矩阵为：

$$O^{-1} = R^{-1}S^{-1}$$

设还原后的变换为 N，由于转换时只还原缩放，但依然考虑法线的旋转，则有：

$$N = S^{-1}R$$

又因为对于旋转矩阵 R，满足：

$$R^{-1} = R^{T}$$

而缩放矩阵 S 是对称矩阵，即：

$$S^{T} = S$$
$$(S^{-1})^{T} = S^{-1}$$

因此：

$$O^{-1} = R^{T}S^{-1}$$

转置 O 的逆矩阵，可以得到：

$$(O^{-1})^{T} = (S^{-1})^{T}(R^{T})^{T} = S^{-1}R$$

即：

$$(O^{-1})^{T} = N$$

因此，若想保证模型经过不统一缩放后，法线仍然能垂直于平面，则需要让顶点法线左乘物体空间到世界空间变换的逆矩阵的转置，而物体空间到世界空间变换的逆矩阵即为世界空间到物体空间的变换，所以只需乘以物体空间到世界空间的转置即可：

```
o.normal = mul(transpose((float3x3)unity_WorldToObject),
              v.normal);
// 必须对法线进行归一化
o.normal = normalize(o.normal);
```

甚至不需要转置，只调换一下参数位置即可：

```
o.normal = mul(v.normal,unity_WorldToObject));
o.normal = normalize(o.normal);
```

当然，Unity 已经有函数能把这些工作都完成（包括归一化法线）：

o.normal = UnityObjectToWorldNormal(v.normal);

在 frag 着色器中将法线作为颜色直接输出，可以看到平直着色的正方体法线如图 4-89 所示；光滑着色的正方体法线如图 4-90 所示；平直着色的球体法线如图 4-91 所示；光滑着色的球体法线如图 4-92 所示。

图 4-89　　　　　图 4-90　　　　　图 4-91　　　　　图 4-92

法线的引入可在 Shader 中进行大量与"朝向"有关的计算。如图 4-93 所示，想让一个模型中朝向世界空间原点(0,0,0)的顶点被高亮，可以先求出两点之间的向量，再使用法线与该向量做点乘，可求得两向量夹角的余弦值。当顶点法线逐渐重合于朝向向量时，余弦值逐渐增大直到1，因此当这个值超过某个阈值时，可以认为该顶点"朝向"目标点。

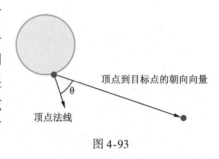

图 4-93

计算部分的代码如下：

```
fixed4 frag (v2f i) : SV_Target
{
    // 求出顶点到原点的向量
    float3 point2Ori = normalize(float3(0,0,0) - i.worldPos.xyz);
    half dir = dot(point2Ori,i.normal);
    dir = smoothstep(_DirIntensity,1,dir);
    return dir;
}
```

不同的着色方式在同样的 Shader 下会表现出截然不同的效果，如图 4-94 所示。

上面这张效果图是否有一种"光照"的错觉，仿佛有一盏放在世界原点的灯为所有朝向自己的平面打上了光照？是的，已经很接近于光照的算法。

2. 顶点色

在许多 3D 软件中都支持为模型绘制顶点色，如

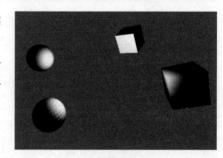

图 4-94

图 4-95 所示。顶点色与顶点法线类似，都是存储在顶点上的一个三维向量，可以在 Shader 中读取它用于渲染的计算中。虽然它的名字叫"顶点色"，但并不一定要将它作为一个颜色使用，只要是三维向量形式的数据，都可以将之存储进顶点色中，甚至于不是向量的标量数据，都可以将之作为一个单独分量存入顶点色（如占用顶点色的 R 通道存储一个标量信息，或将多个标量组合为一个向量分别存入 R、G、B 通道）。

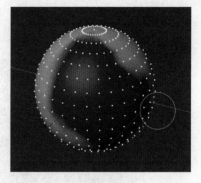

图 4-95

在 Shader 中，读取顶点色的方法很简单：

```
struct appdata
{
    float4 vertex : POSITION;
    float2 uv : TEXCOORD0;
    float3 normal : NORMAL;
    // 读取顶点色
    float3 color : COLOR;
};

struct v2f
{
    float2 uv : TEXCOORD0;
    float4 vertex : SV_POSITION;
    float4 worldPos : TEXCOORD1;
    float3 normal : TEXCOORD2;
    // 传递顶点色
    float3 color : TEXCOORD3;
};

v2f vert (appdata v)
{
    v2f o;
    o.vertex = UnityObjectToClipPos(v.vertex);
    o.uv = TRANSFORM_TEX(v.uv, _MainTex);
    o.worldPos = mul(unity_ObjectToWorld,v.vertex);
    o.normal = UnityObjectToWorldNormal(v.normal);
    // 传递顶点色
    o.color = v.color;
    return o;
}
```

将读取得到的顶点色输出，可以得到以下效果。如图 4-96 所示，是在 Blender 中绘制的顶点色，图 4-97 所示为它在 Unity 中被读取显示的效果。

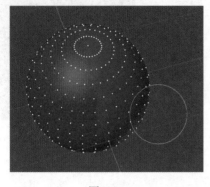
图 4-96

图 4-97

3. 切线与副切线

在几何上，切线（Tangent）是指一条刚好触碰到曲线上某一点的直线。在顶点上，也存储类似"切线"信息，它是一条垂直于法线的向量，但由于过顶点垂直于法线的向量实际上有无数条，因此顶点上的切线其实是众多切线中指定的一条向量。那么，如何确定切线呢？计算方法如图 4-98 所示。

$$E_1 = \Delta U_1 T + \Delta V_1 B$$
$$E_2 = \Delta U_2 T + \Delta V_2 B$$

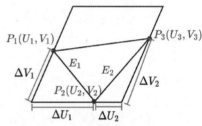
图 4-98

式中，$P(u,v)$ 为顶点在 UV 空间上的坐标；E 为两点间构成的向量；T 为顶点的切线；B 为顶点的副切线（Bitangent），它也是一条过顶点垂直于法线的向量。最终式子可变形为：

$$\begin{bmatrix} T_x & B_x \\ T_y & B_y \\ T_z & B_z \end{bmatrix} = \frac{\begin{bmatrix} E_{1x} & E_{2x} \\ E_{1y} & E_{2y} \\ E_{1z} & E_{2z} \end{bmatrix} \begin{bmatrix} \Delta V_2 & -\Delta U_2 \\ -\Delta V_1 & \Delta U_1 \end{bmatrix}}{\begin{vmatrix} \Delta U_1 & \Delta U_2 \\ \Delta V_1 & \Delta V_2 \end{vmatrix}} = \frac{\begin{bmatrix} E_{1x} & E_{2x} \\ E_{1y} & E_{2y} \\ E_{1z} & E_{2z} \end{bmatrix} \begin{bmatrix} \Delta V_2 & -\Delta U_2 \\ -\Delta V_1 & \Delta U_1 \end{bmatrix}}{\Delta U_1 \Delta V_2 - \Delta U_2 \Delta V_1}$$

$$T = \frac{\Delta V_2 E_1 - \Delta V_1 E_2}{\Delta U_1 \Delta V_2 - \Delta U_2 \Delta V_1}$$

$$B = \frac{-\Delta U_2 E_1 + \Delta U_1 E_2}{\Delta U_1 \Delta V_2 - \Delta U_2 \Delta V_1}$$

最终可求得切线 T 和副切线 B，在一般情况下，T 指向与该顶点 UV 坐标中 U 的增加方向，B 指向与该顶点 UV 坐标中 V 的增加方向。但如果模型的 UV 被扭曲，根据这种方法有时计算出的 T、B、N（法线）三个向量并不是正交的，还需对它们进行正交化处理。为了加速计算，可以直接通过叉乘求出一个垂直于 N 与 T 向量张成平面的向量，这也是在Unity

中常用的简化版本的副切线算法，即在计算得法线结果后：
$$B = N \times T$$

最终，切线、副切线、法线三条向量构成正交基，以它们为基向量可以构建出一个新的空间——切线空间（Tangent Space）。可以看出，切线空间是一个以顶点为核心建立的空间。在一些三维软件中，可以将模型的切线（黄色）、法线（红色）、副切线（绿色）可视化，如图4-99所示。

在 Unity 中，可以直接获得切线信息，并以此计算副切线信息：

图 4-99

```
struct appdata
{
    float4 vertex : POSITION;
    float2 uv : TEXCOORD0;
    float3 normal : NORMAL;
    //切线信息
    float4 tangent : TANGENT;
};
struct v2f
{
    float2 uv : TEXCOORD0;
    float4 vertex : SV_POSITION;
    float3 worldNormal : TEXCOORD1;
    float3 worldTangent : TEXCOORD2;
    float3 worldBitangent : TEXCOORD3;

};
v2f vert (appdata v)
{
    v2f o;
    o.vertex = UnityObjectToClipPos(v.vertex);
    o.uv = TRANSFORM_TEX(v.uv, _MainTex);
    UNITY_TRANSFER_FOG(o,o.vertex);
    o.worldNormal = UnityObjectToWorldNormal(v.normal);
    o.worldTangent = UnityObjectToWorldDir(v.tangent.xyz);
    // 计算副法线
    // 由于DirectX 和OpenGL 的 UV 走向不同,为了防止手性错误,此处需要乘以当前平台的手性值
    // v.tangent.w存储了当前平台的手性值
```

```
o.worldBitangent = cross(o.worldNormal, o.worldTangent)* v.tangent.w;
return o;
}
```

在之后的案例中，将了解切线空间的强大作用，更多有关切线空间的内容将在以后的章节中学习。

4.5.2 其他信息

1. 摄像机位置及相关信息、屏幕相关信息

在Unity Shader中，可以获取当前摄像机的相关信息以及屏幕的相关信息，见表4-18。

表4-18 摄像机及屏幕的相关信息

变量名	数据类型	含义
_WorldSpaceCameraPos	float3	摄像机的世界位置坐标
_ProjectionParams	float4	x为1.0（如果当前使用翻转投影矩阵进行渲染，则x为-1.0），y为摄像机的近裁剪平面（Near），z为摄像机的远裁剪平面（Far），w为1/z
_ScreenParams	float4	x为摄像机渲染目标的宽度（以像素为单位），y为摄像机渲染目标的高度（以像素为单位），z为1+1/x，w为1+1/y
_ZBufferParams	float4	用于线性化Z-Buffer值。x=1-远裁剪平面/近裁剪平面，y=远裁剪平面/近平面，z=x/远裁剪平面，w=y/远裁剪平面
unity_OrthoParams	float4	x是正交投影摄像机的宽度，y是正交投影摄像机的高度，z为空，当摄像机是正交投影时，w为1.0，为透视投影时为0.0
unity_CameraProjection	float4x4	摄像机的投影矩阵
unity_CameraInvProjection	float4x4	摄像机的投影矩阵（unity_CameraProjection）的逆矩阵
unity_CameraWorldClipPlanes[6]	float4	摄像机视锥体的6个裁剪平面在世界空间下，数组顺序为：left, right, bottom, top, near, far

此处值得一提的是unity_CameraWorldClipPlanes数组，其中包含6个四维向量，它们用于表示不同的平面。这些向量描述平面方法为"法线方向+偏移

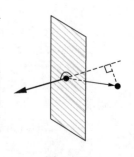

图4-100

量"，即对于描述向量$\begin{pmatrix}x\\y\\z\\w\end{pmatrix}$，其中$\begin{pmatrix}x\\y\\z\end{pmatrix}$表示这一平面的法线方向，w分量表示这一平面在x轴负方向上的偏移量。当需要确定一个点与平面的关系时，可以将该点投影到平面的法向量上，即两个向量做点乘运算。若结果为负数，说明点与平面法线的夹角大于90°，即点在平面之后（与法线方向相反），如图4-100所示。

下面，测试平面向量(1,0,0,1)的效果，代码如下：

```
fixed4 frag (v2f i) : SV_Target
{
    //点乘:顶点的世界空间坐标·平面向量(1,0,0,1)
    return dot(i.worldPos,half4(1,0,0,1));
}
```

如图4-101所示，对于一个在(−1,0,0)位置的小球，模型上在世界空间点坐标大于 X = −1 平面的点被渲染为白色，即 dot(i.worldPos,half4(1,0,0,1)) > 0，表示点在平面之前；而世界空间点坐标小于 X = −1 平面的点被渲染为黑色，即 dot(i.worldPos,half4(1,0,0,1)) < 0，表示点在平面之后。

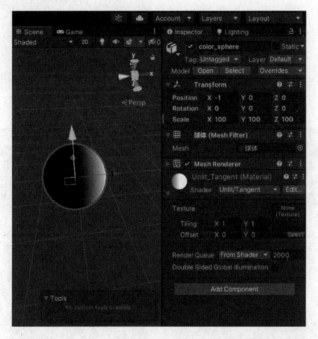

图 4-101

2. 时间信息

在 Unity Shader 中，可以获取许多与时间相关的信息，见表4-19。

表 4-19　与时间相关的信息

变量名	数据类型	含义
_Time	float4	场景中的时间信息，对于当前时间 t，4个分量分别表示：(t/20, t, t*2, t*3)
_SinTime	float4	对_Time 做正弦计算，4个分量分别为：(sin(t/8), sin(t/4), sin(t/2), (sin(t))
_CosTime	float4	对_Time 做余弦计算，4个分量分别为：(sin(t/8), sin(t/4), sin(t/2), sin(t))
unity_DeltaTime	float4	时间增量，对于当前时间增量 dt，4个分量分别为：(dt, 1/dt, smoothDt, 1/smoothDt)。其中，smoothDt 是一个经过平滑处理的 dt

使用时间信息，可以在 Unity Shader 中创建大量动态的视觉效果。例如：

```
fixed4 frag (v2f i) : SV_Target
{
    return half4 (_SinTime.w, _CosTime.w,1,1);
}
```

上面的代码可以创建一个颜色随时间不断变化的材质，如从图 4-102 到图 4-103 再到图 4-104 的变换。

由于 _Time 会随着运行不断累加，因此它经常不方便使用，还需加上额外的数学处理，对时间的不同处理方式可以实现不同的视觉效果，见表 4-20。

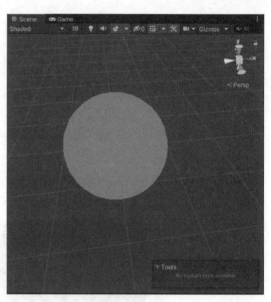

图 4-102

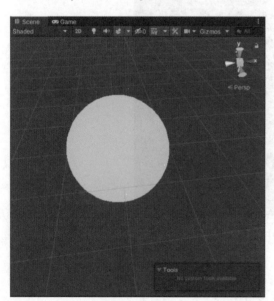

图 4-103

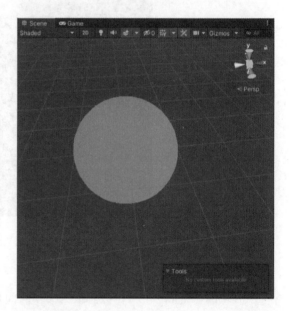

图 4-104

表 4-20　处理方式及其对应的效果

处理方式	效　　果
frac(_Time)	取 _Time 的小数部分，总返回一个区间在 0～1 的值，且在接近 1 时返回 0。可用于实现首尾不相连的循环的动画效果
sin(_Time) cos(_Time)	取 _Time 的正弦或余弦值，总返回一个区间在 -1～1 的值。可用于实现首尾相连的循环动画效果
round(_Time) floor(_Time) ceil(_Time)	将 _Time 化为整数，总返回一个不断增长的整数。可用于实现带有段落感的动画效果

同理，使用时间相关参数处理我们的 Shader，还能创造出 UV 流动、顶点动画等奇妙的效果。这些将在后面的章节进行详细阐述。当然，Unity Shader 中内置的参数还不止上面提到的这些，如光照相关信息、雾效相关信息等。在下一章中，将运用已经掌握的基础知识，配合数学计算，创造出更多奇妙的效果。

4.6 习题

1. 在 Unity 中给出一个默认的 Quad，在上面绘制一张图，写出一个 Shader，使它能出现圆角效果，并可通过面板控制圆角的大小，同时，保证该圆角不受 Quad 旋转、缩放、移动的影响，如图 4-105 所示。

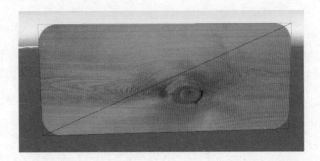

图 4-105

2. 尝试实现一个带有动画效果的纯色材质，使它的颜色每隔一段时间就能骤然发生变化。

3. 设场景中的地面高度始终为 h（世界空间中），尝试渲染一个瘪了的小球，对于输入的值 h，它总能保证在其在世界空间高度低于 h 处是平的。注意考虑小球平移、旋转、缩放时可能造成的影响。

第 5 章　计算与串联：
需要思考的 Shader

在掌握了简单的 Shader 后，我们可以尝试一些需要开动脑筋思考，具有一定计算逻辑的 Shader 了。

↘ 5.1　边缘光效果

下面，我们尝试一个简单的效果。对于任意一个模型，我们尝试在 Shader 中让其边缘发亮。这种效果称为边缘光（Rim Light），在生活中也有类似的物理效应：菲涅尔效应（Fresnel effect）。效果如图 5-1 所示。

这种效果通常许多需要高亮突出显示物体时能够用上，通常只需将计算出来的边缘光与材质的原色混合即可。

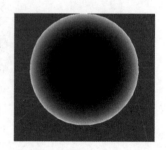

图 5-1

5.1.1　如何"看到"外边缘

那么，我们是如何"看到"一个物体的外边缘的呢？根据常识，边缘并不是固定在物体的某个位置的，而是取决于我们观察时的站位与视角。观察视线与物体的交界处就构成了我们观察时物体看见的边缘，如图 5-2 所示。

那么，如何获取"视线"呢？对于观察点 C 与一个可见的点 I，将 C 的坐标与 P 的世界空间坐标相减，就能得到向量 $\vec{CI}$，它指示摄像机到这一点的方向，即视线 v。在前面的章节中，我们已经学习了如何获取摄像机的相关信息。在 Unity Shader 中，可以用下面这种方法计算：

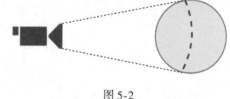

图 5-2

```
float3 v = _WorldSpaceCameraPos.xyz - i.worldPos;
```

```
//Unity Shader 中提供就更简便的写法：
float3 v = UnityWorldSpaceViewDir(i.worldPos);
```

好的，现在我们已经获取观察的实现，那么如何判断点 I 是否为视线与模型的交界处呢？以球体为例，如图 5-3 所示，分别画出上面可见的两点 I_0 与 I_1，将它们对应的视线向

量 v 与顶点法线 n 标出，发现当顶点位于视线与模型的交界点时，顶点的法线与视线向量存在垂直关系，随着顶点逐渐向观察区域中心靠近，顶点法线与视线的夹角逐渐减小。

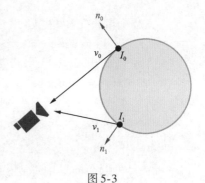

据此，我们很快能想出一个检测边缘的方法：向量点乘。通过计算 $n \cdot v$，结果越接近 0，说明顶点越靠近视线与模型的边缘。由于此处希望边缘发亮，所以边缘处应当接近 1，因此需要用 1 减去点乘的结果，代码如下：

图 5-3

```
fixed4 frag (v2f i) : SV_Target
{
    float3 v = UnityWorldSpaceViewDir(i.worldPos);
    float3 n = i.normal;
    // 计算法线点乘视线
    float d = 1 - dot(n, v);
    return d;
}
```

此时进入引擎，将材质套用到模型上，能看到一个边缘为白，中间的为黑的物体，如图 5-4 和图 5-5 所示。

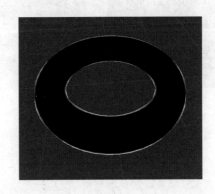

图 5-4

图 5-5

当我们移动相机时会发现：当摄像机距离物体过远时，物体边缘会被缩小为一条很细很细的白线，而距离过近时，物体则会被一团白色笼罩。因为我们求得的 v 向量并未归一化，当摄像机距离顶点距离过远时，v 向量的长度也大幅度增加，进而导致点乘结果过大。因此，需要将向量归一化，保证计算结果在 [0,1] 范围内，代码如下：

```
fixed4 frag (v2f i) : SV_Target
{
    float3 v = UnityWorldSpaceViewDir(i.worldPos);
    float3 n = i.normal;
```

```
// 计算法线点乘视线
// 使用 saturate 限定结果在 0 到 1 之内
// 使用 normalize 将向量归一化
float d = saturate(dot(normalize(n),normalize(v)));
d = 1 - d;
return d;
}
```

现在，可以在场景中看到模型上从边缘到中心呈现出平滑的灰色，如图 5-6 所示。

可通过指数运算控制边缘的厚度，代码如下：

```
// 使用指数运算控制边缘的软硬程度
d = pow(d,_EdgePower);
```

在不同的 _EdgePower 下，模型的边缘展现出不同的效果。图 5-7 所示为 EdgePower = 0.25 时的效果，图 5-8 所示为 EdgePower = 1 时的效果，图 5-9 所示为 EdgePower = 4 时的效果。

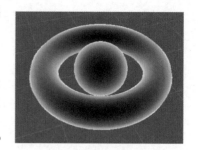

图 5-6

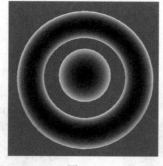
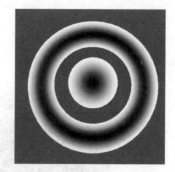

图 5-7　　　　　　　　　图 5-8　　　　　　　　　图 5-9

也可通过 smoothstep 控制边缘的软硬程度。图 5-10 所示为 EdgeSoft = 0 时的效果，图 5-11 所示为 EdgeSoft = 0.5 时的效果，图 5-12 所示为 EdgeSoft = 1 时的效果。代码如下：

```
// 控制在 0.5 附近的过渡强度
d = smoothstep(0.5 - _EdgeSoft,0.5 + _EdgeSoft,d);
```

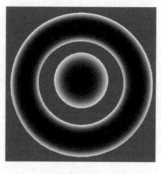

图 5-10　　　　　　　　　图 5-11　　　　　　　　　图 5-12

至此，frag 着色器代码如下：

```
fixed4 frag(v2f i) : SV_Target
{
    float3 v = UnityWorldSpaceViewDir(i.worldPos);
    float3 n = i.normal;
    // 计算法线点乘视线
    // 使用 saturate 限定结果在 0 到 1 之内
    // 使用 normalize 将向量归一化
    float d = saturate(dot(normalize(n), normalize(v)));
    // 使用指数运算控制边缘的软硬程度
    d = pow(d, _EdgePower);
    // 控制在 0.5 附近的过渡强度
    d = smoothstep(0.5 - _EdgeSoft, 0.5 + _EdgeSoft, d);
    d = 1 - d;
    return d;
}
```

考虑这是某个物体的"边缘光"，物体本身应当也具有颜色。此处简单地进行贴图采样作为模型原色：

```
float4 oriCol = tex2D(_MainTex, i.uv);
```

边缘光经常是一个耀眼的"光"，所以在属性中指定边缘光的颜色选项应当带上[HDR]标签：

```
[HDR]_RimColor("Rim Color", Color) = (1, 1, 1, 1)
```

最后将颜色混合：

```
half4 rimCol = d * _RimColor;
half4 col = rimCol * d + oriCol * (1 - d);
```

至此，完成了最基础的边缘光效果。其完整代码如下：

```
Shader "RimLight/RimLight"
{
    Properties
    {
        _MainTex ("Texture", 2D) = "white" {}
        _EdgePower("Edge Power", float) = 1
        _EdgeSoft("Edge Soft", Range(0,1)) = 0.5
        [HDR]_RimColor("Rim Color", Color) = (1, 1, 1, 1)

    }
    SubShader
```

```
    {
        Tags { "RenderType" = "Opaque" }
        LOD 100

        Pass
        {
            CGPROGRAM
            #pragma vertex vert
            #pragma fragment frag

            #include "UnityCG.cginc"

            struct appdata
            {
                float4 vertex : POSITION;
                float2 uv : TEXCOORD0;
                float3 normal : NORMAL;
                float3 color : COLOR;
            };
            struct v2f
            {
                float2 uv : TEXCOORD0;
                float4 vertex : SV_POSITION;
                float4 worldPos : TEXCOORD1;
                float3 normal : TEXCOORD2;
                float4 objectPos : TEXCOORD3;
            };

            sampler2D _MainTex;
            float4 _MainTex_ST;
            half _EdgePower;
            half _EdgeSoft;
            half4 _RimColor;

            v2f vert (appdata v)
            {
                v2f o;
                o.vertex = UnityObjectToClipPos(v.vertex);
                o.uv = TRANSFORM_TEX(v.uv, _MainTex);
                o.worldPos = mul(unity_ObjectToWorld, v.vertex);
                o.normal = UnityObjectToWorldNormal(v.normal);
```

```
            o.objectPos = v.vertex;
            return o;
        }

        fixed4 frag (v2f i) : SV_Target
        {
            float4 oriCol = tex2D(_MainTex,i.uv);
            float3 v = UnityWorldSpaceViewDir(i.worldPos);
            float3 n = i.normal;
            // 计算法线点乘视线
            // 使用 saturate 限定结果在 0 到 1 之内
            // 使用 normalize 将向量归一化
            float d = saturate(dot(normalize(n),normalize(v)));
            // 使用指数运算控制边缘的软硬程度
            d = pow(d,_EdgePower);
            // 控制在 0.5 附近的过渡强度
            d = smoothstep(0.5 - _EdgeSoft,0.5 + _EdgeSoft,d);
            d = 1 - d;
            half4 rimCol = d*_RimColor;
            half4 col = rimCol* d + oriCol* (1 - d);
            return col;
        }
        ENDCG
    }
  }
}
```

渲染效果（通常搭配 Post Processing 的 Bloom 效果使用，有关 Post Processing 的内容将在 7.2 节中学习）如图 5-13 所示。

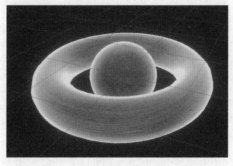

图 5-13

5.1.2 让效果不断变换

现在为这个边缘光效果添加一些动态效果，如时亮时暗。这时，就需要引入在第 4 章学习的_Time 参数。若要控制光照强度，则需要一个数值对光照颜色进行放缩，即：

```
half4 rimCol = rimLightIntensity* d* _RimColor;
```

_Time 是一个随着渲染进行不断增大的数值，要想在渲染中使用它作为变换的效果，则必须要找到一个合适的处理函数，见表 5-1。游戏中的动效在大多数情况下是循环往复的，使用处理函数也通常是周期函数，且值域大多在 [0,1] 区间，这样能够更方便地对动效进行控制；当然，映射到 [0,1] 区间的结果也可以输入到其他的函数中进行二次处理，如利用 $0.5*(sin(\_Time.y)+1)$ 得到一个在 [0,1] 区间的波形，再将结果映射至一个自定义的值域中，使得边缘光只会在这个值域内波动变化。

表 5-1 Time 参数代码及效果

效果	代码
忽明忽暗	rimLightIntensity = $0.5*(sin(\_Time.y)+1)$;
单向重复	rimLightIntensity = $frac(\_Time.y)$;
间断闪烁	rimLightIntensity = $round(frac(\_Time.y))$;

在本例中，我们希望边缘光的变换频率、亮度值域都能受到控制，以正弦函数为例，可以修改出如下代码的结果：

```
// 使用_RimSpee 控制闪烁的频率
half t = 0.5* (sin(_Time.y* _RimSpeed) +1);
// 使用_RimFlashRange 控制闪烁的范围
half rimLightIntensity = lerp(1 - _RimFlashRange,1,t)* _RimIntensity;
half4 rimCol = rimLightIntensity* d* _RimColor;
```

5.1.3 使用遮罩美化

有时候我们并不希望边缘光的形状总是一成不变的，它最好能像纹理一样具有变换。在第 4 章中，我们知道了"遮罩"这一概念。现在，可以使用遮罩对边缘光的形状进行修饰，代码如下：

```
half rimMask = tex2D(_RimTex,TRANSFORM_TEX(i.uv, _RimTex));
d* = rimMask;
```

这样，边缘光上就能表现出纹理的不规则感，如图 5-14 所示。

通常，还需要在材质面板中对纹理的强度进行控制，代码如下：

```
// _RimMaskIntensity 接近 1 时，返回 rimMask 原值；接近 0 时，返回 1，不改变乘积结果
rimMask = lerp(rimMask,1,1 - _RimMaskIntensity);
```

有时，只需在边缘光的交界处增加纹理感，那么可以让遮罩对靠近 0 的数更加敏感，如图 5-15 所示。

```
rimMask = lerp(rimMask,1,1 - _RimMaskIntensity);
d *= lerp(rimMask,1,d* _EdgeMaskPower);
```

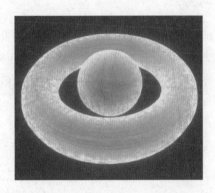

图 5-14　　　　　　　　　　　　　　图 5-15

此时的 frag 着色器代码如下：

```
fixed4 frag (v2f i) : SV_Target
{
    float4 oriCol = tex2D(_MainTex,TRANSFORM_TEX(i.uv, _MainTex));
    float3 v = UnityWorldSpaceViewDir(i.worldPos);
    float3 n = i.normal;
    // 计算法线点乘视线
    // 使用 saturate 限定结果在 0 到 1 之内
    // 使用 normalize 将向量归一化
    float d = saturate(dot(normalize(n),normalize(v)));
    // 使用指数运算控制边缘的软硬程度
    d = pow(d,_EdgePower);
    // 控制在 0.5 附近的过渡强度
    d = smoothstep(0.5 - _EdgeSoft,0.5 + _EdgeSoft,d);
    d = 1 - d;
    // 控制闪烁
    half t = 0.5* (sin(_Time.y* _RimSpeed) +1);
    half rimLightIntensity = lerp(1 - _RimFlashRange,1,t)* _RimIntensity;
    //遮罩
```

```
        half rimMask = tex2D(_RimTex,TRANSFORM_TEX(i.uv, _RimTex));
        rimMask = lerp(rimMask,1,1 - _RimMaskIntensity);
        d *= lerp(rimMask,1,d* _EdgeMaskPower)* rimLightIntensity;

        half4 rimCol = d* _RimColor;
        half4 col = rimCol* d + oriCol* (1 - d);
        return col;
}
```

5.1.4 让功能是"可选的": Shader 变体

现在我们的 Shader 已经具有不少功能了,这对美术效果而言是一件好事,但我们在一个效果材质中未必要将所有功能都用上,这对性能来说就带来了风险。在 Shader 体量尚且可控时,这些代码还带来不太多的性能占用,但一旦未来 Shader 体量膨胀时,就需要注意了。

例如,有时候我们不需要边缘光闪烁,尽管可以在材质中将频率设置为 0,但 GPU 依旧会将这部分代码运行一遍,这就造成了不必要的性能开销。因此,需要在材质中选择 Shader 中哪些代码块是要运行的,而哪些不运行。至此,可能大家第一时间会想到"if-else"这种条件分支语句,但这并不能节省性能,因为 GPU 会将两个分支的结果都算出来,再根据条件决定保留哪个值。因此,最好的办法是让 Shader 在编译时将那些不需要的代码不编译进去。

在 Shader 中,可以利用关键字(Keyword)实现这一功能。即在编译时,Shader 将产生许多变体(Variant),每个变体中可能都包含不同的代码,这样可以根据材质开启的关键字的不同选择执行不同的 Shader 变体,用空间换时间节省渲染开销。

使用 multi_compile 可以产生 Shader 变体。此处,定义"_ENABLE_FLASH"关键字表示开启闪烁的开关。注意,在_ENABLE_FLASH 的前面,我们还声明了一个全是下划线的关键字,它表示生成一个不带有该关键字的 Shader 变体。因为关键字的数量是有限的,因此可以节省一个关键字的空间,代码如下:

```
CGPROGRAM
#pragma vertex vert
#pragma fragment frag

// 声明 Keyword
#pragma multi_compile __ _ENABLE_FLASH
#include "UnityCG.cginc"
```

这样,可通过#if, #endif 语句进行编译上的分支控制。注意,#if 与#endif 必须相互对应,包裹需要分支编译的代码块:

```
half rimLightIntensity = _RimIntensity;

// 根据_ENABLE_FLASH 关键字进行分支,只有开启了_ENABLE_FLASH 关键字的材质才会执行
以下代码
#if _ENABLE_FLASH
// 控制闪烁
half t = 0.5* (sin(_Time.y* _RimSpeed) +1);
rimLightIntensity = lerp(1 - _RimFlashRange,1,t)* _RimIntensity;
#endif

//遮罩
half rimMask = tex2D(_RimTex,TRANSFORM_TEX(i.uv, _RimTex));
rimMask = lerp(rimMask,1,1 - _RimMaskIntensity);
d *= lerp(rimMask,1,d* _EdgeMaskPower)* rimLightIntensity;
```

在材质属性面板中使用 Toggle 表现,就可在材质面板中选择使用哪个 Shader 变体了,代码如下:

```
[Header(Flash)]
[Toggle(_ENABLE_FLASH)]_EnableFlash("Enable Flash",Float) = 0
_RimSpeed("Rim Speed",float) = 1
_RimFlashRange("Rim Flash Range",Range(0,1)) = 0.5
```

现在,材质面板上出现了一个开关,通过点选开关即可控制是否开启材质使用闪光效果如图 5-16 所示,在材质面板中添加 Toggle,使闪光成为一个选项。

单击 Shader 文件中的 Keyword 选项,可以查看一个 Shader 中有哪些关键字,如图 5-17 所示。

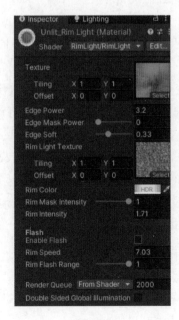

图 5-16

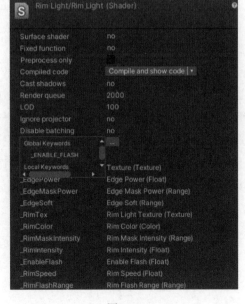

图 5-17

在 Compiled Code 选项中，能看到 Shader 编译了多少个变体，如图 5-18 所示。注意，变体数量过多同样会造成性能的消耗。

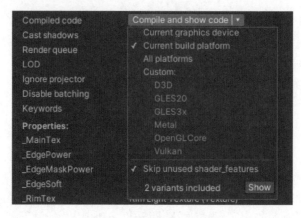

图 5-18

例如#if, #else 这种在编译时执行的代码被称为"宏语句"。还可以使用#else, #elif 等语句，代码如下：

```
#if A
    // 关键字 A 开启时运行的 Shader 代码
#elif B
    //关键字 A 未开启而关键字 B 开启时运行的 Shader 代码
#else
    //关键字 A 与关键字 B 均未开启时运行的 Shader 代码
#endif
```

除了在材质面板中控制关键字外，还可通过 C#代码控制关键字是否开启。multi_compile 生成的关键字是全局的，这说明如果在 C# 中用 Material.EnableKeyword 或 Shader.EnableKeyword 在运行时控制关键字开启状况时，可以对所有包含该关键字的不同 Shader 起作用。

关键字太多可能会产生非常不可控的变体数量，变体产生的数量与关键字组的数量是累乘关系。如果声明了#pragma multi_compile A B 和#pragma multi_compile C D，将产生 2 组关键字，出现 $2 \times 2 = 4$ 个 Shader 变体，但若声明 10 组这样的关键字，则该 Shader 会产生 $2^{10} = 1\,024$ 个变体。注意，这里的累乘单位是"组"，如果是声明#pragma multi_compile A B C 和#pragma multi_compile D E，那么将产生出现 $3 \times 2 = 6$ 个 Shader 变体。此外，同组关键字中，第一个关键字是默认生效的，如#pragma multi_compile A B 表示默认使用变体 A。

除 multi_complie 外，还可以使用 shader_feature 定义关键字，两者非常相似，代码如下：

```
#pragma shader_feature _ENABLE_FLASH
```

在这行代码中没有出现"＿＿＿"，这是因为 Unity 会自动扩展它为两个 Shader 变体，第一个是没有定义的（如"＿＿＿"），另一个是有定义的。同时，Unity 没有将 shader_feature 对应的未使用 Shader 变体包含在最终的构建中，包体中只会包含当前项目中所有用到的 Shader 变体。例如，整个项目的边缘光材质都没有开启"ENABLE_FLASH"，那么最终打包时也不会包含使用了 ENABLE_FLASH 的 Shader 变体。对于节省包体大小而言这非常有用，但同时也会带来风险，如果在 C# 中调用了 Material.EnableKeyword（"ENABLE_FLASH"），那么它将不会起任何作用。若想避免这个问题又不想单独创建使用了变体"ENABLE_FLASH"的材质，可以将这个 Shader 加入"Project Settings –> Graphics –> Always Included Shaders"中，如图 5-19 所示。

图 5-19

在 Unity 中全局的关键字只能有 256 个，如果是只需在当前 Shader 中使用的关键字，则可以使用局部关键字 multi_complie_local 或 shader_feature_local：

```
#pragma multi_complie_local ___ ENABLE_FLASH
```

```
#pragma shader_feature_local ENABLE_FLASH
```

每个 Shader 最多可以拥有 64 个局部关键字。如果想在 C# 中控制 Shader 关键字的打开，只能使用 Material.EnableKeyword，如果 Shader 中同时包含一个全局的关键字和一个同名的局部关键字，那么优先认为这个关键字是局部的。

5.1.5 最终代码

经过调整与修饰，最终 Shader 代码如下：

```
Shader "RimLight/RimLight"
{
    Properties
    {
        _MainTex ("Texture", 2D) = "white" {}

        [Toggle(_ENABLE_RIM)] _EnableRim("Enable Rim",Float)=0

        [HDR]_RimColor("Rim Color", Color) = (1,1,1,1)
        _RimIntensity("Rim Intensity",float)=1
        _EdgePower("Edge Power",float)=1
        _EdgeSoft("Edge Soft",Range(0,1))=0.5

        [Header(Mask)]
        [Toggle(_ENABLE_MASK)]_EnableMask("Enable Mask",Float)=0
        _RimTex ("Rim Light Texture", 2D) = "white" {}
        _RimMaskIntensity("Rim Mask Intensity",Range(0,1))=0.5
        _EdgeMaskPower("Edge Mask Power",Range(0,1))=0.5

        [Header(Flash)]
        [Toggle(_ENABLE_FLASH)]_EnableFlash("Enable Flash",Float)=0
        _RimSpeed("Rim Speed",float)=1
        _RimFlashRange("Rim Flash Range",Range(0,1))=0.5
    }
    SubShader
    {
        Tags { "RenderType"="Opaque" }
        LOD 100

        Pass
        {
            CGPROGRAM
            #pragma vertex vert
            #pragma fragment frag
```

```
#pragma shader_feature _ENABLE_RIM
#pragma shader_feature _ENABLE_MASK
#pragma shader_feature _ENABLE_FLASH
#include "UnityCG.cginc"

struct appdata
{
    float4 vertex : POSITION;
    float2 uv : TEXCOORD0;
    float3 normal : NORMAL;
    float3 color : COLOR;
};
struct v2f
{
    float2 uv : TEXCOORD0;
    float4 vertex : SV_POSITION;
    float4 worldPos : TEXCOORD1;
    float3 normal : TEXCOORD2;
    float4 objectPos : TEXCOORD3;
};

sampler2D _MainTex;
float4 _MainTex_ST;


half _EdgePower;
half _EdgeSoft;
half _EdgeMaskPower;
sampler2D _RimTex;
float4 _RimTex_ST;
half _RimSpeed;
half _RimFlashRange;
half _RimIntensity;
half _RimMaskIntensity;
half4 _RimColor;

v2f vert (appdata v)
{
    v2f o;
    o.vertex = UnityObjectToClipPos(v.vertex);
    o.uv = v.uv;
```

```hlsl
                o.worldPos = mul(unity_ObjectToWorld, v.vertex);
                o.normal = UnityObjectToWorldNormal(v.normal);
                o.objectPos = v.vertex;
                return o;
            }

            fixed4 frag (v2f i) : SV_Target
            {
                float4 oriCol = tex2D(_MainTex, TRANSFORM_TEX(i.uv, _MainTex));
                // 根据_ENABLE_RIM 关键字进行分支，只有开启了_ENABLE_RIM 关键字的
材质才会执行以下代码
                #if _ENABLE_RIM
                float3 v = UnityWorldSpaceViewDir(i.worldPos);
                float3 n = i.normal;
                // 计算法线点乘视线
                // 使用 saturate 限定结果在 0 到 1 之内
                // 使用 normalize 将向量归一化
                float d = saturate(dot(normalize(n), normalize(v)));
                // 使用指数运算控制边缘的软硬程度
                d = pow(d, _EdgePower);
                // 控制在 0.5 附近的过渡强度
                d = smoothstep(0.5 - _EdgeSoft, 0.5 + _EdgeSoft, d);
                d = 1 - d;

                half rimLightIntensity = _RimIntensity;

                #if _ENABLE_FLASH
                // 控制闪烁
                half t = 0.5 * (sin(_Time.y * _RimSpeed) + 1);
                rimLightIntensity = lerp(1 - _RimFlashRange, 1, t) * _RimIntensity;
                d *= rimLightIntensity;
                #endif

                #if _ENABLE_MASK
                //遮罩
                half rimMask = tex2D(_RimTex, TRANSFORM_TEX(i.uv, _RimTex));
                rimMask = lerp(rimMask, 1, 1 - _RimMaskIntensity);
                d *= lerp(rimMask, 1, d * _EdgeMaskPower);
                #endif

                half4 rimCol = d * _RimColor;
```

```
            half4 col = rimCol* d + oriCol* (1 - d);
            return col;

            #else
            return oriCol;
            #endif

        }
        ENDCG
    }
}
```

5.2 简单光照

光影是画面真实感中不可或缺的一环，在之前的课程中一直没有接触到这部分内容，这不免让渲染画面看起来过于平面。现在是时候补上这重要的一环了。

5.2.1 漫反射

想要在 Unity 场景中引入光照，必须先有光的 Gameobject，如图 5-20 所示，在场景中新建一个平行光（Directional Light）。在此，我们先学习使用最基本的平行光。同时，创建一个名为 SimpleLit 的新 Shader。

创建好的场景如图 5-21 所示。

图 5-20

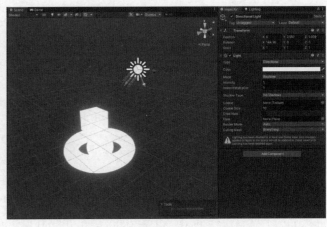

图 5-21

将 SimpleLit 创建材质拖入场景，但期待已久的光影效果并未出现，我们新建的材质只显示出一片白色，毕竟此时我们还没有处理光照的计算方式。那么，光照应该如何计算呢？在边缘光一节中，我们学习了边缘光效果的计算方法，它将顶点法线与视线做点乘，使得视线看得到的部分趋向 1，看不到的地方趋向 -1。这其实和光照有异曲同工之妙，我们要做的是将视角代入光源，使得光源"看得到"的地方趋向 1，而看不到的地方趋向 -1，其中"光源的视线"就是光照的角度。对于平行光（见图 5-22），其"视线"就是定值，并不需要额外计算；对于点光（见图 5-23），其"视线"计算方法与摄像机视线算法类似，取顶点与光源的位置向量差即可。这个计算漫反射的方法被称为兰伯特（Lambert）光照。

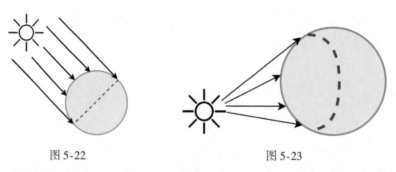

图 5-22　　　　　　　　　图 5-23

所以，根据在计算菲涅尔效果时的经验，我们可以大胆提出漫反射下受光明暗的计算方法：*diffuse = normal · lightDir*，不妨在 Shader 中一试。在 Unity 中，可以使用 _WorldSpaceLightPos0 获取平行光的方向：

```
fixed4 frag (v2f i) : SV_Target
{
    float3 lightDir = normalize(_WorldSpaceLightPos0.xyz);
    // 我们不需要超出 [0,1] 范围的值，所以使用 saturate 进行限制
    half diffuse = saturate(dot(i.normal, lightDir));
    return diffuse;
}
```

同时，在当前 Pass 的 Tags 中定义 Lightmode：

```
Pass{
    Tags{"LightMode"="ForwardBase"}
    CGPROGRAM
    // 省略
    ENDCG
}
```

Lightmode 标签用于指定当前 Pass 在不同渲染路径下的作用，Unity 使用它来确定是否执行 Pass、何时执行 Pass、以及 Unity 对输出做什么。这里"ForwardBase"的含义是，表示该 Pass 需要应用当前场景的环境光、主平行光、顶点光照、球谐光照和光照贴图。其中，"Forward"表示这是一个应用于前向渲染的模式。前向渲染是一种渲染路径，渲染路径决定了光照是如何应用在 Shader 上的，在 Unity 中，有前向渲染（Forward Rendering

Path）及延迟渲染（Deferred Rendering Path）两种渲染路径，在摄像机（见图 5-24）及 Graphics Settings（见图 5-25）中，都可以调整渲染路径。

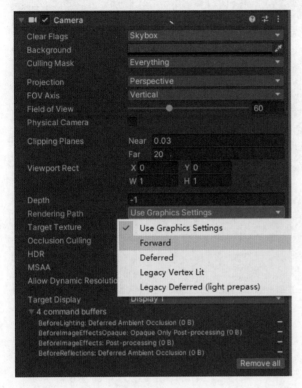

图 5-24

图 5-25

渲染路径决定了光照的实现方式，在前向渲染中，每一个片元都将各自分别执行各自的片元着色器（当然包括计算光照的环节），最后将结果统一合并到渲染的图像上；而在延迟渲染中，顾名思义，片元着色器中的光照计算被"延迟"了，它将在各片元的几何信息（包括基本颜色、法线、深度等参数）都计算好后再统一计算光照，从而压缩计算消耗。

我们暂且先聚焦于更容易理解的前向渲染，在此只需先留意在 Pass 中设置"LightMode"为"ForwardBase"即可。

返回 Unity 场景中，可以看到材质在光照下拥有了最基本的明暗效果，如图 5-26 所示。

材质本身应当也带有颜色。这个颜色有时被称为 Albedo（反照率），而有时被称为 Base Color，它用于表明材质在受到光照时，有什么颜色的光被漫反射而有多少被吸收。为了方便控制，此处使用"贴图+叠加颜色"作为材质的基础颜色，代码如下：

```
half4 albedo = tex2D(_MainTex,i.uv) * _Color;
```

需要注意的是，材质在受到光照后也会带上光源的颜色，因此最终返回的颜色应当是三项的乘积，这就是大名鼎鼎的兰伯特光照模型（Lambertian shading），代码如下：

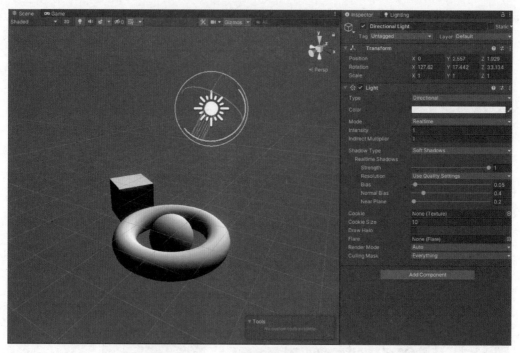

图 5-26

```
//_LightColor0 需要引入 Lighting.cginc
return half4(diffuse* albedo* _LightColor0.rgb,1);
```

至此，得出平行光漫反射下的渲染结果，如图 5-27 所示。

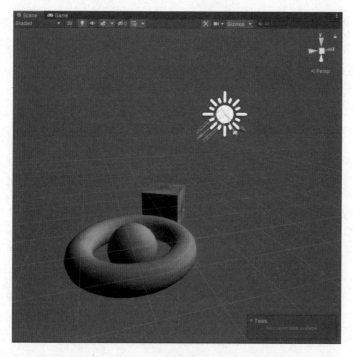

图 5-27

5.2.2 环境光

在物理世界中，照亮一个物体的并不只是平行光，还有来源于环境中的光亮。在游戏引擎中，它们是指那些不来自任何特定的光源的照明因素，对场景整体色彩和亮度有着十分重要的影响，如图 5-28 所示。

在 Unity Shader 中，可通过 UNITY_LIGHTMODEL_AMBIENT 获取环境光信息，在漫反射计算的基础上加上环境光可以获得更加符合认知的整体光照效果：

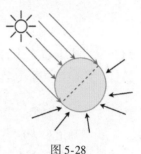

图 5-28

```
half3 ambient =UNITY_LIGHTMODEL_AMBIENT* albedo;
// 漫反射 + 环境光
return half4(diffuse* albedo* _LightColor0.rgb + ambient,1);
```

在 Lighting 窗口的 Environment Lighting 条目下，可以看到当前场景的环境光信息，如图 5-29 所示。它默认使用天空盒（Skybox）。也可人为指定颜色。除了天空盒外，还可以选择渐变（Gradient）：为天空、地平线和地面的环境光选择单独的颜色，最终的环境光结果是这三个颜色的平滑混合；或是纯色（Color）。

环境光开启前后的效果分别如图 5-30 和图 5-31 所示。

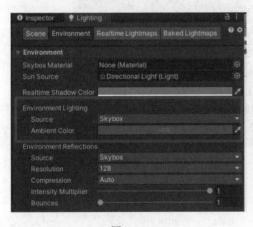

图 5-29

图 5-30

图 5-31

5.2.3 高光反射

除了漫反射外，光在物体上还会发生高光反射。根据基本的物理知识，反射光线 R 是一束与入射光线、法线处于同一平面内，且满足反射光线与法线的夹角与入射光线与法线的夹角相等的向量。根据图 5-32 中的 2 个等腰三角形，可以得出，反射光线减入射光线等于入射光线在法线上投影的 2 倍：

$$R - L = 2N(N \cdot L)$$

因此：

$$R = 2N(N \cdot L) + L$$

在 Unity Shader 中，可以直接使用 reflect 函数完成这一计算。注意，从方向上看，我们实际求的是入射光线的反向向量之于法线的镜像，所以第一个参数应为-lightDir，代码如下：

```
float3 reflectDir = reflect(-lightDir, i.normal);
```

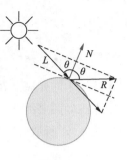

图 5-32

我们知道，人对亮度的感知取决于有多少光线进入眼睛，现在，我们需要判断反射光线与摄像机的关系，如图 5-33 所示。根据上一节计算边缘光的经验，可以直接使用 $V \cdot R$ 计算这个数值。

```
// 保证仅描述方向的向量都归一化
float3 reflectDir = normalize(reflect(-lightDir, i.normal));
float3 viewDir = normalize(UnityWorldSpaceViewDir(i.worldPos));
half reflection = max(0,dot(viewDir, reflectDir));
```

得到的结果如图 5-34 所示。

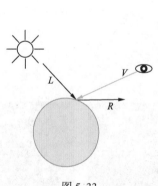

图 5-33

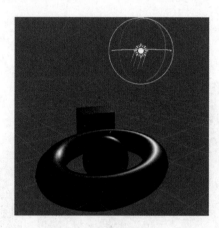

图 5-34

根据生活上的经验，物体的高光强度与这个物体的粗糙程度有关，为了控制高光强度，在 Shader 中引入一个新的系数——光泽系数（Gloss, Shininess）来描述它，它以乘方的形式加入计算。注意，光泽系数通常远大于 1，如果想保持材质面板的参数都在 [0,1] 区间内，此处务必将它进行缩放后再传入。

```
reflect = pow(reflection, _Shininess);
```

光泽系数越大，光斑面积越小。图 5-35 所示为光泽系数为 2 的效果，图 5-36 所示为光泽系数为 50 的效果。

图 5-35　　　　　　　　　图 5-36

对于那些金属质感强的物体，它们的高光颜色通常很明显，因此还需要引入高光颜色这一参数：

```
float3 reflectDir = normalize(reflect(-lightDir, i.normal));
float3 viewDir = normalize(UnityWorldSpaceViewDir(i.worldPos));
half reflection = pow(max(0,dot(viewDir, reflectDir)), _Shininess* 100);
half4 spec = reflection* _SpecularColor;
```

现在，将环境光、漫反射、高光反射结果相加，即可得到材质在光照下的表现，代码如下：

```
fixed4 frag (v2f i) : SV_Target
{
    // 漫反射
    half4 albedo = tex2D(_MainTex,i.uv)* _Color;
    float3 lightDir = normalize(_WorldSpaceLightPos0.xyz);
    half diffuse = saturate(dot(i.normal,lightDir));
    half3 diffuseCol = diffuse* albedo* _LightColor0.rgb;
    // 环境光
    half3 ambient = UNITY_LIGHTMODEL_AMBIENT* albedo;
    // 高光反射
    float3 reflectDir =  normalize(reflect(-lightDir, i.normal));
    float3 viewDir = normalize(UnityWorldSpaceViewDir(i.worldPos));
    half reflection =pow(max(0,dot(viewDir, reflectDir)), _Shininess* 100);
    half3 specularCol = reflection* _SpecularColor* _LightColor0.rgb;
    
    // 环境光 + 漫反射 + 高光
    return half4(ambient +  diffuseCol + specularCol ,1);
}
```

得到的效果如图 5-37 所示。

用以上这种思路计算光照的方法就是 Phong 反射模型，它是由计算机图形学的先驱 Bui Tuong Phong（1942—1975）博士提出的表面上点的局部照明的经验模型，它将物体光

照分解为"环境光+所有光源带来的漫反射+所有光源带来的高光反射",提出了计算辐照度的方程:

$$I_p = ambient + \sum_{Lights}(k_d(\hat{L} \cdot \hat{N}) + k_s(\hat{R} \cdot \hat{V})^\alpha)$$

Phong 的思想在一开始时被认为过于激进,因为他将复杂且耗时的渲染计算大幅简化,这让许多追求渲染真实性的研究者无法接受。但正如 Phone 所说:"我们不希望能够完全按照现实中的样子展示物体的纹理、明暗关系等。我们只希望显示的图像能够足够接近真实物体以提供一定程度的真实感。"这个理念也成为后来实时渲染的核心思路。

图 5-37

Phong 光照模型已经有了相当不错的效果。在 Phong 的基础上,James F. Blinn 做了进一步的改进,他提出了半角向量(Half Vector)H,如图 5-38 所示,计算过程如下:

$$H = \frac{L+V}{\|L+V\|} = normalize(L+V)$$

尽管都属于经验模型,但用 $N \cdot H$ 替换 $R \cdot V$ 可以提升一定的性能,并拥有更好的高光表现效果。该模型被称为 Blinn-Phong 高光模型。在同样的光泽系数下,Blinn-Phong 模型的高光区域(见图 5-39)要比 Phong 模型的高光区域(见图 5-40)更大。

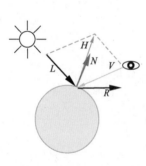

图 5-38

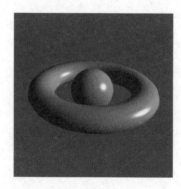

图 5-39

图 5-40

如果想做出尽可能写实的渲染效果务必记住:不要凭空创造光能。当光线从光源发出照射到物体表面上时,有一部分以镜面反射(高光反射)的形式被弹出;另一部分以漫反射的形式被射出,其余部分则被物体吸收,这就要求保证物体最终返回的颜色强度不能超过光源照射到物体的强度。而在目前的高光计算中就错误地打破了这个要求,在计算漫反射与高光时将光强错误地分离了,导致实际上算了 2 倍的光照:

```
// 漫反射以完全的光照强度计算
half3 diffuseCol = diffuse * albedo * _LightColor0.rgb;
// 高光反射又以完全的光照强度计算
half3 specularCol = reflection * _SpecularColor * _LightColor0.rgb;
```

因此，可以高光颜色作为控制量，将漫反射的光能与镜面反射的光能分离，一次保证二者之和不大于总的光能。当然，这只是其中一种方法。

```
half4 albedo=tex2D(_MainTex,i.uv)* _Color;
albedo.rgb * = 1 - max ( _ SpecularColor.r, max ( _ SpecularColor.g, _ SpecularColor.b));
```

但是目前的材质看起来"塑料味"实在是有点重，这也是大家在遇到许多游戏时对渲染吐槽较多的一点。为什么会出现这样的问题？这要从漫反射与镜面反射的区别来看：光线照射到物体表面时，它将分离为反射部分与折射部分。其中，反射部分是指将在光线照射到物体表面时弹开而不进入物体的一部分光线，即高光反射或镜面反射；折射部分是指光线中进入物体表面的部分，它们有一部分与物体内的粒子进行多次碰撞，有些光线会被反射出物体表面，而反射方向平均且随机。当物体透光性较弱时，这些射入物体的光线散射距离较短，它们会很快出射。在宏观上看，这表现为光线射入一点后对周围各个方向的反射，所以在渲染中，它们被归为漫反射①；而另一部分则在物体表面的多次反射中被物体吸收，不再向外界射出。这就是为什么强烈的高光反射总是呈现出明显的边界，而再强烈的漫反射也遍布了物体所有被光线照射到的区域。

在此，需要纠正一个读者可能笃信已久的观点，在初中时的物理课上，有一种说法是"光线照射到粗糙的物体上时，光线向不同方向发散，因此产生了漫反射"，但实际上这种说法是不严谨的。如图 5-41 所示，漫反射并不是由于物体表面粗糙而产生的，大家印象中"完美的镜面反射"确实要在一个非常光滑的表面上才能产生，但它身上依然会发生漫反射，就像现实中有铜镜、玻璃镜（玻璃镜也是需要依靠银作为反射层的），但

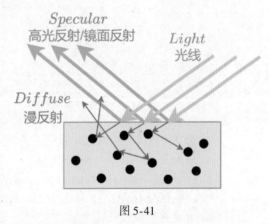

图 5-41

没有人用塑料、大理石打磨光滑作为镜子，因为无论它们有多光滑，尽管它们产生了很明显的镜面反射，都始终会在反射中带上自己本身的颜色。

在物理上，对于非金属物体，我们所看到的颜色一部分来自高光反射，另一部分来源于漫反射。这类物体的高光反射颜色很弱，且反射对不同频段的光都相当平均，即非金属的高光颜色多为灰色；而对于金属这类导体，它们会将所有的折射光完全吸收，我们只能看到反射出的高光，即金属不会发生漫反射，且有部分金属对不同频段的光吸收偏好不同，因此反射出灰色以外的彩色，所以当日常生活中说"黄金是金色的"时，其实表示的是"黄金的高光颜色为金黄色"。

---

① 如果物体透光性较好，散射距离较长，在渲染时就不能忽略散射对光照带来的差异，这部分光照被称为次面散射（Subsurface scattering），不过次表面散射并不属于本节"简单光照"应该讨论的内容。

表 5-1 所示为一些常见金属的高光颜色[①]。

表 5-1 常见金属的高光颜色

材 质	高光颜色（RGB）	材 质	高光颜色（RGB）
钛	0.542, 0.497, 0.449	钯	0.733, 0.697, 0.652
铬	0.549, 0.556, 0.554	锌	0.664, 0.824, 0.850
铁	0.562, 0.565, 0.578	金	1.022, 0.782, 0.344
镍	0.660, 0.609, 0.526	铝	0.913, 0.922, 0.924
铂	0.673, 0.637, 0.585	银	0.972, 0.960, 0.915
铜	0.955, 0.638, 0.538		

所以，可以使用一个参数表示物体的金属化程度。当材质是非金属时，使用漫反射颜色与暗灰色的高光颜色；当材质是金属时，只接受高光颜色而不使用漫反射颜色。从材质的属性上看，只需一个颜色值和一个表示物体金属化程度的小数就可描述物体的颜色，代码如下：

```
fixed4 frag (v2f i) : SV_Target
{
    float3 normal = normalize(i.normal);
    float3 lightDir = normalize(_WorldSpaceLightPos0.xyz);

    // 漫反射
    half4 albedo = tex2D(_MainTex, i.uv) * _Color;
    // 通过金属度计算高光颜色
    half3 specularColor = albedo * _Metallic;
    // 计算出漫反射部分的强度
    Albedo.rgb *= 1 - _Metallic;
    half diffuse = saturate(dot(normal, lightDir));
    half3 diffuseFinal = diffuse * albedo * _LightColor0.rgb;
    // 环境光
    half3 ambient = UNITY_LIGHTMODEL_AMBIENT * albedo;
    // 高光反射
    float3 viewDir = normalize(UnityWorldSpaceViewDir(i.worldPos));
    float3 halfVector = normalize(lightDir + viewDir);
    half specular = pow(max(0, dot(normal, halfVector)), _Shininess * 100);
    half3 specularFinal = specular * specularColor * _LightColor0.rgb;

    // 环境光 + 漫反射 + 高光
    return half4(ambient + diffuseFinal + specularFinal, 1);
}
```

[①] 引用自 Naty Hoffman 在 SIGGRAPH 2015 上发表的 Physics and Math of Shading。

现在，材质上就能区分出金属与非金属的不同。如图 5-42 所示为非金属效果，图 5-43 所示为粗糙的金属效果，图 5-44 所示为光滑的金属效果。

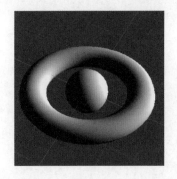

图 5-42　　　　　　　　　　图 5-43　　　　　　　　　　图 5-44

但现在又出现了一个新问题，当金属度为 0 时，物体的高光颜色在 specularColor = albedo * _Metallic 中也被彻底消除了，可以手动指定一个灰阶表示非金属物体的高光颜色，代码如下：

```
half3 specularColor = lerp(0.1,albedo,_Metallic);
```

不过在 Unity 的 "UnityStandardUtils.cginc" 文件中，提供了一个名为 DiffuseAndSpecularFromMetallic 的函数，可以直接解决这个问题，代码如下：

```
half3 specularColor;
float oneMinusReflectivity;
albedo.rgb = DiffuseAndSpecularFromMetallic(
    albedo, _Metallic, specularColor, oneMinusReflectivity
);
```

现在，非金属的高光问题也被解决了。图 5-45 所示为粗糙的非金属效果，图 5-46 所示为光滑的非金属效果。

图 5-45　　　　　　　　　　图 5-46

完整的代码如下：

```
Shader "Unlit/SimpleLit"
{
    Properties
    {
        _MainTex ("Texture", 2D) = "white" {}
        _Color("Main Color", Color) = (1, 1, 1, 1)
        _Metallic("_Metallic",Range(0,1)) = 0

        [Header(Specular)]
        _Shininess("Shininess",Range(0.1,2)) = 0.5
    }
    SubShader
    {
        Tags { "RenderType" = "Opaque" }
        LOD 100

        Pass
        {
            Tags{"LightMode" = "ForwardBase"}
            CGPROGRAM
            #pragma vertex vert
            #pragma fragment frag

            #include "UnityCG.cginc"
            #include "Lighting.cginc"

            struct appdata
            {
                float4 vertex : POSITION;
                float2 uv : TEXCOORD0;
                float3 normal : NORMAL;
                float3 color : COLOR;
            };
            struct v2f
            {
                float2 uv : TEXCOORD0;
                float4 vertex : SV_POSITION;
                float4 worldPos : TEXCOORD1;
                float3 normal : TEXCOORD2;
                float4 objectPos : TEXCOORD3;
            };
```

```hlsl
sampler2D _MainTex;
float4 _MainTex_ST;
half4 _Color;

half _Shininess;
half _Metallic;

v2f vert (appdata v)
{
    v2f o;
    o.vertex = UnityObjectToClipPos(v.vertex);
    o.uv = v.uv;
    o.worldPos = mul(unity_ObjectToWorld, v.vertex);
    o.normal = UnityObjectToWorldNormal(v.normal);
    o.objectPos = v.vertex;
    return o;
}

fixed4 frag (v2f i) : SV_Target
{
    float3 normal = normalize(i.normal);
    float3 lightDir = normalize(_WorldSpaceLightPos0.xyz);

    // 漫反射
    half4 albedo = tex2D(_MainTex, i.uv) * _Color;
    half3 specularColor;
    float oneMinusReflectivity;
    albedo.rgb = DiffuseAndSpecularFromMetallic(
        albedo, _Metallic, specularColor, oneMinusReflectivity
    );
    Albedo.rgb *= 1 - _Metallic;
    half diffuse = saturate(dot(normal, lightDir));
    half3 diffuseFinal = diffuse * albedo * _LightColor0.rgb;

    // 环境光
    half3 ambient = UNITY_LIGHTMODEL_AMBIENT * albedo;

    // 高光反射
    float3 viewDir = normalize(UnityWorldSpaceViewDir(i.worldPos));
    float3 halfVector = normalize(lightDir + viewDir);
```

```
                half specular = pow(max(0,dot(normal,halfVector)),_Shininess
* 100);
                half3 specularFinal = specular* specularColor* _LightColor0.rgb;

                // 环境光 + 漫反射 + 高光
                return half4(ambient + diffuseFinal + specularFinal ,1);
            }
            ENDCG
        }
    }
}
```

如果想更进一步地偷懒，还可以使用 Unity "UnityPBSLighting.cginc" 文件中的 UNITY_BRDF_PBS 结构完成我们的代码，具体如下：

```
Shader "Unlit/UseBRDF"
{
    Properties
    {
        _MainTex ("Texture", 2D) = "white" {}
        _Color("Main Color", Color) = (1, 1, 1, 1)
        _Metallic("_Metallic",Range(0,1)) =0

        [Header(Specular)]
        _Shininess("Shininess",Range(0,1)) =0.5
    }
    SubShader
    {
        Tags { "RenderType" = "Opaque" }
        LOD 100

        Pass
        {
            Tags{"LightMode" = "ForwardBase"}
            CGPROGRAM
            // 必须定义着色器级别为 3.0 及以上
            #pragma target 3.0
            #pragma vertex vert
            #pragma fragment frag



            #include "UnityCG.cginc"
```

```
#include "Lighting.cginc"
#include "UnityPBSLighting.cginc"

struct appdata
{
    float4 vertex : POSITION;
    float2 uv : TEXCOORD0;
    float3 normal : NORMAL;
    float3 color : COLOR;
};
struct v2f
{
    float2 uv : TEXCOORD0;
    float4 vertex : SV_POSITION;
    float4 worldPos : TEXCOORD1;
    float3 normal : TEXCOORD2;
    float4 objectPos : TEXCOORD3;
};

sampler2D _MainTex;
float4 _MainTex_ST;
half4 _Color;

half _Shininess;
half _Metallic;

v2f vert (appdata v)
{
    v2f o;
    o.vertex = UnityObjectToClipPos(v.vertex);
    o.uv = v.uv;
    o.worldPos = mul(unity_ObjectToWorld, v.vertex);
    o.normal = UnityObjectToWorldNormal(v.normal);
    o.objectPos = v.vertex;
    return o;
}

fixed4 frag (v2f i) : SV_Target
{
    float3 normal = normalize(i.normal);
    float3 lightDir = normalize(_WorldSpaceLightPos0.xyz);
```

```
            // 使用Unity中定义的储存光的结构UnityLight传递光照信息
            UnityLight light;
            light.color = _LightColor0.rgb;
            light.dir = lightDir;
            // DotClamped函数保证点乘结果非负
            light.ndotl = DotClamped(i.normal, lightDir);
            // 使用Unity中定义的储存光的结构UnityIndirect传递间接光照信息
            UnityIndirect indirectLight;
            indirectLight.diffuse = 0;
            indirectLight.specular = 0;

            // 漫反射
            half4 albedo = tex2D(_MainTex, i.uv) * _Color;
            half3 specularColor;
            float oneMinusReflectivity;
            albedo.rgb = DiffuseAndSpecularFromMetallic(
                albedo, _Metallic, specularColor, oneMinusReflectivity
            );

            // 视线
            float3 viewDir = normalize(UnityWorldSpaceViewDir(i.worldPos));

            return UNITY_BRDF_PBS(
                albedo, specularColor,
                oneMinusReflectivity, _Shininess,
                normal, viewDir,
                light, indirectLight
            );
        }
        ENDCG
    }
  }
}
```

到此，我们已经能较为真实地渲染一个物体的明暗关系。在本小节中，从物理现实的角度简单地剖析了光照与物体明暗之间的关系，这也是本书从开头到现在第一次以物理视角解决渲染问题。在这个过程中，既用了物理世界的客观理论作为分析的方法，又掺杂了经验模型的"似是而非"，而这就是实时渲染中的常态，正如那句俗语"如果走起来像鸭子，叫起来像鸭子，那么它就是只鸭子"，我们必须小心地寻找真实性与性能效率之间微妙的平衡。在后续的"基于物理渲染"章节中，将以此思路更进一步尝试寻找更加完美的明暗渲染方法。

5.2.4 阴影

除了在模型上表现出明暗关系外，还需要模型能表现出正确的影子关系。在 Unity 中，引擎通过检测"光线无法到达"的区域来判断阴影。只需在光源处放置一个摄像机，摄像机不可见的区域就是阴影的区域，如图 5-47 所示。当想渲染一个片元时，就判断这个片元是否处于光源摄像机不可见的区域，如果在，那么就为它画上阴影。

我们知道，深度可以用于判断物体之间与摄像机的距离关系，那么对于一个与光源位置重合、方向相同的摄像机，它所渲染的深度就可用于判断物体之间与光源的距离关系。现在从光源视角渲染出一张深度图，如图 5-48 所示，可以看出，距离光源更近的片元会以更低的深度值覆盖更远的片元。

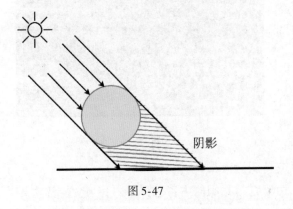

图 5-47

图 5-48

然而，如果每次渲染片元都需要将它转换到光源的视角比对深度，对性能是一个不小的开销。实际上，我们不关心我们视线不可及的地方的阴影（见图 5-49），所以，可以先渲染出当前摄像机可以看到哪些阴影，然后在渲染片元时，根据片元在摄像机画面上的位置采样阴影即可。这样，可以一次性合并大量的阴影计算，节省可观的性能开销。这个过程称为阴影收集（Collecting Shadows）。这是一个针对屏幕上可见范围而计算的阴影贴图（Shadow Map），所以这种阴影处理方法又称屏幕空间阴影。

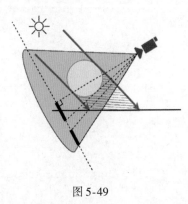

图 5-49

如果想指示 Shader 使用屏幕空间阴影，那么需要使用 SHADOWS_SCREEN 宏命令，代码如下：

```
//SHADOWS_SCREEN 宏用于指示该 Shader 使用屏幕空间阴影
#pragma multi_compile _ SHADOWS_SCREEN
```

例如，如果摄像机能接收到如图 5-50 所示的图像，那么此时的屏幕空间阴影如图 5-51 所示。

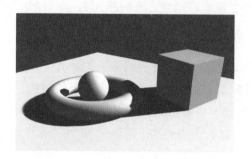

图 5-50　　　　　　　　　　　　　　　图 5-51

在 Project Settings-Quality 面板中（见图 5-52），可以看到许多调整阴影质量的选项，其中大多数本质上是控制阴影收集过程中的采集范围与采集结果的精度。在玩游戏时经常会遇到"距离太远不加载阴影""阴影锯齿严重"等问题，它们许多都与此有关。

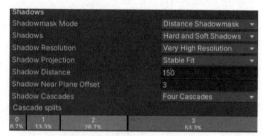

阴影产生的基本流程如下：①光源根据遮挡关系计算阴影；②摄像机根据视野收集阴影并形成一张阴影贴图；③物体着色时根据其位置采样阴影贴图，得到阴影结果。下

图 5-52

面可以着手修改我们之前创建的 Shader 使其支持阴影效果。

首先，让"光源摄像机"能看到物体。由于它与我们的主着色程序内容与功能都不相关，所以使用一个新的 Pass 做这件事，代码如下：

```
Pass {
    Tags {
        // 告诉 Unity,这个 Pass 是用来制造阴影的
        "LightMode" = "ShadowCaster"
    }
    CGPROGRAM
    #pragma target 3.0
    #pragma multi_compile_shadowcaster

    #pragma vertex vert
    #pragma fragment frag

    #include "UnityCG.cginc"
    struct appdata {
        float4 position : POSITION;
        float3 normal : NORMAL;
    };
```

```
    float4 vert(appdata v) : SV_POSITION {
        float4 position = UnityClipSpaceShadowCasterPos(v.position.xyz, v.normal);
        return UnityApplyLinearShadowBias(position);
    }
    half4 frag () : SV_TARGET {
        // 片元着色器什么都不需要做
        return 0;
    }

    ENDCG
}
```

在顶点着色器中，将物体顶点由模型空间转换至裁剪空间，使得光源能通过顶点的裁剪空间信息计算投影。如前所述，阴影贴图是根据深度图计算而来的，但由于深度图精度有限，相邻像素之间的值过渡不平滑，这将不可避免地造成黑白条纹状的锯齿。为了解决这一问题，渲染中引入了 Shadow Bias 的概念，如图 5-53 所示。

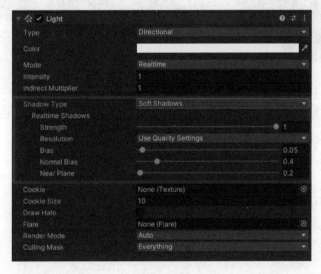

图 5-53

拆开 UnityClipSpaceShadowCasterPos 方法，里面包含两步处理：首先，它将顶点从模型空间转换至裁剪空间；然后，它根据顶点法线与光线方向对顶点位置进行偏移，避免出现阴影瑕疵（Shadow Acne），如图 5-54 所示。而 UnityApplyLinearShadowBias 方法对转到裁剪空间的顶点坐标的 z 分量进行了修正，如图 5-55 所示。

如图 5-56 所示，可以看到物体在平面上产生的阴影。

但是，由于还未采集阴影贴图，所以物体上还没有任何阴影效果，如图 5-57 所示。

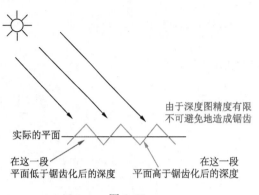
图 5-54

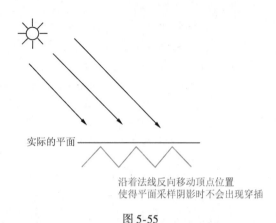
图 5-55

图 5-56

图 5-57

接下来，在主 Pass 中采集阴影。务必确保 Shader 已经引用了 "AutoLight.cginc" 文件，并开启了几个宏，代码如下：

```
#pragma multi_compile_fwdbase
#pragma multi_compile _ SHADOWS_SCREEN

#pragma vertex vert
#pragma fragment frag

#include "UnityCG.cginc"
#include "Lighting.cginc"
#include "AutoLight.cginc"
```

我们需要在 v2f 中存储一个新的数值，用于记录该片元在阴影贴图上的坐标，这样才能查找到这个片元对应的阴影关系，代码如下：

```
struct v2f
{
    float2 uv : TEXCOORD0;
    float4 pos : SV_POSITION;
```

```
    float4 worldPos : TEXCOORD1;
    float3 normal : TEXCOORD2;
    float4 objectPos : TEXCOORD3;
    // 加入这个宏,表示使用 TEXCOORD4 作为阴影采样的坐标
    SHADOW_COORDS(4)

};
```

所以,也要在顶点着色器中计算片元在阴影贴图上的坐标,使用 TRANSFER_ SHADOW 宏即可轻松做到,它会根据项目是使用屏幕空间阴影还是传统阴影决定此处是返回顶点的屏幕空间位置还是在光源的观察空间下的位置,代码如下:

```
v2f vert (appdata v)
{
    v2f o;
    o.pos = UnityObjectToClipPos(v.vertex);
    o.uv = v.uv;
    o.worldPos = mul(unity_ObjectToWorld,v.vertex);
    o.normal = UnityObjectToWorldNormal(v.normal);
    o.objectPos = v.vertex;
// 计算顶点位置在阴影贴图上的坐标
TRANSFER_SHADOW(o);
    return o;
}
```

在片元着色器中,只需进行简单的采样即可,这里只要使用 SHADOW_ ATTENUATION 宏即可,代码如下:

```
//采样阴影
fixed shadow = SHADOW_ATTENUATION(i);
```

将它与光强进行相乘,代码如下:

```
fixed4 frag (v2f i) : SV_Target
{
    float3 normal = normalize(i.normal);
    float3 lightDir = normalize(_WorldSpaceLightPos0.xyz);
    //采样阴影
    fixed shadow = SHADOW_ATTENUATION(i);

    // 漫反射
    half4 albedo = tex2D(_MainTex,i.uv) * _Color;
    half3 specularColor;
```

```
float oneMinusReflectivity;
albedo.rgb = DiffuseAndSpecularFromMetallic(
albedo,_Metallic,specularColor,oneMinusReflectivity
);
albedo.rgb *=1-_Metallic;
half diffuse = saturate(dot(normal,lightDir));
// 用阴影约束光强
half3 diffuseFinal = diffuse* albedo* _LightColor0.rgb* shadow;
// 环境光
half3 ambient = UNITY_LIGHTMODEL_AMBIENT* albedo;
// 高光反射
float3 viewDir = normalize(UnityWorldSpaceViewDir(i.worldPos));
float3 halfVector = normalize(lightDir+viewDir);
half specular = pow(max(0,dot(normal, halfVector)),_Shininess* 100);
// 用阴影约束光强
half3 specularFinal = specular* specularColor* _LightColor0.rgb* shadow;


// (环境光+漫反射+高光)
return half4((ambient+ diffuseFinal+specularFinal) ,1);
}
```

至此，材质上出现了物体的投影，如图 5-58 所示。

现在，给材质增加对 Alpha Test 的支持，代码如下：

```
clip(albedo.a -_Cutoff);
// (环境光+漫反射+高光)
return half4((ambient+ diffuseFinal+specularFinal) ,1);
```

但与我们想象的效果大相径庭，本应该裁掉的区域确实变成透明的，但生成的阴影却仍然按照完整的模型计算，如图 5-59 所示。

图 5-58

图 5-59

如果稍加思考，这个诡异效果的产生原因不难想到：因为在计算阴影贴图的 Shadow

Caster Pass 我们并未对模型进行裁切，这导致两次 Pass 渲染的物体外形是不一样的。所以，在 Shadow Caster Pass 把这部分工作也解决掉，代码如下：

```
Pass {
    Tags {
        // 告诉 Unity,这个 Pass 是用来制造阴影的
        "LightMode" = "ShadowCaster"
    }
    CGPROGRAM
    #pragma target 3.0
    #pragma multi_compile_shadowcaster


    #pragma vertex vert
    #pragma fragment frag

    #include "UnityCG.cginc"
    struct appdata {
        float4 position : POSITION;
        float3 normal : NORMAL;
        float2 uv : TEXCOORD0;
    };
    struct v2f
    {
        float2 uv : TEXCOORD0;
        float4 position : SV_POSITION;
    };
    sampler2D _MainTex;
    float4 _MainTex_ST;
    half _Cutoff;

        v2f vert(appdata v) {
        v2f o;
        o.position = UnityClipSpaceShadowCasterPos(v.position.xyz, v.normal);
        o.uv = TRANSFORM_TEX(v.uv, _MainTex);
        return o;
    }
    half4 frag (v2f i) : SV_Target {
        // 裁切不需要部分
        clip(tex2D(_MainTex,i.uv).a - _Cutoff);
```

```
        return 0;
    }

    ENDCG
}
```

现在，对裁切物体的渲染支持也正常了，如图 5-60 所示。

你也可以为 Shader 增加对半透明物体的支持，在 built-in 管线中，受到渲染顺序的限制，在半透明通道中渲染的物体可以正常投射阴影，但却不能接收阴影。若想让半透明物体也能正确接受阴影，甚至制作出"光线透过红色玻璃产生红色阴影"，只能交给可编程渲染管线来解决了。

图 5-60

完整的代码如下：

```
Shader "Unlit/SimpleLit"
{
    Properties
    {
        _MainTex ("Texture", 2D) = "white" {}
        _Color("Main Color", Color) = (1, 1, 1, 1)
        _Metallic("Metallic",Range(0,1))=0

        [Header(Cut Off)]
        [Toggle(_ENABLE_CUTOFF)]_EnableMask("Enable Cut Off",Float)=0
        _Cutoff("Cut off",Range(0,1))=0

        [Header(Specular)]
        _Shininess("Shininess",Range(0.1,2))=0.5
    }
    SubShader
    {
        Tags { "RenderType"="Opaque" }
        LOD 100

        Pass
        {
            Tags{"LightMode"="ForwardBase"}
```

```
Blend SrcAlpha OneMinusSrcAlpha
CGPROGRAM
#pragma multi_compile_fwdbase
#pragma multi_compile __ ENABLE_CUTOFF

#pragma vertex vert
#pragma fragment frag

#include "UnityCG.cginc"
#include "Lighting.cginc"
#include "AutoLight.cginc"

struct appdata
{
    float4 vertex : POSITION;
    float2 uv : TEXCOORD0;
    float3 normal : NORMAL;
    float3 color : COLOR;
};
struct v2f
{
    float2 uv : TEXCOORD0;
    float4 pos : SV_POSITION;
    float4 worldPos : TEXCOORD1;
    float3 normal : TEXCOORD2;
    float4 objectPos : TEXCOORD3;
    SHADOW_COORDS(4)

};

sampler2D _MainTex;
float4 _MainTex_ST;
half4 _Color;

half _Shininess;
half _Metallic;
half _Cutoff;

v2f vert (appdata v)
{
    v2f o;
```

```
                o.pos = UnityObjectToClipPos(v.vertex);
                o.uv = v.uv;
                o.worldPos = mul(unity_ObjectToWorld,v.vertex);
                o.normal = UnityObjectToWorldNormal(v.normal);
                o.objectPos = v.vertex;
                // 计算顶点位置在阴影贴图上的坐标
                TRANSFER_SHADOW(o);
                return o;
            }

            fixed4 frag (v2f i) : SV_Target
            {
                float3 normal = normalize(i.normal);
                float3 lightDir = normalize(_WorldSpaceLightPos0.xyz);
                //采样阴影
                fixed shadow = SHADOW_ATTENUATION(i);

                // 漫反射
                half4 albedo = tex2D(_MainTex,i.uv) * _Color;
                half3 specularColor;
                float oneMinusReflectivity;
                albedo.rgb = DiffuseAndSpecularFromMetallic(
                    albedo, _Metallic, specularColor, oneMinusReflectivity
                );
                Albedo.rgb *= 1 - _Metallic;
                half diffuse = saturate(dot(normal,lightDir));
                // 用阴影约束光强
                half3 diffuseFinal = diffuse* albedo* _LightColor0.rgb* shadow;

                // 环境光
                half3 ambient = UNITY_LIGHTMODEL_AMBIENT* albedo;

                // 高光反射
                float3 viewDir = normalize(UnityWorldSpaceViewDir(i.worldPos));
                float3 halfVector = normalize(lightDir + viewDir);
                half specular = pow(max(0,dot(normal,halfVector)),_Shininess* 100);
                // 用阴影约束光强
                half3 specularFinal = specular * specularColor * _LightColor0.rgb* shadow;
```

```
            #ifdef _ENABLE_CUTOFF
            clip(albedo.a - _Cutoff);
            #endif
            // (环境光 + 漫反射 + 高光)
            return half4((ambient + diffuseFinal + specularFinal), albedo.a);
        }
        ENDCG
    }


    Pass {
        Tags {
            // 告诉 Unity,这个 Pass 是用来制造阴影的
            "LightMode" = "ShadowCaster"
        }
        CGPROGRAM
        #pragma target 3.0
        #pragma multi_compile_shadowcaster
        #pragma multi_compile __ENABLE_CUTOFF


        #pragma vertex vert
        #pragma fragment frag

        #include "UnityCG.cginc"
        struct appdata {
            float4 position : POSITION;
            float3 normal : NORMAL;
            float2 uv : TEXCOORD0;
        };

        struct v2f
        {
            #ifdef _ENABLE_CUTOFF
            float2 uv : TEXCOORD0;
            #endif
            float4 position : SV_POSITION;
        };
```

```
            sampler2D _MainTex;
            float4 _MainTex_ST;
            half _Cutoff;

            v2f vert(appdata v) {
                v2f o;
                o.position = UnityClipSpaceShadowCasterPos(v.position.xyz,
v.normal);

                #ifdef _ENABLE_CUTOFF
                o.uv = TRANSFORM_TEX(v.uv, _MainTex);
                #endif
                return o;
            }
            half4 frag (v2f i) : SV_Target {
                #ifdef _ENABLE_CUTOFF
                // 裁切不需要部分
                clip(tex2D(_MainTex,i.uv).a - _Cutoff);
                #endif
                return 0;
            }

            ENDCG
        }



    }
}
```

5.2.5 多光源渲染

目前为止，我们的材质看起来大功告成了，在平行光下的表现还挺不错，但如果试图往场景中放入一个新的光源，那就穿帮了。如图 5-61 所示，在场景中新建一个红色的点光源，但它除了能投影外，并不能给我们创建的材质带来任何变化。

想要增加对多个光源的支持，需要增加 Pass，实际上，每多支持一个灯光，需要多增加一个处理这个光的 Pass，它们之间存在一对

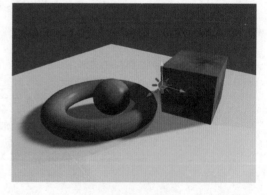

图 5-61

一的处理关系①。好在 Unity 为我们解决了这个问题，在之前的 Shader 中，我们使用一个 Lightmode 为 ForwardBase 的 Pass 解决主光的渲染，而对于额外的光照，需要新建 Lightmode 为 ForwardAdd 的 Pass 解决它们，在渲染中，对于主光以外的灯光，它们会重复调用 ForwardAdd Pass，如场景中有一束主阳光，一个红光点光，一个绿光点光，那么 Shader 将执行 ForwardBase，然后执行两次 Forward Add，但是在 Shader 中只要写一个 ForwardAdd 即可，GPU 会自动重复调用。

在 Pass 内部暂且先沿用与处理主光源中相同的代码，具体如下：

```
Pass
{
    Tags{"LightMode" = "ForwardAdd"}
    Blend SrcAlpha OneMinusSrcAlpha
    CGPROGRAM
    // 与 Forward Base 相同
    ENDCG
}
```

在加上这段代码后，物体上确实接收到红光（见图 5-62），但新的问题出现了：第一，物体要么只能受主光，要么只能受点光，它们无法同时作用于物体上；第二，点光源是用平行光的方法对物体产生影响，而不是像点光那样由中心发散到四周的影响；第三，点光源产生的阴影也不能在材质上产生正确的效果。

先看第一个问题，光源"二选一"其实这是混合模式的问题，在处理额外光的 Pass 中，将计算结果与处理主光的 Pass 结果混合而不是替换，因此将混合模式改为 Blend One One 即可。修改后正确的两光混合效果如图 5-63 所示。

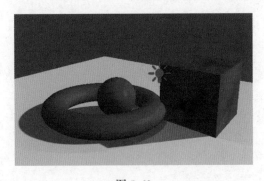

图 5-62

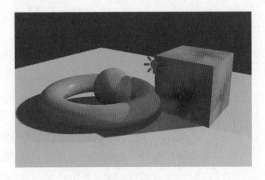

图 5-63

而点光源的方向问题也很好解决，在之前平行光处理中只需获取平行光的方向，而这次需要计算点光源到片元的方向，代码如下：

```
float3 lightDir = normalize(_WorldSpaceLightPos0.xyz - i.worldPos);
```

---

① 严谨地说，这里的"一对一关系"是指最精细的像素光照，也就是需要在 frag 中处理的光照。

而点光源的另一大特点是非常明显的光线衰减效果,随着距离光源的距离不断增加,光强也会逐渐下降,如图5-64所示。

设瞬间内光源释放出的光子数量为 E,当距离光源长度为 r 时,假设这些光子平均分布在一个半径为 r 的球体上,则光子分布密度应当为 $\frac{E}{4\pi r^2}$,其中 $\frac{E}{4\pi}$ 部分为常数,这表明只需关心 r^2,据此可以计算出点光的衰减,代码如下:

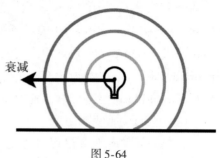

图5-64

```
float attenuation = 1 / pow(length(_WorldSpaceLightPos0.xyz - i.worldPos),2);
float3 lightCol = _LightColor0.rgb* shadow* attenuation;
```

同时,避免物体距离光源过近时光强过大,可以使用 $\frac{1}{1+r^2}$ 关系进行修正,代码如下:

```
float attenuation = 1 / (1 + pow(length(_WorldSpaceLightPos0.xyz - i.worldPos),2));
```

而乘方、距离计算的过程可以直接合并为点乘,代码如下:

```
float3 lightVec = _WorldSpaceLightPos0.xyz - i.worldPos;
float3 lightDir = normalize(lightVec);
float attenuation = 1 / (1 + dot(lightVec,lightVec));
float3 lightCol = _LightColor0.rgb* shadow* attenuation;
```

如果引用了 AutoLight.cginc 文件,可以直接调用 Unity 预置的方法。UNITY_LIGHT_ATTENUATION 方便地完成这一大段工作,代码如下:

```
// 灯光
float3 lightDir = normalize(_WorldSpaceLightPos0.xyz - i.worldPos);
//采样阴影
fixed shadow = SHADOW_ATTENUATION(i);
// 第二个参数是对阴影贴图进行采样的坐标,暂且不需要处理
UNITY_LIGHT_ATTENUATION(attenuation, 0, i.worldPos);
float3 lightCol = _LightColor0.rgb* attenuation;
```

现在,点光源的光照效果就具有不错的表现,如图5-65所示。

当然别忘了,第二个光源也有可能是平行光,所以最好准备 Shader 变体,让它能够自由切换,代码如下:

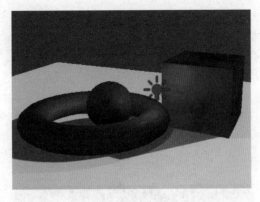

图 5-65

```
// 灯光
#ifdef LIGHTSRC_POINT
    float3 lightDir = normalize(_WorldSpaceLightPos0.xyz - i.worldPos);
#else
    float3 lightDir = normalize(_WorldSpaceLightPos0.xyz);
#endif
//采样阴影
fixed shadow = SHADOW_ATTENUATION(i);
// 第二个参数是对阴影贴图进行采样的坐标,暂且不需要处理
#ifdef LIGHTSRC_POINT
    UNITY_LIGHT_ATTENUATION(attenuation, 0, i.worldPos);
    float3 lightCol = _LightColor0.rgb* attenuation;
#else
    float3 lightCol = _LightColor0.rgb;
#endif
```

但是,这些过程可以只用一个宏#pragma multi_compile_fwdadd 完成,它将根据光源类型自动定义 DIRECTIONAL、POINT、SPOT 等表示光源类型的宏,免去了手动操作的麻烦,代码如下:

```
CGPROGRAM
#pragma multi_compile_fwdadd
#pragma multi_compile __ ENABLE_CUTOFF
```

同理,可以完成对聚光灯的支持,它类似于只能作用于圆锥体内的点光源,在计算聚光灯的衰减时,需要先将顶点坐标转换至聚光灯的空间中,根据可照射的范围进行剔除,再得出衰减,代码如下:

```
// 将顶点位置转换至光源空间
float4 lightCoord = mul(unity_WorldToLight, unityShadowCoord4(i.worldPos.xyz, 1));
```

```
    // 计算聚光灯衰减
    float attenuate = tex2D(_LightTextureB0, dot(lightCoord, lightCoord).xx).UNITY_ATTEN_CHANNEL
    // 采样光线可照射的范围
    float cookie = tex2D(_LightTexture0, lightCoord.xy / lightCoord.w + 0.5).w;
    float spotLight = (lightCoord.z > 0) * cookie * attenuate * SHADOW_ATTENUATION(input);
```

效果如图5-66所示。

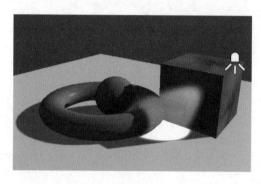

图5-66

在UNITY_LIGHT_ATTENUATION宏的帮助下，可以省略上面的一大部分代码：

```
fixed4 frag (v2f i) : SV_Target
{
    float3 normal = normalize(i.normal);

    // 灯光
    #ifdef DIRECTIONAL
        float3 lightDir = normalize(_WorldSpaceLightPos0.xyz);
    #else
        float3 lightDir = normalize(_WorldSpaceLightPos0.xyz - i.worldPos);
    #endif

    UNITY_LIGHT_ATTENUATION(attenuation, 0, i.worldPos.xyz);
    float3 lightCol = _LightColor0.rgb * attenuation;


    // 漫反射
    half4 albedo = tex2D(_MainTex, i.uv) * _Color;
    half3 specularColor;
    float invertReflectivity;
```

```
albedo.rgb = DiffuseAndSpecularFromMetallic(
    albedo.rgb, _Metallic, specularColor, invertReflectivity
);
albedo.rgb *= 1 - _Metallic;
half diffuse = saturate(dot(normal,lightDir));
// 用阴影约束光强
half3 diffuseFinal = diffuse* albedo* lightCol;
// 高光反射
float3 viewDir = normalize(UnityWorldSpaceViewDir(i.worldPos));
float3 halfVector = normalize(lightDir + viewDir);
half specular = pow(max(0,dot(normal, halfVector)), _Shininess* 100);
// 用阴影约束光强
half3 specularFinal = specular* specularColor* lightCol;

#ifdef _ENABLE_CUTOFF
clip(albedo.a - _Cutoff);
#endif
// 附加灯光上不需要额外加环境光
return half4((diffuseFinal + specularFinal)  , albedo.a);
}
```

效果如图 5-67 所示。

现在只剩下最后一个问题了，额外的光源不能在物体之间投射阴影。解决这个问题只需将#pragma multi_compile_fwdadd 更换为#pragma multi_compile_fwdadd_fullshadows 即可：

```
#pragma multi_compile_fwdadd_fullshadows
#pragma multi_compile _ SHADOWS_SCREEN
#pragma multi_compile _ _ENABLE_CUTOFF
```

附带正确阴影效果的多光源光照的最终渲染效果如图 5-68 所示。

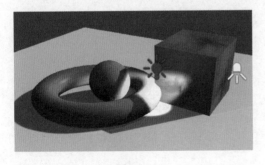

图 5-67

图 5-68

该 Pass 的代码如下：

```
Pass {
    Tags {
        "LightMode" = "ForwardAdd"
    }
    Blend One One
    CGPROGRAM
    #pragma multi_compile_fwdadd_fullshadows
    #pragma multi_compile _ SHADOWS_SCREEN
    #pragma multi_compile _ _ENABLE_CUTOFF


    #pragma vertex vert
    #pragma fragment frag
    #include "UnityCG.cginc"
    #include "Lighting.cginc"
    #include "AutoLight.cginc"
    struct appdata
    {
        float4 vertex : POSITION;
        float2 uv : TEXCOORD0;
        float3 normal : NORMAL;
        float3 color : COLOR;
    };
    struct v2f
    {
        float2 uv : TEXCOORD0;
        float4 pos : SV_POSITION;
        float4 worldPos : TEXCOORD1;
        float3 normal : TEXCOORD2;
        float4 objectPos : TEXCOORD3;
        SHADOW_COORDS(4)

    };
    sampler2D _MainTex;
    float4 _MainTex_ST;
    half4 _Color;
    half _Shininess;
    half _Metallic;
    half _Cutoff;
    v2f vert (appdata v)
    {
```

```
    v2f o;
    o.pos = UnityObjectToClipPos(v.vertex);
    o.uv = v.uv;
    o.worldPos = mul(unity_ObjectToWorld, v.vertex);
    o.normal = UnityObjectToWorldNormal(v.normal);
    o.objectPos = v.vertex;
    // 计算顶点位置在阴影贴图上的坐标
    TRANSFER_SHADOW(o);
    return o;
}
fixed4 frag (v2f i) : SV_Target
{
    float3 normal = normalize(i.normal);

    // 灯光
    #ifdef DIRECTIONAL
        float3 lightDir = normalize(_WorldSpaceLightPos0.xyz);
    #else
        float3 lightDir = normalize(_WorldSpaceLightPos0.xyz - i.worldPos);
    #endif
    UNITY_LIGHT_ATTENUATION(attenuation, i, i.worldPos.xyz);
    float3 lightCol = _LightColor0.rgb * attenuation;

    // 漫反射
    half4 albedo = tex2D(_MainTex, i.uv) * _Color;
    half3 specularColor;
    float invertReflectivity;
    albedo.rgb = DiffuseAndSpecularFromMetallic(
        albedo.rgb, _Metallic, specularColor, invertReflectivity
    );
    albedo.rgb *= 1 - _Metallic;
    half diffuse = saturate(dot(normal, lightDir));
    // 用阴影约束光强
    half3 diffuseFinal = diffuse * albedo * lightCol;
    // 高光反射
    float3 viewDir = normalize(UnityWorldSpaceViewDir(i.worldPos));
    float3 halfVector = normalize(lightDir + viewDir);
    half specular = pow(max(0, dot(normal, halfVector)), _Shininess * 100);
    // 用阴影约束光强
    half3 specularFinal = specular * specularColor * lightCol;
```

```
            #ifdef _ENABLE_CUTOFF
            clip(albedo.a - _Cutoff);
            #endif
            // 附加灯光上不需要额外加环境光
            return half4((diffuseFinal + specularFinal) , albedo.a);

        }
        ENDCG
    }
```

5.2.6 球谐光照

在前面的章节中已经能得出一个规律：对于一个处于复杂光照环境中的点，它在不同方向上受到的光照经常是不同的。例如，在晴天的室内放置一个小球，其正上方受到顶部灯光的照射，其前方可能受到来自窗户阳光的照射，其右侧可能受到来自墙壁的反光，其底部可能受到来自地板的反光，这些光照都有不同的光强、不同颜色，它们共同构成了对小球的光照，如图 5-69 所示。

图 5-69

这为我们提供了一个新的光照计算思路：如果将一个点上四周的光照以一种形式存储起来，那么就可通过方向向量获取这个点在某个方向上所受到的光照。这像极了将一组数据展开到一个球面上，而使用一个输入的单位向量去寻找它对应在球面的映射，这就是一个通过球极坐标系求值的过程。更进一步，如果能找到一个方程可以大体上描述这个这组数据展开到球面上的值，那么这个过程将被简化为类似 $f(v) \to l$ 的方程。

不妨先简化这个问题，首先，光强可以写作 "光色 × 光强"，其中光色是一个三维向量，而光强是一个标量。这表明可以只用一个三维向量就能表述某一点的光照。我们暂且只研究 R 通道，并且假设这是一个最简单的在二维直角坐标系对应函数。设现在存在一个红光 (R) 与角度 (θ) 的关系如图 5-70 所示。

现在，需要尽可能用一个函数还原这个曲线。方法有很多，不少读者会想到泰勒展开（Taylor expansion）或是傅里叶变换（Fourier transform），前者是将函数拆解为 N 项多项式，而后者是使用多个正弦函数的叠加进行还原。如图 5-70 的红光分布曲线，可以找到 $R \approx 0.5\sin(0.2x) + 0.5\sin(0.8x) + \sin(0.1x)$ 大致描述这个红光曲线的走势，拟合的曲线如图 5-71 中的虚线。

这与我们学习的 "线性组合" 颇为相似，在一个向量空间中用数个基向量去描述空间中的任意向量，而在函数空间（Function Space）中，也可类似地将连续函数表示为若干个基函数（Basis Function）的线性组合。而既然要作为基，为了更方便地组合出需要的函数，选择正交化的基函数（$\langle f,g \rangle = \int_a^b f(x)g(x)dx = 0$），它们称为函数空间正交基（Orthogonal Bases）。

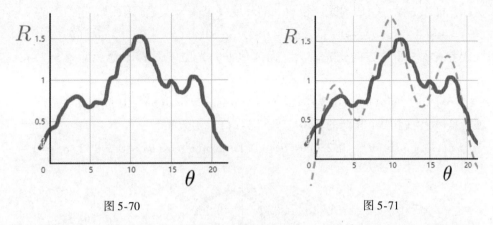

图 5-70   图 5-71

现在,将这个二维直角平面坐标系下的曲线拓展至二维极坐标空间下,想象这是一个表示一个平面上光照情况的函数。下面是 3 组能作为这个平面极坐标空间的基函数。随着阶数上升,这些基函数的线性组合能描述的函数就越复杂,见表 5-2。

表 5-2 三组基函数

阶数	函 数	图 示
一阶	$r = 1$	
二阶	$r = \cos(\theta)$ $r = \sin(\theta)$	
三阶	$r = 2\cos(\theta)\sin(\theta)$ $r = 2\cos^2(\theta) - 1$	

例如，可以表示一个四周光照很均一的环境（见图5-72），函数如下：

$$r = 1 + 0 \cdot \sin(\theta) + 0 \cdot \cos(\theta) + 0 \cdot 2\sin(\theta)\cos(\theta) + 0 \cdot [2\cos^2(\theta) - 1]$$

又或者表现一个单方向受光较大，而其他方向光照较弱的环境（见图5-73），函数如下：

$$r = 0.6 + 0.2 \cdot \sin(\theta) + 0.3 \cdot \cos(\theta) + 0 \cdot 2\sin(\theta)\cos(\theta) + 0 \cdot [2\cos^2(\theta) - 1]$$

或者是一大一小两个光源的环境（见图5-74），函数如下：

$$r = -0.6 + 0.1 \cdot \sin(\theta) + 0.2 \cdot \cos(\theta) - 0.1 \cdot 2\sin(\theta)\cos(\theta) - 0.2 \cdot [2\cos^2(\theta) - 1]$$

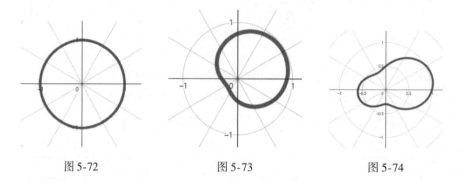

图5-72　　　　　　　　图5-73　　　　　　　　图5-74

由于基函数总是相同的，因此可以将获取光照的过程压缩为一段函数：

```
float f(half a,half b,half c,half d,half e,half u)
{
    half A=a* 1;
    half B=b* cos(u);
    half C=c* sin(u);
    half D=d* (2* cos(u)* sin(u));
    half E=e* (2* cos(u)* cos(u) -1);
    return abs(A+B+C+D+E);
}
```

其中的a、b、c、d、e参数用于修饰基函数，那么上述三个光照环境可以用三个五维向量存储：(1,0,0,0,0)、(0.6,0.2,0.3,0,0)（效果见图5-75）、(-0.6,0.1,0.2,-0.1,-0.2)（效果见图5-76）。这样，使用"不变的向量+变化的方向"作为参数，即可快速得到光照情况。

图5-75　　　　　　　　　　　　图5-76

现在，把二维极坐标空间拓展至三维极坐标空间，将得到一个需要更多基函数、能描述三维空间下球面光照情况的参数化表达方法，如图 5-77 所示（引自 https://en.wikipedia.org/wiki/Spherical_harmonics）。这里用到的函数称为球谐函数（Spherical Harmonic，SH）。

这些基函数可以用一个通式表达：

$$Y_l^m(\theta,\varphi) = (-1)^m \sqrt{\frac{(2l+1)}{4\pi}\frac{(l-m)!}{(l+m)!}} P_l^m(\cos\theta) e^{im\varphi}$$

图 5-77

式中，i 为虚数符号；P_l^m 为伴随勒让德多项式（Associated Legendre polynomials）。

对于不同的 l 与 m，对应的球谐函数如图 5-78 所示（引自 https://en.wikipedia.org/wiki/Spherical_harmonics）。

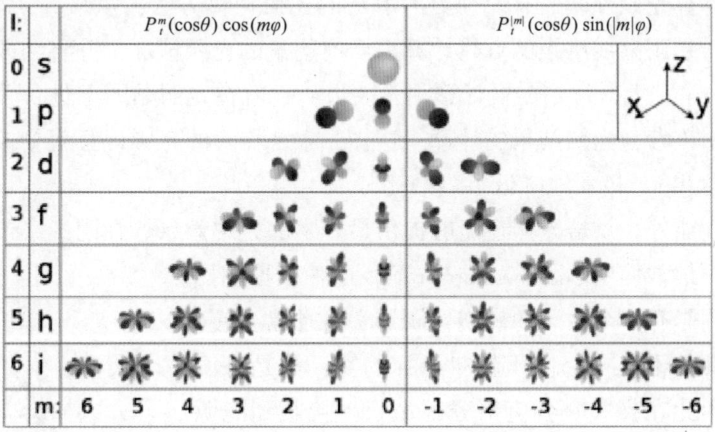

图 5-78

使用球谐函数进行光照计算被称为球谐光照（Spherical Harmonics Lighting），这对许多读者来说已经足够复杂了，感谢 Unity 已经为我们准备好了好用的函数，可以直接调用 ShadeSH9 函数获取球谐光照的信息。注意，球谐光照虽然性能要求很低，但对光照的细节表达很差。

如果只需取一个环境光，其实并不需要太详细了解球谐光照的内部原理，但它会为你未来的开发带来一个相当精巧的思路：将复杂的光照通过一个简单的向量进行保存。相信在不久的将来，你可以感受到球谐函数作为一个趁手工具所产生的巨大作用。

返回 ShadeSH9 函数，它是一个由 Unity 提供的用于获取球谐光照的函数，在 Unity 中，球谐函数只使用了三阶（$l=0,l=1,l=2$）。在之前，使用 UNITY_LIGHTMODEL_AMBIENT 来获取环境光，实际上它返回了一个无关方向、颜色强度恒定的光，这与复杂的场景照明条件是不相符合的。可以在 Lighting 选项卡的 Enviroment Lighting 中选择使用天空盒（Skybox）作为环境光的取值，也可以用简单的 Gradient 构建一个三层的环境光，而这些复杂的环境光都是使用 ShadeSH9 进行存储的，其调用也非常简单：

```
// 环境光
float3 shLighting = ShadeSH9(float4(i.normal, 1));
half3 ambient = shLighting* albedo ;
```

对于如图 5-79 所示的环境光，shLighting 返回效果如图 5-80 所示。

图 5-79

图 5-80

5.2.7 障眼法：烘焙

除了直接计算光照外，还有一种更为取巧的光照计算方法：烘焙（Bake）。这种方案其实并不高深，它用离线渲染的方式计算出当前场景的光照情况，并将结果保存在一张光照贴图（Lightmap）上，待到需要计算阴影效果时，就在光照贴图上进行采样取值，将采样结果作为输出或参与光照结果的计算。这样，本来耗时的光影计算就会被压缩为相对快速的"采样 – 输出"，极大地降低了渲染耗时。

除了提高性能外，烘焙光照还能够提供最真实的光影效果。在阴影小节中，我们学习了在实时渲染中最常使用 Shadow Map 方案，这种根据遮挡关系计算出的阴影有一个最大的硬伤：阴影边缘非常尖锐。在现实中，光源并不是一个体积趋向于 0 的点，而是有实打实的体积，因此在投影时会有部分区域只能接收到光源部分的光照，这使得在阴影与非阴影区中间出现了一段"半影"，如图 5-81 所示。

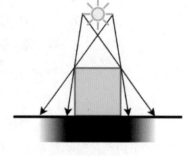

图 5-81

在 Unity 的光照中，很少真正用一个有实际体积的光源参与渲染（尽管 Unity 支持给模型附上光照参数），而是用烘焙阴影角度（Baked Shadow Angle）实现这个效果，这个值越大，投射出来的影子边缘过渡面积越大。图 5-82 所示为不使用阴影角度的效果，图 5-83 所示为使用阴影角度的效果。

图 5-82

图 5-83

在烘焙中，Unity 会使用路径追踪（Path Tracing）的方法计算光照，这是一种在离线渲染（Offline Rendering）中广泛使用的渲染方法，它是实现光线追踪（Ray Tracing）的众多算法之一。在进行路径追踪时，摄像机将在屏幕像素上发出射线，当射线接触到需要渲染的表面上时，发生反射或折射；随着光线的不断前进，这个过程也将被不断重复，直至射线到达光源为止，这样，从摄像机到光源就形成了一条连接的"路径"，根据这条路径，可以计算出屏幕像素上受到了什么光，也就得出了对应的像素颜色。这是一种与我们之前一直在使用的光栅化渲染截然不同的渲染方式，它追求真实感而舍弃了光栅化渲染最在意的效率，因此，它在 Unity 中被安排到"烘焙光照"这个位置（在虚幻等其他实时渲染引擎中也类似）。烘焙光照，是使用路径追踪的方法计算场景中各个物体的光照下的光照表现，形成一张记录该数据的光照贴图，在进行实时渲染时，各个物体会对这张光照贴图进行采样，用这张光照贴图的信息替代光栅化渲染的光影计算输出。

至此，烘焙光照的优势就很明显了：真实且快速。但限制同样明显，首先，烘焙光照的计算结果与观察摄像机无关，它在进行路径追踪时的起点并不是摄像机，而是场景上的物体，所得到的也不是屏幕上的录像，而是铺在场景上的光照贴图，这代表着它不能用于计算许多依赖于观察方向的结果（如高光）。其次，由于烘焙光照在烘焙后就计算完成了，而烘焙的结果取决于烘焙时场景上摆放的物体，这说明烘焙光照只适用于场景上那些"静态（Static）"的物体（见图 5-84），包括光源也是静态的，一旦移动了物体，烘焙好的影子就显现了。

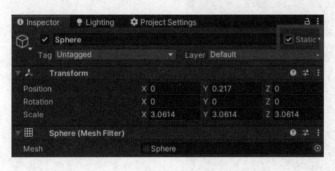

图 5-84

在 Lighting 界面可以进行烘焙，哪怕是默认的参数通常也具有不错的效果。需要注意的是，在 Mixed Lighting 栏目中（见图 5-85），有三个 Lighting Mode 可供选择，其中"Bake Indirect"表示只烘焙间接光，因此在该模式下阴影使用的依然是 Shadowmap 方案，得不到边缘有平滑过渡的真实软阴影，但它的优点也很明显，间接光不像阴影，通常不太需要动态更新，通常只烘焙它就能保证画面既有真实的环境光照反馈，又有动态灵活的阴影；"Subtractive"表示标记为"Mixed"的光源将在静态的物体上烘焙直接光与间接光，而动态物体将收到实时的直接光与阴影；"Shadowmask"表示将实时直接光照与烘焙间接光照结合在一起，但与 Baked Indirect 不同的是，Shadowmask 模式将在渲染时结合烘焙阴影和实时阴影计算阴影效果，而渲染远处的阴影时将直接使用烘焙的阴影结果。

烘焙能提高的视觉表现是明显的，对于如图 5-86 所示的场景，通过烘焙能获得一张如图 5-87 所示的光照贴图，这张贴图在场景中展开的效果如图 5-88 所示，最终合成如图 5-89 所示的效果。

图 5-86

图 5-85

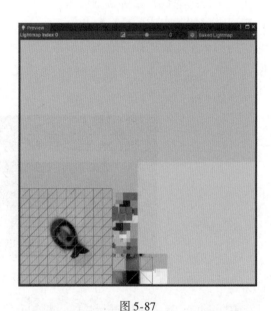

图 5-87

图 5-88

图 5-89

那么，如何为我们的 Shader 开启对烘焙光照的支持呢？首先，在 appdata 中传入物体的 Lightmap UV，它通常存储在模型的第二套 UV，用于指示点与 Lightmap 的对应关系。不要忘了在 v2f 中接收它，代码如下：

```
struct appdata
{
    float4 vertex : POSITION;
    float2 uv : TEXCOORD0;
    float3 normal : NORMAL;
    float3 color : COLOR;
    #if defined(LIGHTMAP_ON)
        float2 lightmapUV : TEXCOORD1;
    #endif
};
struct v2f
{
    float2 uv : TEXCOORD0;
    float4 pos : SV_POSITION;
    float4 worldPos : TEXCOORD1;
    float3 normal : TEXCOORD2;
    float4 objectPos : TEXCOORD3;
    SHADOW_COORDS(4)
    #if defined(LIGHTMAP_ON)
        float2 lightmapUV : TEXCOORD5;
    #endif

};
```

在顶点着色器中将其传入 v2f，代码如下：

```
#if LIGHTMAP_ON
    o.lightmapUV = v.lightmapUV* unity_LightmapST.xy + unity_LightmapST.zw;
#endif
```

这样，即可直接在片元着色器中对 Lightmap 进行采样与着色，代码如下：

```
//采样 Lightmap
#if LIGHTMAP_ON
    float3 lightMap = DecodeLightmap(UNITY_SAMPLE_TEX2D(unity_Lightmap, i.lightmapUV));
#endif

//省略
```

```
// 使用 Lightmap
#if LIGHTMAP_ON
    half3 diffuseFinal = albedo * lightMap;
#else
    half3 diffuseFinal = diffuse * albedo * _LightColor0.rgb * shadow;
#endif
```

再添加一个 Lightmode 为 "Meta" 的 Pass，用于在烘焙时为 Unity 提供物体上的颜色信息，这样能显著提升烘焙得到的环境光效果，代码如下：

```
Pass {
    Tags {
        "LightMode" = "Meta"
    }
    Cull Off
    CGPROGRAM
    #pragma vertex vert
    #pragma fragment frag
    #include "UnityPBSLighting.cginc"
    #include "UnityMetaPass.cginc"
    sampler2D _MainTex;
    float4 _MainTex_ST;
    half4 _Color;
    half _Smoothness;
    half _Metallic;
    half _Cutoff;
    sampler2D _GIAlbedoTex;
    float4 _GIAlbedoColor;

    struct appdata{
        float4 vertex : POSITION;
        float2 uv : TEXCOORD0;
        float2 uv1 : TEXCOORD1;
    };
    struct v2f {
        float4 pos : SV_POSITION;
        float2 uv : TEXCOORD0;
    };
    float3 GetAlbedo (v2f i) {
        float3 albedo = tex2D(_MainTex, i.uv).rgb * _Color;
        return albedo;
```

```
    }
    float GetMetallic (v2f i) {
        return _Metallic;
    }
    float GetSmoothness (v2f i) {
        return _Smoothness;
    }
    // 发光
    float3 GetEmission (v2f i) {
        return 0;
    }
    v2f vert (appdata v) {
        v2f i;
        v.vertex.xy = v.uv1 * unity_LightmapST.xy + unity_LightmapST.zw;
        v.vertex.z = v.vertex.z > 0 ? 1.0e-4f : 0.0f;
        i.pos = UnityObjectToClipPos(v.vertex);
        i.uv = TRANSFORM_TEX(v.uv, _MainTex);
        return i;
    }
    float4 frag (v2f i) : SV_TARGET {
        UnityMetaInput o;
        UNITY_INITIALIZE_OUTPUT(UnityMetaInput, o);
        float4 c = tex2D (_GIAlbedoTex, i.uv);
        float oneMinusReflectivity;
        float3 albedo = DiffuseAndSpecularFromMetallic(
            GetAlbedo(i), GetMetallic(i),
            o.SpecularColor, oneMinusReflectivity
        );
        o.Albedo = float3(c.rgb * _GIAlbedoColor.rgb) * albedo;
        float roughness = SmoothnessToRoughness(GetSmoothness(i)) * 0.5;
        o.Albedo += o.SpecularColor * roughness;
        o.Emission = GetEmission(i);
        return UnityMetaFragment(o);
    }
    ENDCG
}
```

在这个 Pass 的点元着色器上，我们进行了一些特别的操作。重新计算了 vertex 的位置，但此处 vertex 位置与其本身在模型空间的位置无关，而是像渲染颜色的 Pass 中计算 Lightmap UV 一样算出新的 Vertex 值。原因是烘焙光照的计算结果是 Lightmap 而非某个返回给摄像机的画面，因此在顶点着色器的前两行，将 vertex 坐标对齐到 Lightmap 上，使得渲染的目标与 Lightmap 的像素点能够建立起准确的映射关系。同时，这里对 z 分量也进行了操作，这是烘焙时后台需要使用的。

Unity 已经准备了相关的函数，可以直接调用，代码如下：

```
struct appdata{
    float4 vertex : POSITION;
    float2 uv : TEXCOORD0;
    float2 uv1 : TEXCOORD1;
// 传入第三套uv,
    float2 uv2 : TEXCOORD2;
};

v2f vert (appdata v) {
    v2f i;
    i.pos = UnityMetaVertexPosition (v.vertex, v.uv1.xy, v.uv2.xy, unity_LightmapST, unity_DynamicLightmapST);
    i.uv = TRANSFORM_TEX(v.uv, _MainTex);
    return i;
}
```

而在片元着色器中，我们声明了一个 UnityMetaInput 结构体，用它传输这个物体的 Albedo、Emission（自发光）相关参数。我们声明了多个 GetXXX 样式的函数，这样方便在后期修改材质烘焙时传入的参入。例如，让这个物体在烘焙计算时散发出光照，那么可以在 Emission 传参时输入对应的发光颜色，这样在烘焙出的 Lightmap 中就能看到光照效果，如图 5-90 所示。

在 Debug 模式（图 5-91）下手动将材质的 Lightmap Flags 切换为 2 或 3，其中 2 表示开启烘焙自发光，3 表示同时开启烘焙的自发光和实时的自发光，但是实时自发光的性价比不高。

图 5-90

图 5-91

到此，基本上完成了在需要光照时，从漫反射、环境光、高光、阴影、烘焙的一系列流程的 Shader 搭建。这一节的名称叫"简单光照"，但学下来的体量并不少，因为这里的

"简单"并不是指对学习者简单,而是对庞大而复杂的光照渲染来说,这里介绍的实在太简略了,如果想得到物理、写实的光照效果,还有相当多的内容需要后续探索与学习。

5.2.8 完整代码

本节示例的完整代码如下:

```
Shader "Unlit/SimpleLit"
{
    Properties
    {
        _MainTex ("Texture", 2D) = "white" {}
        _Color("Main Color", Color) = (1, 1, 1, 1)
        _Metallic("Metallic",Range(0,1)) = 0

        [Header(Cut Off)]
        [Toggle(_ENABLE_CUTOFF)]_EnableMask("Enable Cut Off",Float) = 0
        _Cutoff("Cut off",Range(0,1)) = 0

        [Header(Specular)]
        _Smoothness("_Smoothness",Range(0.1,2)) = 0.5

        [Header(Emission)]
        [HDR]_Emission("_Emission",Color) = (0, 0, 0, 0)




    }
    SubShader
    {
        Tags { "RenderType" = "Opaque" }
        LOD 100

        Pass
        {
            Tags{"LightMode" = "ForwardBase"}
            Blend SrcAlpha OneMinusSrcAlpha
            CGPROGRAM
            #pragma multi_compile_fwdbase
            #pragma multi_compile _ SHADOWS_SCREEN
            #pragma multi_compile _ _ENABLE_CUTOFF
```

```
#pragma vertex vert
#pragma fragment frag

#include "UnityCG.cginc"
#include "Lighting.cginc"
#include "AutoLight.cginc"

struct appdata
{
    float4 vertex : POSITION;
    float2 uv : TEXCOORD0;
    float3 normal : NORMAL;
    float3 color : COLOR;
    #if defined(LIGHTMAP_ON)
        float2 lightmapUV : TEXCOORD1;
    #endif
};
struct v2f
{
    float2 uv : TEXCOORD0;
    float4 pos : SV_POSITION;
    float4 worldPos : TEXCOORD1;
    float3 normal : TEXCOORD2;
    float4 objectPos : TEXCOORD3;
    SHADOW_COORDS(4)
    #if defined(LIGHTMAP_ON)
        float2 lightmapUV : TEXCOORD5;
    #endif


};

sampler2D _MainTex;
float4 _MainTex_ST;
half4 _Color;
half4 _Emission;

half _Smoothness;
half _Metallic;
```

```hlsl
            half _Cutoff;

            v2f vert (appdata v)
            {
                v2f o;
                o.pos = UnityObjectToClipPos(v.vertex);
                o.uv = v.uv;
                o.worldPos = mul(unity_ObjectToWorld,v.vertex);
                o.normal = UnityObjectToWorldNormal(v.normal);
                o.objectPos = v.vertex;
                #if LIGHTMAP_ON
                    o.lightmapUV = v.lightmapUV * unity_LightmapST.xy + unity_LightmapST.zw;
                #endif
                // 计算顶点位置在阴影贴图上的坐标
                TRANSFER_SHADOW(o);
                return o;
            }

            fixed4 frag (v2f i) : SV_Target
            {
                float3 normal = normalize(i.normal);
                float3 lightDir = normalize(_WorldSpaceLightPos0.xyz);
                //采样阴影
                fixed shadow = SHADOW_ATTENUATION(i);

                // 环境光
                float3 shLighting = ShadeSH9(float4(i.normal, 1));

                //采样 Lightmap
                //采样 Lightmap
                #if LIGHTMAP_ON
                    float3 lightMap = DecodeLightmap(UNITY_SAMPLE_TEX2D(unity_Lightmap, i.lightmapUV));
                #endif

                // 漫反射
                half4 albedo = tex2D(_MainTex, i.uv) * _Color + half4(_Emission.rgb,0);
                half3 specularColor;
```

```hlsl
                float invertReflectivity;
                albedo.rgb = DiffuseAndSpecularFromMetallic(
                    albedo.rgb, _Metallic, specularColor, invertReflectivity
                );
                albedo.rgb *= 1 - _Metallic;
                half diffuse = saturate(dot(normal,lightDir));
                // 用阴影约束光强
                #if LIGHTMAP_ON
                    half3 diffuseFinal = albedo* lightMap;
                #else
                    half3 diffuseFinal = diffuse* albedo* _LightColor0.rgb* shadow;
                #endif


                half3 ambient = (shLighting) * albedo ;

                // 高光反射
                float3 viewDir = normalize(UnityWorldSpaceViewDir(i.worldPos));
                float3 halfVector = normalize(lightDir + viewDir);
                half specular = pow(max(0,dot(normal, halfVector)), _Smoothness* 100);
                // 用阴影约束光强

                half3 specularFinal = specular * specularColor * _LightColor0.rgb* shadow;



                #ifdef _ENABLE_CUTOFF
                clip(albedo.a - _Cutoff);
                #endif
                // (环境光+漫反射+高光)
                    return half4((ambient + diffuseFinal + specularFinal) , albedo.a);
            }
            ENDCG
        }

        Pass {
            Tags {
```

```
            "LightMode" = "ForwardAdd"
        }

        Blend One One
        CGPROGRAM
        #pragma multi_compile_fwdadd_fullshadows
        #pragma multi_compile _ SHADOWS_SCREEN
        #pragma multi_compile _ _ENABLE_CUTOFF
        #pragma multi_compile _ LIGHTMAP_ON


        #pragma vertex vert
        #pragma fragment frag

        #include "UnityCG.cginc"
        #include "Lighting.cginc"
        #include "AutoLight.cginc"

        struct appdata
        {
            float4 vertex : POSITION;
            float2 uv : TEXCOORD0;
            float2 lightmapUV : TEXCOORD1;
            float3 normal : NORMAL;
            float3 color : COLOR;
        };
        struct v2f
        {
            float2 uv : TEXCOORD0;
            float4 pos : SV_POSITION;
            float4 worldPos : TEXCOORD1;
            float3 normal : TEXCOORD2;
            float4 objectPos : TEXCOORD3;
            SHADOW_COORDS(4)
            #if LIGHTMAP_ON
                float2 lightmapUV : TEXCOORD5;
            #endif



        };
```

```hlsl
sampler2D _MainTex;
float4 _MainTex_ST;
half4 _Color;
half4 _Emission;

half _Smoothness;
half _Metallic;
half _Cutoff;

v2f vert (appdata v)
{
    v2f o;
    o.pos = UnityObjectToClipPos(v.vertex);
    o.uv = v.uv;
    o.worldPos = mul(unity_ObjectToWorld, v.vertex);
    o.normal = UnityObjectToWorldNormal(v.normal);
    o.objectPos = v.vertex;
    #if LIGHTMAP_ON
        o.lightmapUV = v.lightmapUV * unity_LightmapST.xy + unity_LightmapST.zw;
    #endif
    // 计算顶点位置在阴影贴图上的坐标
    TRANSFER_SHADOW(o);

    return o;
}

fixed4 frag (v2f i) : SV_Target
{

    float3 normal = normalize(i.normal);

    // 灯光
    #ifdef DIRECTIONAL
        float3 lightDir = normalize(_WorldSpaceLightPos0.xyz);
    #else
        float3 lightDir = normalize(_WorldSpaceLightPos0.xyz - i.worldPos);
    #endif
```

```
                UNITY_LIGHT_ATTENUATION(attenuation, i, i.worldPos.xyz);
                float3 lightCol = _LightColor0.rgb * attenuation;

                // 漫反射
                half4 albedo = tex2D(_MainTex, i.uv) * _Color + half4(_Emission.rgb,0);
                half3 specularColor;
                float invertReflectivity;
                albedo.rgb = DiffuseAndSpecularFromMetallic(
                    albedo.rgb, _Metallic, specularColor, invertReflectivity
                );
                albedo.rgb *= 1 - _Metallic;
                half diffuse = saturate(dot(normal,lightDir));
                // 用阴影约束光强
                half3 diffuseFinal = diffuse* albedo* lightCol;

                // 高光反射
                float3 viewDir = normalize(UnityWorldSpaceViewDir(i.worldPos));
                float3 halfVector = normalize(lightDir + viewDir);
                half specular = pow(max(0,dot(normal, halfVector)), _Smoothness* 100);
                // 用阴影约束光强
                half3 specularFinal = specular* specularColor* lightCol;

                #ifdef _ENABLE_CUTOFF
                clip(albedo.a - _Cutoff);
                #endif
                // 附加灯光上不需要额外加环境光
                return half4((diffuseFinal + specularFinal)   , albedo.a);
            }
            ENDCG
        }


        Pass {
            Tags {
                // 告诉 Unity,这个 Pass 是用来制造阴影的
                "LightMode" = "ShadowCaster"
            }
            CGPROGRAM
```

```
#pragma target 3.0
#pragma multi_compile_shadowcaster
#pragma multi_compile __ ENABLE_CUTOFF


#pragma vertex vert
#pragma fragment frag

#include "UnityCG.cginc"
struct appdata {
    float4 position : POSITION;
    float3 normal : NORMAL;
    float2 uv : TEXCOORD0;
};

struct v2f
{
    #ifdef _ENABLE_CUTOFF
    float2 uv : TEXCOORD0;
    #endif
    float4 position : SV_POSITION;
};

sampler2D _MainTex;
float4 _MainTex_ST;
half _Cutoff;

v2f vert(appdata v) {
    v2f o;
    o.position = UnityClipSpaceShadowCasterPos(v.position.xyz, v.normal);
    #ifdef _ENABLE_CUTOFF
    o.uv = TRANSFORM_TEX(v.uv, _MainTex);
    #endif
    return o;
}
half4 frag (v2f i) : SV_Target {
    #ifdef _ENABLE_CUTOFF
    // 裁切不需要部分
    clip(tex2D(_MainTex,i.uv).a - _Cutoff);
    #endif
```

```
            return 0;
        }

    ENDCG
}

Pass {
    Tags {
        "LightMode" = "Meta"
    }

    Cull Off

    CGPROGRAM

    #pragma vertex vert
    #pragma fragment frag

    #include "UnityPBSLighting.cginc"
    #include "UnityMetaPass.cginc"

    sampler2D _MainTex;
    float4 _MainTex_ST;
    half4 _Color;

    half _Smoothness;
    half _Metallic;
    half _Cutoff;
    half4 _Emission;
    sampler2D _GIAlbedoTex;
    float4 _GIAlbedoColor;



    struct appdata{
        float4 vertex : POSITION;
        float2 uv : TEXCOORD0;
        float2 uv1 : TEXCOORD1;
        float2 uv2 : TEXCOORD2;
    };
```

```
struct v2f {
    float4 pos : SV_POSITION;
    float2 uv : TEXCOORD0;
};

float3 GetAlbedo (v2f i) {
    float3 albedo = tex2D(_MainTex, i.uv).rgb * _Color;
    return albedo;
}

float GetMetallic (v2f i) {
    return _Metallic;
}

float GetSmoothness (v2f i) {
    return _Smoothness;
}

float3 GetEmission (v2f i) {
    return _Emission;
}

v2f vert (appdata v) {
    v2f i;
    i.pos = UnityMetaVertexPosition(v.vertex, v.uv1.xy, v.uv2.xy, unity_LightmapST, unity_DynamicLightmapST);
    i.uv = TRANSFORM_TEX(v.uv, _MainTex);
    return i;
}

float4 frag (v2f i) : SV_TARGET {
    UnityMetaInput o;
    UNITY_INITIALIZE_OUTPUT(UnityMetaInput, o);
    fixed4 c = tex2D (_GIAlbedoTex, i.uv);
    float oneMinusReflectivity;
    float3 albedo = DiffuseAndSpecularFromMetallic(
        GetAlbedo(i), GetMetallic(i),
        o.SpecularColor, oneMinusReflectivity
    );
```

```
            o.Albedo = float3(c.rgb* _GIAlbedoColor.rgb)* albedo;
            float roughness =SmoothnessToRoughness(GetSmoothness(i))* 0.5;
            o.Albedo + =o.SpecularColor* roughness;
            o.Emission = GetEmission(i);
            return UnityMetaFragment(o);
        }

        ENDCG
    }
}
```

5.3 法线贴图

在本节中，我们将专注于解决一个问题：如何让模型看起来具有更高的细节。

最简单直观的方法是提高模型的面数，如图 5-92 所示，左侧的高面数模型与右侧的低面数模型使用完全相同的材质，但面数的提升让画面质量提升了好几个等级，对于那些占据画面主体的主要模型，模型细节是最能影响观感的要素之一。这也带来了相当大的性能消耗，图中左侧的高面模型的面数达到夸张的 42 万个面，而右侧的低面数模型只有 4 200 个面，在实时渲染中，尤其是游戏中，42 万个面的模型带来的性能消耗通常是难以接受的。正如本节开始抛出的那个问题：如何让模型看起来具有更高的细节。我们想用 4 200 个面（甚至更低的面数）的模型在视觉上达到 42 万个面的效果，有没有这个机会呢？

图 5-92

5.3.1 提高模型细节的"障眼法"

不妨先分析在视觉上我们是如何感知"高细节"的：我们在模型上看到更多的褶皱与

雕刻的细节，那我们是如何感知到这是一个褶皱的呢？因为光投射在上面表现出明暗，我们通过明暗分界、高光知道这里存在凸起，这一下就把问题变得简单了，这说明只需在光照过程中用某种方式加上几条黑边或是改变高光的形状，就能够在视觉上欺骗观众的眼睛。

有什么参数是计算明暗与高光需要使用，而且与模型的形态高度相关的呢？——法线！我们只要想到一种方法能让低面数的模型拥有高面数模型的法线信息，就可以让它看起来具有更高的细节。图 5-93 所示为在低面模型上表现高面模型的法线，图 5-94 所示为高精度模型法线信息在低精度模型上的表达。

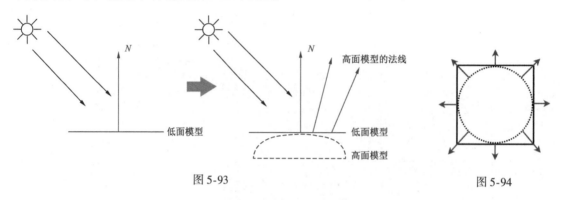

图 5-93　　　　　　　　　　　　　　　　　　图 5-94

很显然，如果想要法线信息能表现出高面模型的效果，那么法线信息必须相当密集而联系，如果只是修改顶点的法线信息自然无法达到需求，因此将法线信息存储在一张贴图上，这张贴图称为法线贴图（Normal Map）。

我们应该用什么方式来存储法线信息呢？作为一个三维单位向量，法线可以被拆成三个分量对应放进图片的 R、G、B 通道中存放。在很多软件中，可通过高精度模型生成其在低精度模型下的法线贴图，如 Maya、Marmoset Toolbag、Substance Painter、Blender 等。以 Blender 为例，将一个凸起的法线烘焙到一个平面上（见图 5-95），得到如图 5-96 所示的法线贴图。

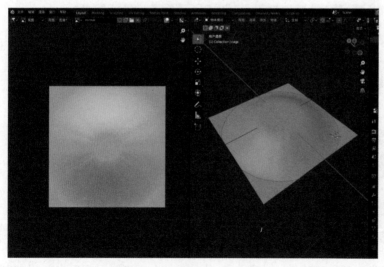

图 5-95　　　　　　　　　　　　　　　　　　图 5-96

5.3.2 翻译法线贴图

在放进 Unity 之前，先解读法线贴图中存储的信息。法线贴图中存储的法线的参考系是切线空间，这说明它不依赖于模型，只关心顶点；例如，如果使用模型空间记录法线信息，就好比对着片元的法线发号施令："你往模型中点向 X 轴正方向移一下""你往模型中点向 Y 轴负方向移一下"，这不仅不便于使用，而且也表示一张法线贴图只能对应一个模型使用；如果使用切线空间记录法线信息，那么对片元的发号施令就可以简化为"你往前移一下""你往后移一下"，这样就将描述的尺度从绝对量变成了相对量，也正因如此，对于同一张表现"坑坑洼洼"的法线贴图，模型 A 可以解释它，模型 B 也可以解释它，它的使用范围要广了不少。图 5-97 所示为使用同一张法线贴图的球体与立方体的效果。

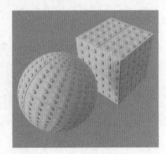

图 5-97

同时，R、G、B 通道的值也不能直接取出作为法线。首先，法线各分量取值均在 [-1,1] 之间，而贴图中读取的 RGB 值是非负的，它们之间的转换关系为：

$$color \times 2 - 1 = normal$$

如果物体上的一个点上没有任何起伏，那么它的法线即维持原来不变，而切线空间中，法线即是 (0,0,1)，对应的 RGB 颜色是 (0.5,0.5,1)，这也是为什么法线贴图看起来总是"偏蓝"。

另外需要注意的是，法线贴图也有两种不同的"版本"：OpenGL 下使用的和 DirectX 下使用的，而两种版本的法线贴图在 G 通道上是相反的。例如，Unity 使用 OpenGL，而与它二分天下的虚幻引擎（Unreal Engine，UE）使用 DirectX，这说明如果你在 Epic Store（虚幻引擎的商城）上获取一些材质贴图想移植到 Unity 上使用时，必须记住反转法线贴图的计算结果的 Y 轴。

还有一个隐藏的小技巧，由于法线总是归一化的，因此获得了任意 X、Y 轴的信息后即可推算出 Z 轴的信息，如果想在法线贴图中省去一个通道的占用，可以尝试将 B 通道抹掉，自己在读取时计算 Z 轴信息。

5.3.3 Unity 中的法线贴图

现在，可以尝试在 Unity 中实现法线贴图效果。首先，计算出切线空间，这需要先获取切线信息，代码如下：

```
struct appdata
{
    float4 vertex : POSITION;
    float2 uv : TEXCOORD0;
```

```
    float3 normal : NORMAL;
    float3 color : COLOR;
    // 获取切线
    float4 tangent : TANGENT;
};
struct v2f
{
    float2 uv : TEXCOORD0;
    float4 pos : SV_POSITION;
    float4 worldPos : TEXCOORD1;
    float3 normal : TEXCOORD2;
    float4 objectPos : TEXCOORD3;
    // 存储切线
    float4 tangent: TEXCOORD4;
};
```

并在顶点着色器中进行传递，代码如下：

```
v2f vert (appdata v)
{
    v2f o;
    o.pos = UnityObjectToClipPos(v.vertex);
    o.uv = v.uv;
    o.worldPos = mul(unity_ObjectToWorld,v.vertex);
    o.normal = UnityObjectToWorldNormal(v.normal);
    // 切线转换至世界空间
    o.tangent = float4(UnityObjectToWorldDir(v.tangent.xyz), v.tangent.w);
    o.objectPos = v.vertex;
    return o;
}
```

下面构建切线空间。利用在4.5.1节中的知识，求出副切线，代码如下：

```
float3 bitangent = cross(normal, tangent) * tangent.w;
```

通过 UnpackScaleNormal 方法，可以采样法线贴图，该方法在 Lighting.cginc 文件内，代码如下：

```
// intensity 参数用于控制法线强度
float3 normalMap = UnpackScaleNormal(tex2D(_NormalMap, uv.xy), intensity);
```

如图5-98所示，如果法线贴图使用 DXT5 的压缩方法，那么在读取法线贴图信息时，UnpackScaleNormal 只会读取 R、G 两个通道作为发现的 X、Y 分量，同时自行算出法线 Z 分量的值：

$$N_z = \sqrt{1 - N_x^2 - N_y^2}$$

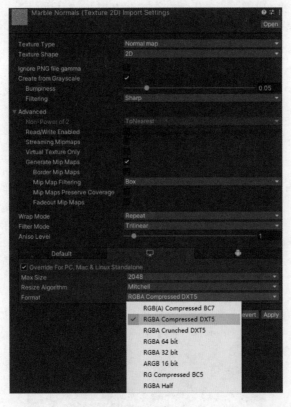

图 5-98

读取出法线贴图的值后,即可还原出世界空间下的法线贴图方向。根据线性代数章节的知识,将切线空间发现各个分量的值乘以切线空间下各基向量即可还原出法线的世界空间坐标。如下式所示,这个由切线(Tangent)、副切线(Bitangent)与法线(Normal)构成的矩阵常被称为 TBN 矩阵。

$$(Tangent \quad Bitangent \quad Normal) \cdot N_{TangentSpace} = \begin{pmatrix} T_x & B_x & N_x \\ T_y & B_y & N_y \\ T_z & B_z & N_z \end{pmatrix} N_{TS}$$

```
float3 newNormal = normalize (
                    normalMap.x* tangent +
                    normalMap.y* bitangent +
                    normalMap.z* normal
                 );
```

现在,将这一套流程封装为一个函数,代码如下:

```
half3 GetNormalMap(float3 normal, float4 tangent, float2 uv, float intensity)
{
```

```
    // 计算副切线
    float3 bitangent = cross(normal, tangent) * tangent.w;
    float3 normalMap = UnpackScaleNormal(tex2D(_NormalMap, uv.xy), intensity);
    float3 newNormal = normalize (
                    normalMap.x * tangent +
                    normalMap.y * bitangent +
                    normalMap.z * normal
            );
    return newNormal;
}
```

在片元着色器中,可以直接用这个函数的结果代替顶点法线值,效果如图 5-99 所示。

```
float3 normal = GetNormalMap(i.normal, i.tangent, i.uv, _NormalMapIntensity);
```

图 5-99

现在,可以在 Unity 中看见凹凸细节表现相当不错的渲染效果。

如果有需要,还可以准备一个反转 Y 轴的功能,以便在材质中兼容 DirectX 标准与 OpenGL 标准的法线贴图,效果如图 5-100 所示。

```
half3 GetNormalMap(float3 normal, float4 tangent, float2 uv, float intensity, bool invertY)
{
    // 计算副切线
    float3 bitangent = cross(normal, tangent) * tangent.w;
    float3 normalMap = UnpackScaleNormal(tex2D(_NormalMap, uv.xy), intensity);
    float3 newNormal = normalize(
                    normalMap.x * tangent +
                    normalMap.y * (invertY? -1:1) * bitangent +
                    normalMap.z * normal
            );
    return newNormal;
}
```

图 5-100

配合宏，在代码中切换是否反转 Y 轴，代码如下：

```
#if _INVERT_NORMAL_Y
    float3 normal=GetNormalMap(i.normal,i.tangent,i.uv,_NormalMapIntensity,true);
#else
    float3 normal=GetNormalMap(i.normal,i.tangent,i.uv,_NormalMapIntensity,false);
#endif
```

另外需要注意的是，在法线贴图对应的属性中，应当使用的默认值是"bump"，即 (0.5,0.5,1,0.5)。这是因为如果不使用法线贴图，需要让默认值与当前的顶点法线相同，在切线空间中它对应的就是(0,0,1)，转换为颜色就是(0.5,0.5,1)，代码如下：

```
_NormalMap ("Normal Map", 2D) = "bump" {}
```

5.3.4 完整代码

以下是一个带有法线贴图功能的 Shader 示例代码：

```
Shader "Unlit/ndlNormalmap"
{
    Properties
    {
        _MainTex ("Texture", 2D) = "white" {}
        _MainColor("Main Color", Color) = (1, 1, 1, 1)

        [Header(Normal Map)]
        _NormalMap ("Normal Map", 2D) = "bump" {}
        _NormalMapIntensity ("Normal Map Intensity", Float) =1
        [Toggle(_INVERT_NORMAL_Y)]_INVERT_NORMAL_Y("Invert Normal Y Axis", Float) =0
```

```
    }
    SubShader
    {
        Tags { "RenderType" = "Opaque" }

        Pass
        {
            Tags{"LightMode" = "ForwardBase"}
            CGPROGRAM
            #pragma multi_compile_fwdbase
            #pragma multi_compile __ INVERT_NORMAL_Y

            #pragma vertex vert
            #pragma fragment frag

            #include "UnityCG.cginc"
            #include "Lighting.cginc"
            #include "AutoLight.cginc"

            struct appdata
            {
                float4 vertex : POSITION;
                float2 uv : TEXCOORD0;
                float3 normal : NORMAL;
                float3 color : COLOR;
                float4 tangent : TANGENT;
            };
            struct v2f
            {
                float2 uv : TEXCOORD0;
                float4 pos : SV_POSITION;
                float4 worldPos : TEXCOORD1;
                float3 normal : TEXCOORD2;
                float4 objectPos : TEXCOORD3;
                float4 tangent: TEXCOORD4;

            };

            sampler2D _MainTex;
            sampler2D _NormalMap;
            float4 _MainTex_ST;
```

```hlsl
half4 _MainColor;

half _NormalMapIntensity;

v2f vert (appdata v)
{
    v2f o;
    o.pos = UnityObjectToClipPos(v.vertex);
    o.uv = v.uv;
    o.worldPos = mul(unity_ObjectToWorld, v.vertex);
    o.normal = UnityObjectToWorldNormal(v.normal);
    o.tangent = float4(UnityObjectToWorldDir(v.tangent.xyz), v.tangent.w);
    o.objectPos = v.vertex;
    return o;
}

half3 GetNormalMap(float3 normal, float4 tangent, float2 uv, float intensity, bool invertY)
{
    // 计算副切线
    float3 bitangent = cross(normal, tangent) * tangent.w;
    float3 normalMap = UnpackScaleNormal(tex2D(_NormalMap, uv.xy), intensity);
    float3 newNormal = normalize(normalMap.x * tangent +
                    normalMap.y * (invertY? -1:1) * bitangent +
                    normalMap.z * normal);
    return newNormal;
}

fixed4 frag (v2f i) : SV_Target
{
    #if _INVERT_NORMAL_Y
    float3 normal = GetNormalMap(i.normal, i.tangent, i.uv, _NormalMapIntensity, true);
    #else
    float3 normal = GetNormalMap(i.normal, i.tangent, i.uv, _NormalMapIntensity, false);
    #endif
```

```
                float3 lightDir = normalize(_WorldSpaceLightPos0.xyz);


                // 漫反射
                half4 albedo = tex2D(_MainTex, i.uv) * _MainColor;
                half diffuse = saturate(dot(normal, lightDir));
                half3 diffuseFinal = diffuse * albedo * _LightColor0.rgb;

                return half4(diffuseFinal, 1);
            }
            ENDCG
        }
    }
}
```

↘ 5.4 类玻璃物体的渲染

玻璃是日常生活中再熟悉不过的物体了，它不仅透光性强，还可以折射，可以反射，绝对是应用层面最广的半透明物体。当我们想在 Unity 中也加上那么几块大玻璃时，却显得有些力不从心：如果使用 Unity 默认的 Standard 材质，将粗糙度调到最低，开启半透明，将得到一块平平无奇的半透明板子，除了一点颜色就什么都不带了，如图 5-101 所示。这肯定不是我们想要的玻璃，在我们的印象中，玻璃至少应该像图 5-102 一样（这是在 Blender 中渲染的玻璃）。

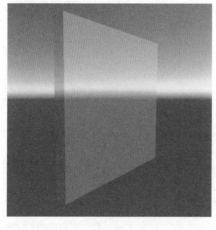

图 5-101　　　　　　　　　　　　图 5-102

那么，应该如何尽可能地渲染出一块真实的玻璃呢？漫反射、高光反射的渲染在之前的章节中我们已经学过，玻璃也遵循这两项基本的光学效果，因此不妨直接搬迁，代码如下：

```
SubShader
{
    // 使用透明通道
    Tags {
        "Queue" = "Transparent"
        "RenderType" = "Transparent"
    }
    LOD 100
    // 使用 Alpha 混合
    Blend SrcAlpha OneMinusSrcAlpha
    Pass
    {
        Tags{"LightMode" = "ForwardBase"}
        CGPROGRAM
        #pragma multi_compile_fwdbase
        #pragma multi_compile _ SHADOWS_SCREEN
        #pragma multi_compile_fwdadd_fullshadows
        #pragma target 3.0
        #pragma vertex vert
        #pragma fragment frag

        #include "UnityCG.cginc"
        #include "Lighting.cginc"
        #include "AutoLight.cginc"
        #include "UnityPBSLighting.cginc"
        struct appdata
        {
            float4 vertex : POSITION;
            float2 uv : TEXCOORD0;
            float3 normal : NORMAL;
            float3 color : COLOR;
        };
        struct v2f
        {
            float2 uv : TEXCOORD0;
            float4 pos : SV_POSITION;
            float4 worldPos : TEXCOORD1;
            float3 normal : TEXCOORD2;
            float4 objectPos : TEXCOORD3;
          SHADOW_COORDS(4)
        };
```

```
sampler2D _MainTex;
float4 _MainTex_ST;
half4 _MainColor;
half _Shininess;
half _Metallic;
v2f vert (appdata v)
{
    v2f o;
    o.pos = UnityObjectToClipPos(v.vertex);
    o.uv = v.uv;
    o.worldPos = mul(unity_ObjectToWorld,v.vertex);
    o.normal = UnityObjectToWorldNormal(v.normal);
    o.objectPos = v.vertex;
    TRANSFER_SHADOW(o);
    return o;
}
fixed4 frag (v2f i) : SV_Target
{
    float3 normal = normalize(i.normal);
    float3 lightDir = normalize(_WorldSpaceLightPos0.xyz);
    fixed shadow = SHADOW_ATTENUATION(i);
    
    UnityLight light;
    light.color = _LightColor0.rgb* shadow;
    light.dir = lightDir;
    light.ndotl = DotClamped(i.normal, lightDir);
    UnityIndirect indirectLight;
    indirectLight.diffuse = 0.3;
    indirectLight.specular = 0;
    
    
    half4 albedo = tex2D(_MainTex,i.uv)* _MainColor;
    half3 specularColor;
    float oneMinusReflectivity;
    albedo.rgb = DiffuseAndSpecularFromMetallic(
    albedo, _Metallic, specularColor, oneMinusReflectivity);
    
    float3 viewDir = normalize(UnityWorldSpaceViewDir(i.worldPos));
    
    half4 col = UNITY_BRDF_PBS(
```

```
                    albedo, specularColor,
                    oneMinusReflectivity, _Shininess,
                    normal, viewDir,
                    light,indirectLight
                    );
        // 将颜色的 alpha 值作为材质的不透明度
        col.a = _MainColor.a;
        return col;
    }
    ENDCG
}
```

现在，我们还原出一个基本的"半透明且具有高光反射"的材质，如图 5-103 所示。

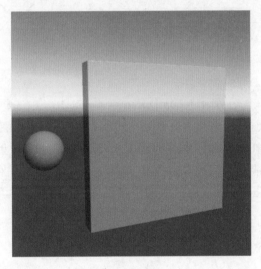

图 5-103

5.4.1 折射效果与 Grabpass

首先实现折射效果。在物理学中，折射是指波在穿越介质或经历介质的渐次变化时传播方向上的改变。例如，当光线照射到玻璃上时，由于玻璃材质中光的行进速度较之于大气更慢，光波中先接触到玻璃的部分减速，导致光线受到扭曲。这种效应导致我们产生了"弯折""扭曲"的视觉感受。如图 5-104 所示，从渲染的角度上看，折射就是将人眼本应该看到绿色的点替换为红色的像素。

那么，该如何计算视线的偏移值呢？首先，在已知发现入射方向的情况下，可通过 Unity 自带的 refract 函数计算出折射方向，代码如下：

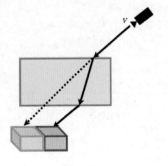

图 5-104

```
//-viewDir 为入射方向
//normal 为入射点的法线方向
//1/_RefractionIntensity 为入射介质折射率和折射介质折射率的比值
half3 refraction=refract(-viewDir,normal,1/_RefractionIntensity);
```

而光线在折射出物体时，出射方向将恢复为与入射方向相同，如图 5-105 所示。因此折射光线与入射光线的延长线在出射点出的偏移量，就是它们打到物体外任一同平面上时的偏移量 offset。

设物体厚度为 t，视线与玻璃的交点坐标为 pos，则原视线与折射视线在玻璃出射点的距离偏差为 $\overrightarrow{outOffset}$：

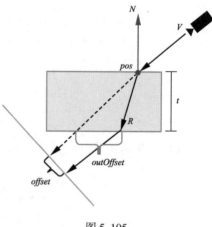

图 5-105

$$\overrightarrow{outOffset} = \left(pos + \frac{\vec{R}t}{-\vec{N}\cdot\vec{R}}\right) - \left(pos + \frac{\vec{V}t}{-\vec{N}\cdot\vec{V}}\right)$$

体现在观察画面上的偏差 $\overrightarrow{offset}$ 为 $\overrightarrow{outOffset}$ 在垂直于摄像机朝向的平面上的投影，即：

$$\overrightarrow{offset} = \overrightarrow{outOffset} + (\overrightarrow{outOffset}\cdot-\overrightarrow{CameraDir})\overrightarrow{CameraDir}$$

我们已经知道，折射看到点与直射看到点的偏差向量，如果能获取一张表示"我们能看到什么"的图，只需在上面按照偏移的位置采样就可获得玻璃上应有的色彩。Unity 已经为我们准备好这一功能，这就是 GrabPass。GrabPass 可以创建一种特殊类型的 Pass，该 Pass 会从帧缓冲区（Buffer）的内容抓取到一张纹理中，可供后续使用，此处，可以将帧缓冲区理解为"渲染该物体之前的画面图像"，代码如下：

```
SubShader
{
    //…

    GrabPass{ }
    // 在之后的 Pass 中,我们可以使用一张名为 _GrabTexture 的纹理,它是 Unity 在当前帧
缓冲区中抓取的渲染内容
    Pass
    {
        //…
    }
}

SubShader
{
    //…
```

```
    GrabPass{"MyTex"}
```

// 在之后的 Pass 中，我们可以使用一张名为 MyTex 的纹理，它是 Unity 在当前帧缓冲区中抓取的渲染内容

```
    Pass
    {
    // ...
    }
}
```

玻璃是透明的，在抓取缓冲区画面时，需要保证所有不透明物体都已经被渲染，因此需要保证 Shader 走的是透明渲染队列，代码如下：

```
SubShader
{
    Tags {"Queue" = "Transparent"}
    GrabPass{ }

    Pass
    {
    // ...
    }
}
```

现在，可以在主 Pass 中对获得的缓冲区画面进行采样，代码如下：

```
SubShader
{
    Tags {"Queue" = "Transparent"}

    GrabPass{ }
    Pass
    {
        Blend SrcAlpha OneMinusSrcAlpha
        CGPROGRAM
        #pragma vertex vert
        #pragma fragment frag
        #include "UnityCG.cginc"
        struct appdata
        {
            float4 vertex : POSITION;
            float2 uv : TEXCOORD0;
        };
```

```
    struct v2f
    {
        float4 pos : SV_POSITION;
        float2 uv : TEXCOORD0;
        float4 grabUv : TEXCOORD1;
    };
    sampler2D _MainTex;
    float4 _MainTex_ST;

    // 获取GrabPass抓取的结果
    sampler2D _GrabTexture;
    v2f vert (appdata v)
    {
        v2f o;
        o.pos = UnityObjectToClipPos(v.vertex);
        o.uv = TRANSFORM_TEX(v.uv, _MainTex);
        o.grabUv = ComputeGrabScreenPos(o.pos);
        return o;
    }
    fixed4 frag (v2f i) : SV_Target
    {
        half4 col = tex2Dproj(_GrabTexture, i.grabUv);
        return half4(col.rgb,1);
    }
    ENDCG
    }
}
```

注意，在 v2f 中，使用 grabUv 存储了一个名为 ComputeGrabScreenPos 函数的返回结果，而在最后的片元着色器中，使用 grabUv 去采样 _GrabTexture，而且用的是一个从来没见过的 tex2Dproj 函数。

这个 "ScreenPos" 从字面上看它是指 "屏幕位置"。与 ScreenPos 有关的函数 Unity 还提供了一个，名为 ComputeScreenPos，看起来就是一个比 ComputeGrabScreenPos 更 "干净纯粹" 的函数，先从它入手来了解这个流程。ComputeScreenPos 函数的输入是一个位于裁剪空间的四维点坐标。尽管这个函数的名字看起来像是计算屏幕空间下的坐标值，但是该函数实际上返回的是裁剪空间下一个经过处理的坐标值，函数内部的核心代码如下：

```
float4 o = pos * 0.5f;
// _ProjectionParams.x是用来处理平台差异的值,值为1或-1
o.xy = float2(o.x, o.y * _ProjectionParams.x) + o.w;
o.zw = pos.zw;
return o;
```

在 4.3.2 节中我们已经学习过，计算屏幕空间位置的方法为：

$$\begin{cases} ScreenX = Width \times (0.5\, x_{NDC} + 0.5) \\ ScreenY = Width \times (0.5\, y_{NDC} + 0.5) \end{cases}$$

这里使用 NDC 空间下的坐标，也就是除了 w 分量后的裁剪空间坐标，而在 ComputeScreenPos 函数的核心代码中，并没有除以 w，即透视除法操作。我们可以说这个函数返回"裁剪空间的屏幕空间位置"。所以，在片元着色器中，用 tex2Dproj 函数接收这个特殊的坐标并用于采样，而这个函数做的事情就是将输入的坐标除以 w 分量，这也就补上了到屏幕空间的最后一步。①

好的，知道了 ComputeScreenPos，再看看 ComputeGrabScreenPos。它与 ComputeScreenPos 的不同体现在照顾不同的渲染平台。目前常用的两大平台 OpenGL 与 DirectX 的屏幕空间坐标系是存在区别的，如图 5-106 所示，OpenGL 的原点在左下角，而 DirectX 的原点在左上角，但 Unity 又默认遵循 OpenGL 的规范，因此当 Unity 需要在 DirectX 平台上将缓冲区的内容渲染到一张图像时，这种差异造成获取的图像发生翻转。在 ComputeGrabScreenPos 函数中，Unity 贴心地为我们解决了这个问题，它根据当前渲染平台做相应的处理，所以只需调用它即可。

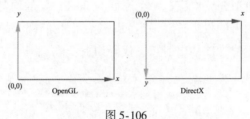

图 5-106

在给模型使用这个材质后，会发现它好像消失了，如图 5-107 所示。其实它并没有消失，如果你为 col 变量做放缩或偏移，你会发现模型内的颜色也发生了变化，这是因为这个模型上的颜色正好是它所挡住的颜色，我们成功获取缓冲区中的画面信息。

图 5-107

---

① 之所以 Unity 不在顶点着色器中进行透视除法操作，是因为在三角形遍历阶段需要进行插值得到片元数据。插值过程是线性的，但除法不是线性的，所以提前进行透视除法会使得结果不准确。

下面,将节首提出的折射模型应用到采样 uv 的控制中。首先,通过 reflect 函数计算折射方向,代码如下:

```
// 我们在法线贴图章节中实现的 GetNormalMap 函数
#if _INVERT_NORMAL_Y
    float3 normal = GetNormalMap(i.normal, i.tangent, i.uv, _NormalMapIntensity, true);
#else
    float3 normal = GetNormalMap(i.normal, i.tangent, i.uv, _NormalMapIntensity, false);
#endif
    float3 lightDir = normalize(_WorldSpaceLightPos0.xyz);
    // 请注意,UnityWorldSpaceViewDir 计算结果是一个以片元为起点,摄像机为终点的向量
    float3 viewDir = normalize(UnityWorldSpaceViewDir(i.worldPos));
    // 折射方向
    // 第三个参数为折射率
    half3 refraction = refract(-viewDir, normal, 1/_RefractionIntensity);
```

假设在世界空间中折射光线要穿过一个厚度为 thickness 的均匀平直材料,则折射光线在材料入射点的法线方向上的投影长度一定为厚度。而我们视线的入射点就是视线折射线的起点,那么可以算出折射光线的出射点,代码如下:

```
float3 refractOutPos = i.worldPos + refraction/dot(refraction, -normal) * thickness;
```

同理,也能求得视线沿着原方向射出材质的射出点,代码如下:

```
float3 oriOutPos = i.worldPos + -viewDir/dot(-viewDir, -normal) * thickness;
```

同时,假设视线与物体的交界边缘物体更薄,这样我们修正 thickness,代码如下:

```
// 用视线边缘模拟厚度,以边缘处为薄
half thickness = dot(viewDir, normal) * _Thickness;
```

在 NDC 空间下计算两点的位置差,代码如下:

```
// 折射方向
half3 refraction = refract(-viewDir, normal, 1/_RefractionIntensity);
// 折射视线在玻璃上的出射点
float4 refractTargetClipPos = mul(UNITY_MATRIX_VP, float4(i.worldPos + refraction/dot(refraction, -normal) * thickness, 1.0));
float3 refractTargetNDC = refractTargetClipPos / refractTargetClipPos.w;
// 视线在玻璃上的出射点
float4 refractOriClipPos = mul(UNITY_MATRIX_VP, float4(i.worldPos + -viewDir/dot(-viewDir, -normal) * thickness, 1.0));
```

```
float3 refractOriNDC = refractOriClipPos / refractOriClipPos.w;

// 计算折射造成的视线偏移
float3 outOffset = refractTargetNDC - refractOriNDC;
```

然后，计算 outOffset 在 NDC 空间中垂直于射线的平面上的投影，代码如下：

```
// NDC 空间下的摄像机朝向
float3 cameraDirNDC = float3(0,0,1);
// 计算偏移量在视平面上的投影
float2 offset = outOffset + dot(outOffset, -cameraDirNDC) * cameraDirNDC;
```

由于视线在玻璃上的出射点和视线与视平面的交点在 NDC 空间的 x、y 坐标是相同的，所以将偏移向量与原位置的 x、y 坐标相加即可得到在屏幕空间上真正的偏移量。然后将 NDC 空间映射到屏幕空间 UV 上（将屏幕空间坐标映射到 [0,1] 区间上），这样即可得到采样 GrabTexture 的位置，代码如下：

```
float2 grabUV = (refractOriNDC.xy + offset) * 0.5 + 0.5;
```

由于我们已经完成了透视除法，在接下来的采样步骤中就不能直接使用 tex2Dproj 函数。所以，屏幕空间坐标系的适配需要我们自己完成，代码如下：

```
#if UNITY_UV_STARTS_AT_TOP
grabUV.y = 1.0 - grabUV.y;
#endif


// 采样
half4 col = tex2D(_GrabTexture, grabUV);
return half4(col.rgb,1);
```

完成的带折射效果的小球效果如图 5-108 所示。

图 5-108

注意，仅有 Built-in 管线支持 GrabPass，而且 GrabPass 会显著增加 CPU 和 GPU 的性能压力，读者应当尽可能减少使用 GrabPass 的次数。在第 7 章中，我们将学习一种更普适的屏幕抓取方法。

5.4.2 模糊

仅仅取得折射效果还远远不够，现实中有许多玻璃并不会将背景忠实地折射出来，如毛玻璃就会对玻璃后的物体起到模糊效果。那么，怎样在 Unity 中实现模糊效果呢？

"模糊"，就是颜色不清晰，一个像素点上的颜色被周围的颜色干扰、混合，因此从这个角度上考虑，实现模糊的方法并不困难，只要让一个像素点上同时包含了周围多个像素的颜色即可，在数学上表现为求平均数。如图 5-109 所示，将这个 5×5 像素的图像进行模糊处理，那么对于其中的每一个像素，都取它附近 3×3 像素颜色求和取平均数（图中的每个像素乘以 1/9 求和）得到该像素的新颜色值。

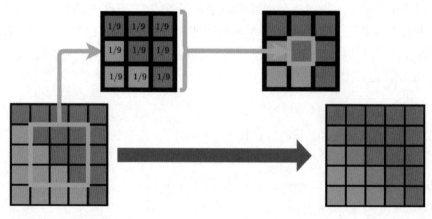

图 5-109

在 Shader 代码上可写为：

```
// 对给定UV进行采样,x、y表示偏移量
half3 sample(float2 uv,half x,half y)
{
    //_GrabTexture_TexelSize 表示GrabTexture中一个像素的尺寸,四个分量为(1/宽、1/高、宽、高)
    return tex2D(_GrabTexture, uv + _GrabTexture_TexelSize* half2(x,y)).rgb;
}

half3 blur(float2 uv)
{
    // 采样原色
    half3 col = sample(uv,0, 0);
    int sampleCount =1;
    // _BlurRadius 决定模糊的范围,即对目标像素求外围多少范围像素的均值
    for (int i =0; i < _BlurRadius; i ++)
    {
```

```
        // _BlurScale 决定采样的间隔距离
        float range = i* _BlurScale;
        // 对八方向进行采样
        col + = sample(uv,range, 0);
        col + = sample(uv, - range, 0);
        col + = sample(uv,0, range);
        col + = sample(uv,0, - range);
        col + = sample(uv,range, range);
        col + = sample(uv,range, - range);
        col + = sample(uv, - range, range);
        col + = sample(uv, - range, - range);
        sampleCount + =8;
        }
        return col/sampleCount;
}
```

这样，就可在片元着色器中直接使用 blur 函数进行采样，代码如下：

```
half3 col = blur(grabUV);
```

效果如图 5-110 所示。

注意，使用大量的采样（如 tex2D）可能引发性能问题，尤其在移动平台上，读者务必谨慎控制采样的数量。此外，读者还可以调整采样的权重，如离中心越远权重越低，以此降低模糊计算后出现的锯齿感。

图 5-110

5.4.3 反射

仅仅用折射是不够的，玻璃还具有相当强的反射效果。在实时渲染中，使用实时、真实的反射是一种很奢侈的行为，它对性能的要求很高，如果用在几个小小的玻璃球上实在是太浪费了（所以在光追显卡推广之前，我们在很多游戏中都看不到完善的镜子效果）。因此在 Unity 中，我们会使用更加取巧的解决办法——反射探针。

在添加物体的 Light 选项卡中，选择 Reflection Probe，如图 5-111 所示。

将它添加到场景中后，可以看到一个方体（见图 5-112），它表示这个反射探针的作用范围，范围内的物体都可以收到这个反射探针的反射信息。反

图 5-111

射探针类似一个捕捉该点各个方向的球形视图的摄像机,它会将捕捉的图像将存储为一张立方体贴图(Cubemap),这样其他物体只需对这张立方体贴图进行采样,就能得到大致的反射效果。当然,由于我们很难保证每个物体的位置都与反射探针的位置完全一致,所以反射结果并不是完全准确的。但是对于欺骗肉眼而言,已经非常够用了。如果场景较大,而反射的物体又会在场景中大幅度游走,那么可以在场景中添加许许多多的反射探针,当物体在 A 处时,它接收 A 处的反射探针信息;当它移动到 B 处,又接收到 B 处的反射探针信息,这样无论物体在哪里,都能收到大致准确的反射信息。

反射信息是需要烘焙的,如图 5-113 所示。单击 Bake 按钮以烘焙反射信息。在默认状况下,它将烘焙附近标记为 Static 的物体的画面。如果读者觉得自己性能绰绰有余,还可以在上方的 Type 中将反射探针的类型转变为实时(Realtime),甚至能将刷新模式(Refresh Mode)设置为每帧(Every frame)获取一次反射信息(但通常没有这个必要)。

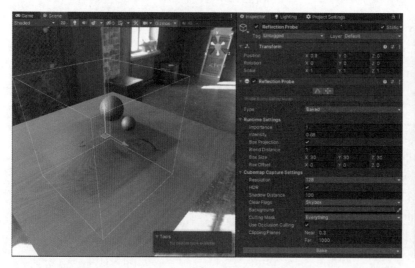

图 5-112　　　　　　　　　　　　　　图 5-113

在 Shader 中,可以使用 UNITY_ SAMPLE_ LOD 获取反射探针的信息,代码如下:

```
// 反射
half3 reflection = reflect(-viewDir, normal);
//采样反射球,第三个参数表示粗糙度,值越小颜色越清晰
half4 reflectionProbe = UNITY_SAMPLE_TEXCUBE_LOD(unity_SpecCube0, reflection, (1 - _Smoothness)* 5);
// 使用 DecodeHDR 解码 HDR 光照信息
half3 reflectionColor = DecodeHDR (reflectionProbe, unity_SpecCube0_HDR);
```

现在,在场景中可以看到令人信服的反射效果,如图 5-114 所示。

对于半透明物体而言,菲涅尔效应反映了光线在物体上反射和折射光线的比例,可以据此将反射效果(包括漫反射和高光反射)与折射效果混合,代码如下:

```
// 菲涅尔
float fresnel = pow(saturate(dot(normal,viewDir)),_Fresnel);
// 折射
half3 grabColor = blur(grabUV);
// 越靠近边缘,菲涅尔效应越明显
return half4(lerp(reflectionColor,lerp(grabColor,_MainColor.rgb,_MainColor.a),fresnel),1);
```

混合效果如图 5-115 所示。

图 5-114　　　　　　　　　图 5-115

5.4.4　完整代码

在核心的折射与反射效果完成后，可以着手补充光照层面的效果，如漫反射、环境光、高光反射等效果。最终效果如图 5-116（带法线纹理的玻璃表面）与图 5-117（光滑的玻璃球）所示。

图 5-116

图 5-117

完整代码如下：

```
Shader "Unlit/Glass"
{
    Properties
    {
        _MainTex ("Texture", 2D) = "white" {}
        _MainColor("Main Color", Color) = (1, 1, 1, 1)
        _Metallic("_Metallic",Range(0,1))=0

        [Header(Specular)]
        _Smoothness("_Smoothness",Range(0.01,1))=0.5

        [Header(Normal Map)]
        _NormalMap ("Normal Map", 2D) = "bump" {}
        _NormalMapIntensity ("Normal Map Intensity", Float) =1
        [Toggle(_INVERT_NORMAL_Y)]_INVERT_NORMAL_Y("Invert Normal Y Axis", Float) =0

        _RefractionIntensity ("Refraction Intensity", Range(1,10)) =0
        _Thickness("Thickness", Range(0,20)) =1

        _Fresnel ("Fresnel", Range(0,10)) =1

        _BlurRadius ("Blur Radius", Range(0,100)) =1
        _BlurScale ("Blur Scale", Range(0,3)) =1

    }
    SubShader
    {
```

```
        Tags {"Queue" = "Transparent"}

GrabPass{ }

Pass
{
    Tags{
        "LightMode" = "ForwardBase"
        "Queue" = "Transparent"
        }
    Blend SrcAlpha OneMinusSrcAlpha
    CGPROGRAM
    #pragma multi_compile_fwdbase
    #pragma multi_compile _ SHADOWS_SCREEN
    #pragma multi_compile __INVERT_NORMAL_Y
    #pragma target 3.0
    #pragma vertex vert
    #pragma fragment frag

    #include "UnityCG.cginc"
    #include "Lighting.cginc"
    #include "AutoLight.cginc"
    #include "UnityPBSLighting.cginc"

    struct appdata
    {
        float4 vertex : POSITION;
        float2 uv : TEXCOORD0;
        float3 normal : NORMAL;
        float3 color : COLOR;
        float4 tangent : TANGENT;
    };
    struct v2f
    {
        float2 uv : TEXCOORD0;
        float4 pos : SV_POSITION;
        float4 worldPos : TEXCOORD1;
        float3 normal : TEXCOORD2;
        float4 objectPos : TEXCOORD3;
        float4 tangent: TEXCOORD4;
        SHADOW_COORDS(6)
```

```hlsl
            };

            sampler2D _MainTex;
            float4 _MainTex_ST;
            sampler2D _NormalMap;
            float4 _NormalMap_ST;

            sampler2D _GrabTexture;
            half2 _GrabTexture_TexelSize;

            half4 _MainColor;

            half _Smoothness;
            half _Metallic;
            half _NormalMapIntensity;

            half _RefractionIntensity;
            half _Thickness;

            half _Fresnel;
            half _BlurRadius;
            half _BlurScale;

            v2f vert (appdata v)
            {
                v2f o;
                o.pos = UnityObjectToClipPos(v.vertex);
                o.uv = v.uv;
                o.worldPos = mul(unity_ObjectToWorld,v.vertex);
                o.normal = UnityObjectToWorldNormal(v.normal);
                o.objectPos = v.vertex;
                o.tangent = float4(UnityObjectToWorldDir(v.tangent.xyz), v.tangent.w);
                TRANSFER_SHADOW(o);
                return o;
            }

            half3 GetNormalMap(float3 normal, float4 tangent, float2 uv, float intensity,bool invertY)
            {
                float3 bitangent = normalize( cross(normal, tangent) * tangent.w);
```

```hlsl
                float3 normalMap = UnpackScaleNormal(tex2D(_NormalMap, uv.xy
* _NormalMap_ST), intensity);
                float3 newNormal = normalize(
                                            normalMap.x* tangent +
                                            normalMap.y* (invertY? -1:1) *
bitangent + normalMap.z* normal);
                return newNormal;
            }

            half3 sample(float2 uv,half x,half y)
            {
                 return tex2D(_GrabTexture, uv + _GrabTexture_TexelSize*
half2(x,y)).rgb;
            }

            half3 blur(float2 uv)
            {
                half3 col = sample(uv,0, 0);

                int sampleCount =1;
                for (int i =0; i < _BlurRadius; i++)
                {
                    float range =i* _BlurScale;
                    col += sample(uv,range, 0);
                    col += sample(uv, -range, 0);
                    col += sample(uv,0, range);
                    col += sample(uv,0, -range);
                    col += sample(uv,range, range);
                    col += sample(uv,range, -range);
                    col += sample(uv, -range, range);
                    col += sample(uv, -range, -range);
                    sampleCount +=8;
                }
                return col/sampleCount;
            }


            fixed4 frag (v2f i) : SV_Target
            {
```

```hlsl
#if _INVERT_NORMAL_Y
    float3 normal = GetNormalMap(i.normal, i.tangent, i.uv, _NormalMapIntensity, true);
#else
    float3 normal = GetNormalMap(i.normal, i.tangent, i.uv, _NormalMapIntensity, false);
#endif
float3 lightDir = normalize(_WorldSpaceLightPos0.xyz);
float3 viewDir = normalize(UnityWorldSpaceViewDir(i.worldPos));

// 用视线边缘模拟厚度，以边缘处为薄
half thickness = dot(viewDir, normal) * _Thickness;
// 折射方向
half3 refraction = refract(-viewDir, normal, 1/_RefractionIntensity);
float4 refractTargetClipPos = mul(UNITY_MATRIX_VP, float4(i.worldPos + refraction/dot(refraction, -normal) * thickness, 1.0));
float3 refractTargetNDC = refractTargetClipPos / refractTargetClipPos.w;
float4 refractOriClipPos = mul(UNITY_MATRIX_VP, float4(i.worldPos + -viewDir/dot(-viewDir, -normal) * thickness, 1.0));
float3 refractOriNDC = refractOriClipPos / refractOriClipPos.w;
// 计算折射造成的视线偏移
float3 outOffset = refractTargetNDC - refractOriNDC;
// 对 outOffset 做投影
float3 cameraDirNDC = float3(0,0,1);
float2 offset = outOffset + dot(outOffset, -cameraDirNDC) * cameraDirNDC;

float2 grabUV = (refractOriNDC + offset) * 0.5 + 0.5;
#if UNITY_UV_STARTS_AT_TOP
grabUV.y = 1.0 - grabUV.y;
#endif

// 采样画面
float3 grab = blur(refractOriNDC);

// shadow
fixed shadow = SHADOW_ATTENUATION(i);

// 菲涅尔
float fresnel = pow(saturate(dot(normal, viewDir)), _Fresnel);
```

```
            // 反射
            half3 reflection = reflect(-viewDir, normal);
            half4 reflectionProbe = UNITY_SAMPLE_TEXCUBE_LOD(unity_Spec-
CubeO, reflection, (1 - _Smoothness) * 5);
            half3 reflectionColor = DecodeHDR (reflectionProbe, unity_
SpecCubeO_HDR);

            // 环境光
            float3 shLighting = ShadeSH9(float4(normal, 1));

            // 漫反射
            half4 albedo = tex2D(_MainTex, i.uv) * _MainColor;
            half3 specularColor;
            float invertReflectivity;
            albedo.rgb = DiffuseAndSpecularFromMetallic(
                albedo.rgb, _Metallic, specularColor, invertReflectivity
            );
            albedo.rgb *= 1 - _Metallic;
            half diffuse = saturate(dot(normal, lightDir));
            half3 diffuseFinal = diffuse * albedo * _LightColor0.rgb * shadow;

            half3 ambient = (shLighting) * albedo * albedo.a * shadow;

            // 高光反射
            float3 halfVector = normalize(lightDir + viewDir);
            half specular = pow(max(0, dot(normal, halfVector)), _Smooth-
ness * 500);
            // 用阴影约束光强
            half3 specularFinal = specular * specularColor * _LightCol-
or0.rgb * shadow;
            //通过菲涅尔确定反射和折射光线的比例
            return half4(lerp(lerp(grab, diffuseFinal, albedo.a) + specu-
larFinal + ambient, reflectionColor, 1 - fresnel) , 1)

        }
        ENDCG
    }

    Pass {
        Tags {
```

```
                "LightMode" = "ShadowCaster"
            }
            CGPROGRAM
            // 省略 Shadow Caster
            ENDCG
        }


    }
}
```

↘ 5.5　习题

1. 修改 5.2 节的代码，使得材质中的金属度和粗糙度都可以从一张纹理上读取，并保证在这一过程中只采样一次。

2. 模型上无法接受环境光的情况被称为环境光遮蔽（Ambient Occlusion），在物体上通常有许多细小的缝隙都会有环境光遮蔽的效果。修改 5.2 节的代码，并参考上一题的思路，通过一张纹理为模型添加环境光遮蔽效果，并保证在这一过程中（包括读取金属度与粗糙度）只采样一次。

第 6 章　在模型上雕塑：Shader 与几何

在第 5 章中，我们一直聚焦于片元着色器。在本章中，将把关注的重点转移到顶点着色器、曲面细分着色器、几何着色器上，尝试通过 Shader 对模型的形状进行改变。

↘ 6.1　描边

在相当多的游戏中，甚至是在 Unity 中，都有这样一个效果：当你选中某个物体时，物体的外围将出现一道轮廓，这就是描边特效。在本节中，将尝试实现这一功能。

在前面的章节中，我们实现过"边缘光"效果，运用同样的思路，如果将发的光改为黑色，那么它是否能作为实现描边的一种方法呢？可以，但是可以得有限。首先，这是一种内描边，即描边出现在物体的内部，如图 6-1 所示，将原有的边缘光材质的边缘硬化、颜色改为黑色，材质在球体与圆环都渲染出描边效果，但在相同的材质参数下，它们的表现却各有不同。左侧球体的描边显然比右侧圆环的描边更厚，而中间的圆环与右侧的圆环尽管是同样的模型，但由于观察视角的不同，中间圆环的中心部分被完全涂黑，描边根本不均匀。我们不能期望我们观察的模型总在视角的边界处有一个平滑而规则的法线过渡，即使是规则的过渡我们也不能指望它们一样平滑，因此必须寻找一种新的方案。我们希望描边在不同的模型上都具有一致性，即在相同材质参数下，任何模型的在任意部位、任意观察视角下的描边粗细、颜色、形状都相同。

不妨回想一下绘画时的"勾线"流程，沿着物体的边缘在外侧描线，就像是在物体本身的下面垫着一个与原物体形状相同，而尺寸稍稍大出的物体，如图 6-2 所示。

图 6-1

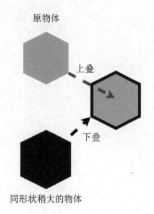

图 6-2

如果想在 Unity 中实现这个逻辑，应该怎么做呢？

6.1.1 额外的 Pass

没有必要把要描边的物体复制一次来作为垫在下面底，从开发的角度上说，应尽可能保证在一个物体中实现它所有的渲染效果。在 5.2 节中，在一个 Shader 中使用过多个 Pass，一个 Pass 意味着一次绘制，既然可以用额外的 Pass 叠加不同光的光照，那也可以用另一个 Pass 在物体下方绘制一个更大的物体，代码如下：

```
Shader "Unlit/Outline_Scaler"
{
    Properties
    {
        _MainTex ("Texture", 2D) = "white" {}
        _OutlineWidth("Outline Width",Range(0,1)) =0.5
    }
    SubShader
    {
        Tags { "RenderType" = "Opaque" }
        LOD 100

        Pass
        {
            // 第一个 Pass,正常绘制
        }
        Pass
        {
            // 第二个 Pass,绘制描边

            CGPROGRAM
            #pragma vertex vert
            #pragma fragment frag

            #include "UnityCG.cginc"

            struct appdata
            {
                float4 vertex : POSITION;
            };

            struct v2f
```

```
    {
        float4 vertex : SV_POSITION;
    };

    sampler2D _MainTex;
    float4 _MainTex_ST;
    half _OutlineWidth;

    v2f vert (appdata v)
    {
        v2f o;
        // 扩大模型
        o.vertex = UnityObjectToClipPos(v.vertex * (1 + _OutlineWidth));
        return o;
    }

    fixed4 frag (v2f i) : SV_Target
    {
        return 0;
    }
    ENDCG
    }
}
```

在第二个 Pass 中，将模型进行缩放，得到如图 6-3 所示的效果。

图 6-3

放大后的模型并没有像我们想象的垫在下面，而是在缩放后根据深度检测关系直接将旧的模型遮挡了，这时可以使用模板值让原模型必定显示在大模型的上方：

```
// 主 Pass 的模板测试
Stencil
{
    Ref 2
    Comp Always
```

```
    Pass Replace
}

// 描边 Pass 的模板测试
// 由于主 Pass 的模板值大于描边 Pass 的模板值,在使用 Greater 进行比较时,只会在 Stencil 大于先前缓冲区内的值时,才算通过模板测试而显示出来。因此,它不会覆盖主 Pass
Stencil
{
    Ref 1
    Comp Greater
}
```

这样,可以看到原模型被正常显示出来,如图 6-4 所示。

图 6-4

对球体的描边已经没有太大问题,但对圆环这种有洞的模型,缩放的效果就产生了错误,如图 6-5 所示。在缩放模型时,圆环内圈也随着一起放大,而内圈放大后将进入原模型内部,因此缩放描边在圆环上不可行。

所以,想做到贴合模型描边,就必须保证描边"沿着边缘到外界的方向扩张",这个方向就是顶点的法线方向,如图 6-6 所示。

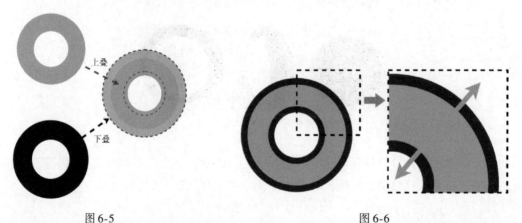

图 6-5　　　　　　　　　　图 6-6

因此,可以将描边 Pass 的顶点着色器修改为如下代码:

```
v2f vert (appdata v)
{
```

```
    v2f o;
    float3 normal = normalize(v.normal);
    o.vertex = UnityObjectToClipPos(v.vertex + (normal * _OutlineWidth));
    return o;
}
```

现在，圆环的描边位置也正常了，如图 6-7 所示，但即便是两个形状完全相同的模型，如果缩放比例不同，描边的粗细也会不同。这是因为在模型空间转换到世界空间时，物体的缩放同时作用在描边上。为了避免这一情况，可以在更接近人眼直接感觉的观察空间完成描边代码如下：

```
v2f vert (appdata v)
{
    v2f o;
    // 观察空间法线
    float3 normal = UnityObjectToWorldNormal(v.normal);
    normal = mul(UNITY_MATRIX_V, normal);
    normal = normalize(normal);
    // 观察空间坐标
    o.vertex = mul(unity_MatrixMV, v.vertex);
    // 只在观察空间中可见的 x 与 y 方向做外扩
    // 由于只需要考虑 x 与 y 方向，因此只给 normal.xy 做归一化处理
    o.vertex.xy += normalize(normal.xy) * _OutlineWidth;
    // 最后变换至裁剪空间
    o.vertex = mul(UNITY_MATRIX_P, o.vertex);
    return o;
}
```

问题依然没有解决完，如果将物体与摄像机的距离拉开，发现描边呈现出极为明显的"近大远小"，如图 6-8 所示。对此，可以引入视野（Field of View，FOV）与深度两项参数对描边粗细进行控制。视野越小，屏幕画面上接收到的画面范围也越小，单个物体的画面占比就越大，因此描边也要相应缩小。

图 6-7

图 6-8

可通过 unity_CameraProjection 获取投影矩阵，通过 unity_CameraProjection[0].x 的倒

数或 unity_CameraProjection[1].y 的倒数得到视野。

$$\text{unity\_CameraProjection}_{透视} = \begin{bmatrix} \dfrac{1}{\tan\left(\dfrac{fovH}{2}\right)} & 0 & 0 & 0 \\ 0 & \dfrac{1}{\tan\left(\dfrac{fovV}{2}\right)} & 0 & 0 \\ 0 & 0 & -\dfrac{f+n}{f-n} & \dfrac{2fn}{f-n} \\ 0 & 0 & -1 & 0 \end{bmatrix}$$

$$\text{unity\_CameraProjection}_{正交} = \begin{bmatrix} \dfrac{2}{SizeH} & 0 & 0 & -\dfrac{r+l}{r-l} \\ 0 & \dfrac{2}{SizeV} & 0 & -\dfrac{r+b}{t-b} \\ 0 & 0 & -\dfrac{2}{t-n} & -\dfrac{f+n}{f-n} \\ 0 & 0 & 0 & 1 \end{bmatrix}$$

而在透视视角这种包含近大远小关系的投影中，远处的物体描边被缩小，通过深度关系将其放大。但是必须注意，正交视角里没有近大远小，不需要进行此项处理。因此，对不同视角下的放缩关系进行处理，代码如下：

```
v2f vert (appdata v)
{
    v2f o;
    // 观察空间坐标
    o.vertex = mul(unity_MatrixMV, v.vertex);
    // 观察空间法线
    float3 normal = UnityObjectToWorldNormal(v.normal);
    normal = mul(UNITY_MATRIX_V, normal);
    normal = normalize(normal);
    float fov = 1 / (unity_CameraProjection[1].y);
    // 因为在正交透视下本身不存在近大远小的问题，所以需要判定是否为正交透视，并据此决定是否让 depth 变量为定值
    // unity_CameraProjection[3].z 表示 unity_CameraProjection 矩阵第四行的第三个量

    float depth = lerp(1, abs(o.vertex.z), -unity_CameraProjection[3].z);
    // 除了相乘，还可以使用其他结合方式
    float width = _OutlineWidth * (depth * fov);
    o.vertex.xy += normalize(normal.xy) * width;
    o.vertex = mul(UNITY_MATRIX_P, o.vertex);
```

```
        return o;
    }
```

现在，远近的描边粗细也能做到较好的统一，如图6-9所示。

由于在模板检测中，规定原模型必定显示在描边的上方，所以当远近物体在视线上出现重叠时，必然导致边缘的描边消失，如图6-10所示。如果要避免这种情况，就必须抛弃模板测试。不妨分析一下在使用模板测试时我们想剔除的是哪一部分：是那些法线方向朝向相机、距离相机更近的片元。解决方法比模板测试更简单——只需将描边的正面剔除即可，如图6-11所示，正面朝向摄像机的描边部分其实并不是我们需要的描边，描边作为一个包裹体，只需看到它包裹着物体的那部分边缘即可。

图6-9

图6-10

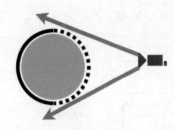

图6-11

于是，去掉两个Pass中的模板检测内容，只需在描边Pass中加入正面剔除，代码如下：

```
Cull front
```

现在，描边不会消失了，如图6-12所示。

图6-12

6.1.2 平直着色物体描边

当我们以为描边已经完成，拿着不同的模型展示效果时，最简单的正方体给了我们当头一棒：它周围的描边是"碎"的，如图6-13所示。为什么会这样呢？正方体是应用平直着色的模型，这说明它的顶点法线是不连续的，而我们的描边又依赖于法线，这就必然造成转角处的撕裂。

原因很简单，解法很简捷——只需把正方体变成平滑着色即可。但这就造成一个鱼和熊掌的矛盾：如果使用平滑的法线，那么就无法获得平直光照；如果使用平直的法线，虽然使用了平直的法线，但无法获得平滑的描边。图6-14所示为平滑的正方体与平直的正方体的不同效果。

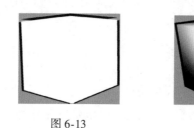

图 6-13　　　　　　　　　图 6-14

如果只从 Shader 角度考虑这个问题的解法，我们可能就此被困住。但我们能做的远远不止 Shader，既然我们需要两组不同的法线信息，而模型的法线又只能容下一个，那么就将这两组法线分开存放、分开读取，如图 6-15 所示。

在 3D 软件中，可以将顶点的平滑法线信息写入模型的顶点色中。图 6-16 所示为在 Blender 中将模型的平滑法线写入顶点色的效果。

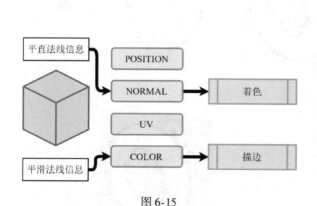

图 6-15　　　　　　　　　　　　　图 6-16

那么顶点着色器就可修改为如下代码：

```
v2f vert (appdata v)
{
    v2f o;
    // 观察空间坐标
    o.vertex = mul(unity_MatrixMV,v.vertex);
    // 观察空间法线
    #if _USE_COLOR
    // 由于颜色信息的值域是[0,1],所以必须-0.5将其还原
    float3 normal = normalize(v.color - 0.5);
    normal = UnityObjectToWorldNormal(normal);
    normal = mul(UNITY_MATRIX_V,normal);
    normal = normalize(normal);
    #else
    float3 normal = UnityObjectToWorldNormal(v.normal);
```

```
    normal = mul(UNITY_MATRIX_V,normal);
    normal = normalize(normal);
    #endif

    float fov = 1 / (unity_CameraProjection[1].y);
    float depth = lerp(1,abs(o.vertex.z), -unity_CameraProjection[3].z);
    float width = _OutlineWidth* (depth* fov) ;
    o.vertex.xy + = normalize(normal.xy)* width ;
    return o;
}
```

于是，得到同时拥有平直着色效果与连续的描边，如图 6-17 所示。

这种解决方案表明 Shader 开发时一个常见的问题：一些看起来是在 Shader 层面的问题，实际上解决的方案不在 Shader 上。当我们在写作 Shader 时需要明白，我们能够调用的不止 Shader，模型信息、贴图都是我们可以操作的工具。在本例中，不仅可以将平滑法线写入模型顶点色，还可以将它烘焙到一张贴图上，甚至可以用 C#代码将它算出来送给 Shader。所以，千万不要只盯着 Shader 的编辑器看上半天！

图 6-17

6.1.3 完整代码

描边 Pass 的示例代码如下：

```
Shader "Unlit/Outline "
{
    Properties
    {
        _MainTex ("Texture", 2D) = "white" {}
        _OutlineWidth("Outline Width",Range(0,0.1)) = 0.05
        [Toggle(_USE_COLOR)] _UseColor("Use Color",Float) = 0
    }
    SubShader
    {
        Tags { "RenderType" = "Opaque" }
        LOD 100
        Pass
        {
            CGPROGRAM
            // 省略着色 Pass
            ENDCG
        }
```

```
Pass
{
    Cull front
    CGPROGRAM
    #pragma vertex vert
    #pragma fragment frag
    #pragma shader_feature _USE_COLOR

    #include "UnityCG.cginc"

    struct appdata
    {
        float4 vertex : POSITION;
        float2 uv : TEXCOORD0;
        float3 normal : NORMAL;
        float3 color : COLOR;
    };

    struct v2f
    {
        float4 vertex : SV_POSITION;
    };

    sampler2D _MainTex;
    float4 _MainTex_ST;
    half _OutlineWidth;

    v2f vert (appdata v)
    {
        v2f o;

        // 观察空间坐标
        o.vertex = mul(unity_MatrixMV,v.vertex);
        // 观察空间法线
            #if _USE_COLOR
            // 由于颜色信息的值域是[0,1],所以必须-0.5将其还原
            float3 normal = normalize(v.color-0.5);
            normal = UnityObjectToWorldNormal(normal);
            normal = mul(UNITY_MATRIX_V,normal);
            normal = normalize(normal);
```

```
            #else
            float3 normal = UnityObjectToWorldNormal(v.normal);
                normal = mul(UNITY_MATRIX_V,normal);
                normal = normalize(normal);
            #endif
            float fov = 1 / (unity_CameraProjection[1].y);
            float depth = lerp(1,abs(o.vertex.z),-unity_CameraProjection[3].z);
            float width = _OutlineWidth* (depth* fov);
            o.vertex.xy += normalize(normal.xy)* width;
            o.vertex = mul(UNITY_MATRIX_P,o.vertex);

            return o;
        }

        fixed4 frag (v2f i) : SV_Target
        {
            return 0;
        }
        ENDCG
    }

}
```

6.2 无中生有的顶点：曲面细分着色器

在本节一开始，笔者先提出一个问题：如何在Shader上实现海浪效果？印象中最简单的海浪效果大概是图6-18所示的样子。

图6-18

这个曲线仿佛告诉我们"快点用正弦函数啊"，只需沿着一个特定的轴线，使纵坐标与其满足正弦函数关系即可，代码如下：

```
// 沿着X轴计算正弦函数
float3 MakeWave(float3 p)
{
    return float3(p.x,sin(p.x),p.z);
```

```
    }

    // 顶点着色器
    v2f vert (appdata v)
    {
        v2f o;
        o.objectPos = float4(MakeWave(v.vertex),1);
        o.pos = UnityObjectToClipPos(o.objectPos);
        o.uv = v.uv;
        o.worldPos = mul(unity_ObjectToWorld,o.objectPos);
        o.normal = UnityObjectToWorldNormal(v.normal);

        return o;
    }
```

精度过低的"海浪"效果如图 6-19 所示。

但是,这少得可怜的顶点根本撑不起波涛汹涌的海浪,所以,需要想个办法给模型增加更多的顶点。最直接的方法是使用一个面数更高的模型,但现在尝试在 Shader 中就做到这个效果,而要实现这一效果,就需要在 2.4.2 节中提到的曲面细分(Tessellation)。

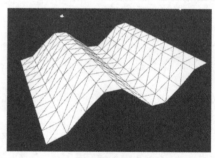

图 6-19

6.2.1 曲面细分的流程及数据传递

在 Unity Shader 中,曲面细分流程是整个着色器流程中的重要组成部分(见图 6-20),它包括两个着色器:Hull Shader 与 Domain Shader,它们与顶点着色器、片元着色器类似,需要输入与输出。此外,细分流程中还包含一个不可编程的曲面细分器阶段。

图 6-20

现在,我们来依次看看曲面细分的这三个主要阶段都分别做了什么工作。在细分控制着色器(Hull Shader,或被译为外壳着色器、轮廓着色器)阶段(见图 6-21),它负责将顶点着色器处理传来的顶点数据进行打包处理,告知下一阶段的曲面细分器"用什么样的方式将模型的顶点变多"。由于顶点是"细分"出来的,也就是说它的产生必须基于已有顶点的信息,就像有人拿出一根绳子让你在上面打出更多的结,你总得在绳子头尾之间打结而不能在头之前、尾之后生出结来，细分控制阶段要做的就是决定"打几个点""在哪打点""怎么打点"的问题。所以细分控制着色器的输入中包含不止一个点的信息，这些顶点信息的集合被称为 Patch（笔者译为细分区块）。尽管 Patch 中有多个顶点，细分控制着色器每次只返回一个点，这个点就是曲面细分器进行曲面细分计算时使用的控制点。但是由于 Patch 中的每个顶点都会经

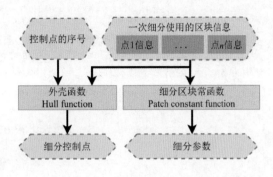

图 6-21

过细分控制着色器，因此 Patch 中的每个点都有机会成为曲面细分的控制点。

在 Unity Shader 中，"使用哪个控制点"与"怎么使用控制点"这两件工作其实分别交给了两个不同的过程来处理，见图 6-21。返回一个点的信息的方法，在前面章节中有关顶点着色器到片元着色器的信息传递的课程中已经很熟悉了，无非是将顶点的位置、UV、法线相关的信息打包到一个结构体中进行传输，此处也类似。那么这个新出现的"细分参数"又是什么呢？它是传递给曲面细分器，告诉它将一个 Patch 拆成几个点的一系列信息，由于曲面细分器本身不可编程，所以给它传递参数让它自己根据参数进行计算就成了我们控制它的方式，传递的参数一般包括"一条边上拆成几段"和"区块的内部拆成多少块"这两种信息，其结构如下：

现在，直接看看 Hull Shader 的简单示例代码。在下面的示例中，将以一个三角形作为 Patch 进行细分计算。首先，创建一系列这一过程所需的结构体，如 Hull Shader 接收到的顶点信息、细分控制点的顶点信息、细分参数信息，代码如下：

```
// Vert to hull,表示顶点着色器传递到细分控制着色器的顶点信息
struct v2h
{
    float4 pos : SV_POSITION;
    float2 uv : TEXCOORD0;
    float3 normal : TEXCOORD1;
};

// Hull to tesslator,表示细分控制着色器传递到曲面细分器的顶点信息
struct h2t
{
    float4 pos : SV_POSITION;
    float2 uv : TEXCOORD0;
    float3 normal : TEXCOORD1;
};

// 细分参数
```

```
struct tessFactor {
    // 一条边上细分出几段
    // 这里传递了一个float数组,数组的长度是3,因为我们将在下面的过程中传递一个三角
形作为patch,它有三条边,因此用三维数组保存三条边不同的细分信息
    float edgeTess[3] : SV_TessFactor;
    // 区块内部细分程度
    float insideTess : SV_InsideTessFactor;
};

// Domain to frag,表示细分计算着色器传递到片元着色器的信息
struct d2f
{
    float2 uv : TEXCOORD0;
    float4 pos : SV_POSITION;
    float4 worldPos : TEXCOORD1;
    float3 normal : TEXCOORD2;
    float4 objectPos : TEXCOORD3;
};
```

下面,进入细分区块常函数,它的输入只有Patch信息,输出是细分参数,也就是上面创建的tessFactor结构体,代码如下:

```
tessFactor PatchFunc (InputPatch<v2h, 3> patch){
    tessFactor f;
    f.edgeTess[0]=1;
    f.edgeTess[1]=1;
    f.edgeTess[2]=1;
    f.insideTess =1;
    return f;
}
```

在这里,PatchFunc函数的输入参数为InputPatch<v2h, 3>类型的patch,它表示这是一个由三个v2h结构体组成的InputPatch类型信息,可以像数组一样使用它,如patch[0].pos、patch[1].uv。在此处,没有使用到patch信息,而是将所有的edgeTess以及insideTess都设置为1,这表示在传入的区块的边将被拆成1段(不拆出新的段,和原来一样),传入的区块内部的细分度为1,表示不进行细分,数值指由顶点向对边中点引射线所产生的交点数量,如图6-22所示。

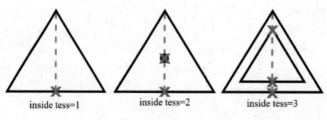

图 6-22

所以在这个 PatchFunc 中我们其实什么都没有做。

下面来到 Hull Shader，其输入参数有两个，InputPatch < v2h, 3 > 类型的 patch 以及 uint 类型的 id，其中 id 参数使用 SV_OutputControlPointID 语义，表示这是一个输出的控制点 ID，它的取值在 0 到 patch 的顶点个数，在示例中它的取值为 0、1、2。这段代码看起来很简单，是根据 id 返回包含对应点信息的 h2t 类型结构体，代码如下：

```
h2t hull(InputPatch<v2h, 3> patch,uint id : SV_OutputControlPointID) {
    h2t o;
    o.pos = patch[id].pos;
    o.uv = patch[id].uv;
    o.normal = patch[id].normal;
    return o;
}
// hull shader 与顶点着色器、片元着色器类似,在 CGPROGRAM 开始时,都需要用宏命令指定
// 因此不要忘记在开头加上#pragma hull hull
```

但是，只有这些代码是不能告诉曲面细分器如何细分的，还需要一系列配置的帮助。首先，我们要告诉 GPU，以三角形的方式获取 Patch，代码如下：

```
[UNITY_domain("tri")]
// 除了用 tri 表示三角形,还可以使用 quad 表示四边形,isoline 表示线段
```

当然，还要告诉 GPU，一个 patch 中需要获取三个顶点，代码如下：

```
[UNITY_outputcontrolpoints(3)]
//实际上 patch 的数量不一定与输入数量相同,也可以新增控制点
```

以及，这些点是用什么方式分割得来的，代码如下：

```
[UNITY_partitioning("integer")]
//分割模式有三种:integer、fractional_even、fractional_odd
```

有了顶点还不够，因为模型是由顶点连接的三角面构成的，我们还需要告诉 GPU 用什么样的拓扑方式建三角面，代码如下：

```
[UNITY_outputtopology("triangle_cw")]
//有三种输出拓扑结构:triangle_cw(顺时针环绕三角形)、triangle_ccw(逆时针环绕三角形)、line(线段)
```

最后，需要指定 Patch constant function，代码如下：

```
[UNITY_patchconstantfunc("PatchFunc")]
// PatchFunc 就是我们在上面定义的细分区块常函数的函数名
```

现在，终于能见到完全体的 hull shader 了，代码如下：

```
[UNITY_domain("tri")]
[UNITY_outputcontrolpoints(3)]
[UNITY_partitioning("integer")]
[UNITY_outputtopology("triangle_cw")]
[UNITY_patchconstantfunc("PatchFunc")]
h2t hull(InputPatch<v2h, 3> patch, uint id : SV_OutputControlPointID) {
    h2t o;
    o.pos = patch[id].pos;
    o.uv = patch[id].uv;
    o.normal = patch[id].normal;
    return o;
}
```

经过 Hull shader 后，用来处理细分的信息就将被送到曲面细分器中进行处理。这部分由 GPU 进行处理分割。新的顶点信息将被传递到 Domain Shader（又译作域着色器），请注意，在 Domain shader 中，函数将接收三个参数，如下面的代码中，参数有：细分参数 i、区块 patch，以及一个使用 SV_DomainLocation 语义的 bary。同时，不要忘记在前面加上"#pragma domain doma"，告诉 Shader 你要使用这个函数，代码如下：

```
// 表示使用三角形的 patch
[UNITY_domain("tri")]
d2f doma (tessFactor i, OutputPatch<h2t, 3> patch, float3 bary : SV_DomainLocation)
{
    d2f o;
    o.objectPos = patch[0].pos * bary.x + patch[1].pos * bary.y + patch[2].pos * bary.z;
    o.pos = UnityObjectToClipPos(o.objectPos);
    o.uv = patch[0].uv * bary.x + patch[1].uv * bary.y + patch[2].uv * bary.z;
    o.worldPos = mul(unity_ObjectToWorld, o.objectPos);
    o.normal = UnityObjectToWorldNormal(normalize(patch[0].normal * bary.x + patch[1].normal * bary.y + patch[2].normal * bary.z));

    return o;
}
```

如果蒙上参数，粗粗看一眼函数体，会发现这与我们之前在 Shader 中写的顶点着色器非常相似，直到这一步，我们才将顶点的信息整理好，把顶点坐标转换到裁剪空间、计算法线，然后传递到片元着色器。造成这种结果的原因不难理解，在之前的 Shader 中，顶点着色器是我们通往片元着色器前，或者说进行光栅化之前能进行编程的最后一步，所以直接处理好顶点就能交给片元着色器（见图 6-23）；而在这个 Shader 中，在走出顶点着色器后，经过 Hull Shader、Domain Shader 才将顶点信息完全准备好，所以在 Domain Shader 中才做空间转换之类的操作，如图 6-24 所示。

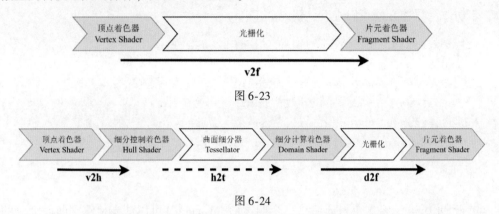

图 6-23

图 6-24

返回 Domain Shader 的参数，tessFactor 是由细分区块常函数 PatchFunc 计算得出并传递下来的细分参数，patch 是由外壳函数 hull 加工原来的 InputPatch < v2h, 3 > 得到的 OutputPatch < h2t, 3 > 类型参数。换言之，前两个参数都继承自我们计算的结果。这个突然出现的 float3 类型的 bary 参数是什么呢？对于三角形细分方法，bary 将返回该点在三角形平面上的重心坐标 $\begin{pmatrix} u \\ v \\ w \end{pmatrix}$，如图 6-25 所示。

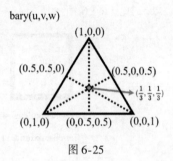

图 6-25

所以在域函数中，使用重心坐标进行插值就能算出顶点位置、UV 坐标、法线方向等顶点信息：

$$P = (P_0 \quad P_1 \quad P_2) \cdot \begin{pmatrix} u \\ v \\ w \end{pmatrix}$$

$$UV = (UV_0 \quad UV_1 \quad UV_2) \cdot \begin{pmatrix} u \\ v \\ w \end{pmatrix}$$

$$N = (N_0 \quad N_1 \quad N_2) \cdot \begin{pmatrix} u \\ v \\ w \end{pmatrix}$$

```
o.objectPos=patch[0].pos*bary.x+patch[1].pos*bary.y+patch[2].pos*bary.z;
o.uv=patch[0].uv*bary.x+patch[1].uv*bary.y+patch[2].uv*bary.z;
o.normal=UnityObjectToWorldNormal(normalize(patch[0].normal*bary.x+patch[1].normal*bary.y+patch[2].normal*bary.z));
```

我们已经把曲面细分的流程走完了。但是前面演示细分区块常函数时，把细分度都设置1，不妨改为属性方便我们查看，代码如下：

```
tessFactor PatchFunc (InputPatch < v2h, 3 > patch){
    tessFactor f;
    f.edgeTess[0] = _TessellationEdge;
    f.edgeTess[1] = _TessellationEdge;
    f.edgeTess[2] = _TessellationEdge;
    f.insideTess  = _TessellationInside;
    return f;
}
```

现在返回 Unity，将这个材质赋给一个四边形（Quad），可以清晰地看到曲面细分的效果，如图 6-26 所示。

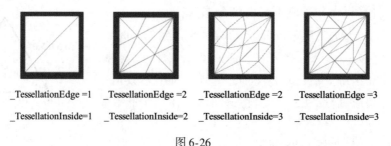

图 6-26

虽然我们完成了细分的任务，但目前 Shader 中传递的结构体数量太多，从 appdata 到 v2h、h2t、d2f，其实完全可以将光栅化传递的信息进行合并，如图 6-27 所示。

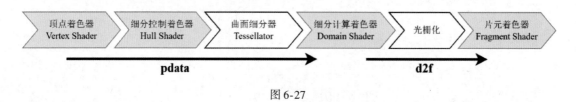

图 6-27

```
// 光栅化前全部使用 pdata 传输信息
struct pdata
{
    float4 pos : POSITION;
    float2 uv : TEXCOORD0;
    float3 normal : TEXCOORD1;
};

pdata vert (pdata v)
{
```

```
        pdata o;
        o.pos = v.pos;
        o.uv = v.uv;
        o.normal = v.normal;

        return o;
    }

    tessFactor PatchFunc (InputPatch <pdata, 3 > patch) {
        tessFactor f;
        f.edgeTess[0] = _TessellationEdge;
        f.edgeTess[1] = _TessellationEdge;
        f.edgeTess[2] = _TessellationEdge;
        f.insideTess  = _TessellationInside;
        return f;
    }
    [UNITY_domain("tri")]
    [UNITY_outputcontrolpoints(3)]
    [UNITY_partitioning("integer")]
    [UNITY_outputtopology("triangle_cw")]
    [UNITY_patchconstantfunc("PatchFunc")]
    pdata hull(InputPatch <pdata, 3 > patch,uint id : SV_OutputControlPointID) {
        pdata o;
        o.pos = patch[id].pos;
        o.uv = patch[id].uv;
        o.normal = patch[id].normal;
        return o;
    }

    [UNITY_domain("tri")]
    d2f doma (tessFactor i, OutputPatch <pdata, 3 > patch, float3 bary : SV_DomainLocation)
    {
        d2f o;
        o.objectPos = patch[0].pos * bary.x + patch[1].pos * bary.y + patch[2].pos * bary.z;
        o.pos = UnityObjectToClipPos(o.objectPos);
        o.uv = patch[0].uv * bary.x + patch[1].uv * bary.y + patch[2].uv * bary.z;
        o.worldPos = mul(unity_ObjectToWorld,o.objectPos);
        o.normal = UnityObjectToWorldNormal(normalize(patch[0].normal * bary.x + patch[1].normal * bary.y + patch[2].normal * bary.z));
```

```
    return o;
}
```

在域着色器中，重复写 bary 插值也很麻烦，可通过宏命令将其简化。在下面的代码中，在开头定义了一个叫 DOMAIN_ INTERPOLATE（field） 的宏定义函数，每行末尾的"\"表示在定义宏时的换行，熟悉 C/C++ 的读者应该对它不陌生，宏定义函数本身不是函数，但使用起来和函数类似，设备会以复制宏代码的方式替换我们的代码，括号中的"field"将被替换为下面调用该宏定义函数时括号内的字符。例如，在定义了 DOMAIN_ INTERPOLATE(field)后，下面的 DOMAIN_ INTERPOLATE(pos)将被替换为 o. pos = patch[0]. pos * bary. x + patch[1]. pos * bary. y + patch[2]. pos * bary. z;，代码如下：

```
#define DOMAIN_INTERPOLATE(field) o.field = \
    patch[0].field* bary.x + \
    patch[1].field* bary.y + \
    patch[2].field* bary.z;


[UNITY_domain("tri")]
d2f doma (tessFactor i, OutputPatch<pdata, 3> patch, float3 bary : SV_DomainLocation)
{
    d2f o;
    DOMAIN_INTERPOLATE(pos)
    DOMAIN_INTERPOLATE(color)
    DOMAIN_INTERPOLATE(normal)
    DOMAIN_INTERPOLATE(uv)
    o.objectPos = o.pos;
    o.pos = UnityObjectToClipPos(o.objectPos);
    o.worldPos = mul(unity_ObjectToWorld, o.objectPos);
    o.normal = UnityObjectToWorldNormal(o.normal);

    return o;
}
```

6.2.2　Gerstner 波

现在，可以尝试在曲面细分后的网格中还原我们的正弦波，代码如下：

```
[UNITY_domain("tri")]
d2f doma (tessFactor i, OutputPatch<pdata, 3> patch, float3 bary : SV_DomainLocation)
```

```
{
    d2f o;
    DOMAIN_INTERPOLATE(pos)
    DOMAIN_INTERPOLATE(color)
    DOMAIN_INTERPOLATE(normal)
    DOMAIN_INTERPOLATE(uv)
    o.objectPos = o.pos;
    o.objectPos.xyz = MakeWave(o.objectPos.xyz);
    o.pos = UnityObjectToClipPos(o.objectPos);
    o.worldPos = mul(unity_ObjectToWorld, o.objectPos);
    o.normal = UnityObjectToWorldNormal(o.normal);

    return o;
}
```

效果如图 6-28 所示。

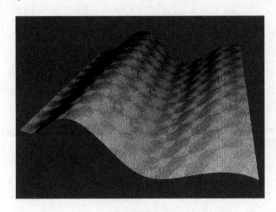

图 6-28

这种程度的波形远远比不上我们想要的海浪效果。首先，对正弦波进行拆解：

$$y = A \sin\left[\frac{2\pi}{l}(x - vt)\right]$$

式中：A 为振幅；l 为波长；v 为速度；t 为时间。

据此调整我们的 MakeWave 函数，代码如下：

```
float3 MakeWave(float3 p)
{
    float y = p.y + _Amplitude * sin(2 * UNITY_PI / _Wavelength * (p.x - _Speed * _Time.y));
    return float3(p.x, y, p.z);
}
```

这离真实的水波效果依然很远，实际上，在水波中一浪推一浪，水分子不断翻滚，因此它们不仅在竖直上不断上下运动，在水平上也不断前后运动。这就是 Franz Josef Gerstner 在 1802 年时提出的 Gerstner 波模型，他提出这个模型时也许还没意识到自己的成果在两百年后能在这里大有作为。这两种波形模型的区别如图 6-29 和图 6-30 所示。

图 6-29　　　　　　　　　　　　　图 6-30

这种融合了"上下"与"前后"运动的点，看起来就像围绕着一个移动的圆不断地旋转，根据极坐标方程，给出绕圆上一点的坐标 $P = \begin{pmatrix} r\cos\theta \\ r\sin\theta \end{pmatrix}$，代入 $r = A$，$\theta = \dfrac{2\pi}{l}(x - vt)$ 并考虑 x 的横向运动，可以得出：

$$P = \begin{pmatrix} x + A\cos\left[\dfrac{2\pi}{l}(x - vt)\right] \\ A\sin\left[\dfrac{2\pi}{l}(x - vt)\right] \end{pmatrix}$$

```
float3 MakeWave(float3 p)
{
    float y = p.y + _Amplitude * sin(2 * UNITY_PI / _Wavelength * (p.x - _Speed * _Time.y));
    float x = p.x + _Amplitude * cos(2 * UNITY_PI / _Wavelength * (p.x - _Speed * _Time.y));
    return float3(x, y, p.z);
}
```

这样，网格上就出现了尖浪，如图 6-31 所示。

当振幅过大时，可能会出现奇怪的重叠浪情况，如图 6-32 所示。

 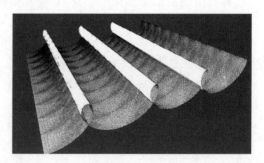

图 6-31　　　　　　　　　　　　　图 6-32

如果在真实世界中，重叠浪表示这些聚集起来的水将变成四散的水花。但是目前在 Shader 中并不太好实现这一效果，既然无法做到完全拟真，那就避免问题。当波两侧的斜率趋近于 $+\infty$ 时，波到达浪尖的临界点。设：

$$\begin{cases} a = x + A\cos\left[\dfrac{2\pi}{l}(x - vt)\right] \\ b = A\sin\left[\dfrac{2\pi}{l}(x - vt)\right] \end{cases}$$

则曲线斜率为：

$$\frac{\mathrm{d}b}{\mathrm{d}a} = \frac{\dfrac{\mathrm{d}b}{\mathrm{d}x}}{\dfrac{\mathrm{d}a}{\mathrm{d}x}} = \frac{\dfrac{2\pi A}{l}\cos\left[\dfrac{2\pi}{l}(x - vt)\right]}{1 - \dfrac{2\pi A}{l}\sin\left[\dfrac{2\pi}{l}(x - vt)\right]}$$

设 $k = \dfrac{2\pi A}{l}$，显然 $k > 0$，则：

$$\begin{cases} \dfrac{k\cos\left[\dfrac{2\pi}{l}(x - vt)\right]}{1 - k\sin\left[\dfrac{2\pi}{l}(x - vt)\right]} \leqslant \dfrac{k\cos\left[\dfrac{2\pi}{l}(x - vt)\right]}{1 - k} \leqslant \dfrac{k}{1 - k} \\ \dfrac{k\cos\left[\dfrac{2\pi}{l}(x - vt)\right]}{1 - k\sin\left[\dfrac{2\pi}{l}(x - vt)\right]} \geqslant \dfrac{k\cos\left[\dfrac{2\pi}{l}(x - vt)\right]}{1 + k} \geqslant -\dfrac{k}{1 + k} \end{cases}$$

即：

$$-\frac{k}{1+k} \leqslant \frac{\mathrm{d}b}{\mathrm{d}a} \leqslant \frac{k}{1-k}$$

为了让波浪不发生重叠，只需控制 $k \leqslant 1$，即 $l \leqslant 2\pi A$。因此，可以将原 Shader 中控制振幅的 A 属性替换为描述波浪尖锐程度的参数，则 MakeWave 函数可改写为：

```
float3 MakeWave(float3 p)
{
    float a = _Wavelength/(2* UNITY_PI)* _Steepness;
    float y = p.y + a* sin(2* UNITY_PI/_Wavelength* (p.x - _Speed* _Time.y));
    float x = p.x + a* cos(2* UNITY_PI/_Wavelength* (p.x - _Speed* _Time.y));
    return float3(x,y,p.z);
}
```

在流体力学中，波上水分子的滚动呈现出一种周期波（见图 6-29），它还需要满足弥散（dispersion）关系，即速度、波长、重力满足：

$$v^2 = \frac{gl}{2\pi}$$

因此，函数还可以被继续修正为：

```
float3 MakeWave(float3 p)
{
    float a = _Wavelength/(2* UNITY_PI)* _Steepness;
    float v = sqrt((9.8* _Wavelength)/(2* UNITY_PI));
    float y = p.y + a* sin(2* UNITY_PI/_Wavelength* (p.x - v* _Time.y));
```

```
    float x = p.x + a * cos(2 * UNITY_PI/_Wavelength * (p.x - v * _Time.y));
    return float3(x, y, p.z);
}
```

现在，得到一个在单方向上相当有真实感的波浪效果，如图 6-33 所示。

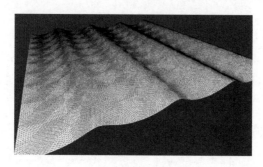

图 6-33

只有一个 x 方向的波是不够的，不妨引入方向属性（_WaveDir），通过点乘将 x 与 z 分量一起纳入波浪计算的参数，代码如下：

```
float3 MakeWave(float3 p)
{
    float lambda = 2 * UNITY_PI/_Wavelength;
    float a = 1 / lambda * _Steepness;
    float v = sqrt((9.8 * _Wavelength)/(2 * UNITY_PI));
    half dir = dot(normalize(_WaveDir), p.xz);
    float y = p.y + a * sin(lambda * (dir - v * _Time.y));
    // 乘上 normalize(_WaveDir) 的各分量,使得水波的推进能与波方向相同
    float x = p.x + normalize(_WaveDir).x * a * cos(lambda * (dir - v * _Time.y));
    float z = p.z + normalize(_WaveDir).y * a * cos(lambda * (dir - v * _Time.y));
    return float3(x, y, z);
}
```

此外，波之间还可以相互叠加，形成更加拟真的波浪效果：

```
// 采样一次波浪
float3 SampleWave(float3 p, half2 waveDir, half wavelength, half steepness)
{
    float lambda = 2 * UNITY_PI/wavelength;
    float a = 1 / lambda * steepness;
    float v = sqrt((9.8 * wavelength)/(2 * UNITY_PI));
    half dir = dot(normalize(waveDir), p.xz);
    float y = p.y + a * sin(lambda * (dir - v * _Time.y));
    float x = p.x + normalize(waveDir).x * a * cos(lambda * (dir - v * _Time.y));
    float z = p.z + normalize(waveDir).y * a * cos(lambda * (dir - v * _Time.y));
```

```
    return float3(x,y,z);
}
float3 MakeWave(float3 p)
{
    p = SampleWave(p,_WaveDir0,_Wavelength0,_Steepness0);
    p = SampleWave(p,_WaveDir1,_Wavelength1,_Steepness1);
    return p;
}
```

现在，我们的波浪就具有相当高的可信度了，如果读者喜欢，还可以叠加更多的波，如图 6-34 所示。

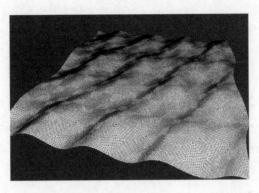

图 6-34

6.2.3 计算法线

虽然已经能计算出波上顶点的坐标，但还缺少一个非常重要的顶点信息——法线。缺少法线，渲染颜色的大量计算都无从谈起，那么，应该如何计算波浪的法线呢？

在 TBN 矩阵的构建中，曾经使用过一个极其投机取巧的计算方法：通过法线与切线做叉乘，得到副切线。按照这样的思路，在过顶点垂直于顶点法线的切线平面上找两条不重合的向量，将它们叉乘即可得到法线，如图 6-35 所示。

那么，应该如何构建这两条切线呢？目前，可通过 MakeWave 函数知道当前平面上任何一点的位置，那么即可据此得到过该顶点到其余任意一点的向量。图 6-36 所示为在模型上由一点引出的两个向量，图 6-37 所示为模型两点间的向量求解。

图 6-35

 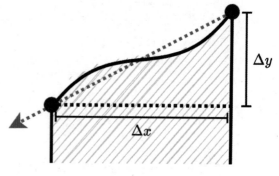

图6-36　　　　　　　　　　图6-37

于是，对于波浪上的点 $P_1\begin{pmatrix}x_1\\f(x_1,z_1)\\z_1\end{pmatrix}$、$P_2\begin{pmatrix}x_1+\Delta x\\f(x_1+\Delta x,z_1+\Delta z)\\z_1+\Delta z\end{pmatrix}$，它们之间的向量即为

$\Delta v = \begin{pmatrix}\Delta x\\\Delta f(x_1+\Delta x,z_1+\Delta z)-f(x_1,z_1)\\\Delta z\end{pmatrix}$，当 Δx、Δz 足够小时，可以认为 Δv 是过点 P_1 的

一条切线。按照这个思路，可以在当前点沿 x 轴方向、z 轴方向取两点，构建两条切线 T_1、T_2，那么法线 $N = T_1 \times T_2$，代码如下：

```
// dhx 表示在 x 方向上的高度增量,dhz 表示在 z 方向上的高度增量
float3 CalculateNormal(float dhx, float dhz, float scale)
{
    float3 tx = normalize(float3(scale, dhx, 0));
    float3 tz = normalize(float3(0, dhz, scale));
    float3 normal = cross(tz, tx);
    return normalize(normal);
}

/////////////////////////////
//在 domain 着色器中:
//scale 用于缩放 x、z 方向增量的尺度
/////////////////////////////
half scale = 0.1;
float3 p1 = MakeWave(o.pos + scale* float3(1,0,0));
float3 p2 = MakeWave(o.pos + scale* float3(0,0,-1));
o.objectPos = o.pos;
o.objectPos.xyz = MakeWave(o.objectPos.xyz);
o.normal = UnityObjectToWorldNormal(normalize(
    CalculateNormal(p1.y - o.objectPos.y, p2.y - o.objectPos.y, scale)
));
```

配合在第 5 章所学的着色知识,即可让波浪呈现出正确的光照效果(见图 6-38),有兴趣的读者可以尝试自行完成该波浪的片元着色器及 ShadowCaster Pass。

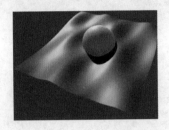

图 6-38

6.2.4 基于视距的曲面细分

现在我们已经得到具有极高面数的模型,但如前所述,渲染高面数的模型会让 GPU 压力陡增,水面范围如此之大,而玩家通常只会注意眼前的一小块。也就是说,用大量的面数去渲染远处的水面是一种极大的浪费,这显然是不合适的。那么,我们就必须想办法只让近处的模型获得更高的细分面数,而远处的模型面数降低,这样才能尽可能达到性能与视觉效果的平衡。

实现这点其实并不困难,我们可以获得摄像机的坐标,只需根据摄像机坐标与细分点的距离缩放细分程度即可。在下面的代码中,为了方便参数化控制,我们不再区别边缘或内部对曲面细分的顶点控制,而使用"细分的边缘长度"控制细分量,代码如下:

```
float TessellationEdgeFactor (pdata cp0, pdata cp1) {
    //在世界空间下计算
    float3 p0 = mul(unity_ObjectToWorld, float4(cp0.pos.xyz, 1)).xyz;
    float3 p1 = mul(unity_ObjectToWorld, float4(cp1.pos.xyz, 1)).xyz;
    float edgeLength = distance(p0, p1);
    float3 edgeCenter = (p0 + p1) * 0.5;
    // 计算细分边缘与计算机之间的距离
    float viewDistance = distance(edgeCenter, _WorldSpaceCameraPos);
    // 缩放细分程度,保证细分后的邻接点距离维持在范围内
    return edgeLength / (_TessellationEdgeLength* pow(viewDistance,2)* 0.01);
}
tessFactor PatchFunc (InputPatch <pdata, 3 > patch){
    tessFactor f;
    f.edgeTess[0] = TessellationEdgeFactor(patch[1], patch[2]);
    f.edgeTess[1] = TessellationEdgeFactor(patch[2], patch[0]);
    f.edgeTess[2] = TessellationEdgeFactor(patch[0], patch[1]);
    // 通过边缘细分程度计算内部细分程度
    f.insideTess = (f.edgeTess[0] + f.edgeTess[1] + f.edgeTess[2])* (1 / 3.0);
    return f;
}
```

现在，在平面上可以看到网格非常明显的近密远疏，如图6-39所示。

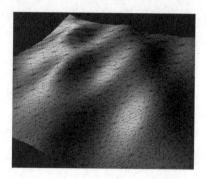

图 6-39

6.2.5 完整代码

以下是本节内容的示例代码：

```
Shader "Unlit/Wave"
{
    Properties
    {
        _Color("Main Color", Color) = (1, 1, 1, 1)
        _MainTex ("Texture", 2D) = "white" {}
        _TessellationEdgeLength ("Tessellation Edge Length", Range(0.001, 1)) = 0.5

        [Header(wave)]
        _Steepness0("Steepness 0", Range(0, 1)) = 0.5
        _Wavelength0("Wave Length 0", Range(0, 64)) = 1
        _WaveDir0("Wave Direction 0", Vector) = (1,0,0,0)
        _Steepness1("Steepness 1", Range(0, 1)) = 0.5
        _Wavelength1("Wave Length 1", Range(0, 64)) = 1
        _WaveDir1("Wave Direction 1", Vector) = (1,0,0,0)

        [Header(Shading)]
        _Metallic("_Metallic",Range(0,1)) = 0
        _Shininess("Shininess",Range(0,1)) = 0.5

    }
    SubShader
    {
        Tags { "RenderType" = "Opaque" }
```

```
            LOD 100


            Pass
            {
                Tags{"LightMode"="ForwardBase"}

                Cull off
                CGPROGRAM
                #pragma multi_compile_fwdbase
                #pragma vertex vert
                #pragma fragment frag
                #pragma hull hull
                #pragma domain doma

                #include "UnityCG.cginc"
                #include "UnityCG.cginc"
                #include "Lighting.cginc"
                #include "AutoLight.cginc"
                #include "UnityPBSLighting.cginc"


                struct pdata
                {
                    float4 pos : POSITION;
                    float2 uv : TEXCOORD0;
                    float3 normal : TEXCOORD1;
                    float4 color : COLOR;
                };


                struct tessFactor {
                    float edgeTess[3] : SV_TessFactor;
                    float insideTess : SV_InsideTessFactor;
                };

                struct d2f
                {
                    float2 uv : TEXCOORD0;
                    float4 pos : SV_POSITION;
                    float4 worldPos : TEXCOORD1;
```

```
            float3 normal : TEXCOORD2;
            float4 objectPos : TEXCOORD3;
            float4 color : TEXCOORD4;
            SHADOW_COORDS(5)
        };


        sampler2D _MainTex;
        float4 _MainTex_ST;
        int _TessellationUniform;
        float _TessellationEdgeLength;
        half4 _Color;

        half _Steepness0;
        half _Wavelength0;
        half2 _WaveDir0;
        half _Steepness1;
        half _Wavelength1;
        half2 _WaveDir1;

        half _Shininess;
        half _Metallic;

        float3 SampleWave(float3 p, half2 waveDir, half wavelength, half steepness)
        {
            float lambda = 2 * UNITY_PI / wavelength;
            float a = 1 / lambda * steepness;
            float v = sqrt((9.8 * wavelength) / (2 * UNITY_PI));
            half dir = dot(normalize(waveDir), p.xz);
            float y = p.y + a * sin(lambda * (dir - v * _Time.y));
            float x = p.x + normalize(waveDir).x * a * cos(lambda * (dir - v * _Time.y));
            float z = p.z + normalize(waveDir).y * a * cos(lambda * (dir - v * _Time.y));
            return float3(x, y, z);
        }
        float3 MakeWave(float3 p)
        {
            p = SampleWave(p, _WaveDir0, _Wavelength0, _Steepness0);
            p = SampleWave(p, _WaveDir1, _Wavelength1, _Steepness1);
```

```
            return p;
        }

        pdata vert (pdata v)
        {
            pdata o;
            o.pos = v.pos;
            o.uv = v.uv;
            o.normal = v.normal;

            return o;
        }


        float TessellationEdgeFactor (pdata cp0, pdata cp1) {
            float3 p0 = mul (unity_ObjectToWorld, float4 (cp0.pos.xyz, 1)).xyz;
            float3 p1 = mul (unity_ObjectToWorld, float4 (cp1.pos.xyz, 1)).xyz;
            float edgeLength = distance(p0, p1);

            float3 edgeCenter = (p0 + p1) * 0.5;
            float viewDistance = distance(edgeCenter, _WorldSpaceCameraPos);

            return edgeLength / (_TessellationEdgeLength * pow (viewDistance,2) * 0.01);
        }

        tessFactor PatchFunc (InputPatch<pdata, 3> patch){
            tessFactor f;
            f.edgeTess[0] = TessellationEdgeFactor(patch[1], patch[2]);
            f.edgeTess[1] = TessellationEdgeFactor(patch[2], patch[0]);
            f.edgeTess[2] = TessellationEdgeFactor(patch[0], patch[1]);
            f.insideTess = (f.edgeTess[0] + f.edgeTess[1] + f.edgeTess[2]) * (1 / 3.0);
            return f;
        }

        [UNITY_domain("tri")]
        [UNITY_outputcontrolpoints(3)]
```

```
[UNITY_partitioning("integer")]
[UNITY_outputtopology("triangle_cw")]
[UNITY_patchconstantfunc("PatchFunc")]
pdata hull(InputPatch<pdata, 3> patch, uint id : SV_OutputControlPointID) {
    pdata o;
    o.pos = patch[id].pos;
    o.uv = patch[id].uv;
    o.normal = patch[id].normal;
    o.color = (step(-0.1, id) - step(0.1, id)) * half4(1,0,0,0)
            + (step(0.9, id) - step(1.1, id)) * half4(0,1,0,0)
            + (step(1.9, id) - step(2.1, id)) * half4(0,0,1,0);
    return o;
}


float3 CalculateNormal(float dhx, float dhz, float scale)
{
    float3 tx = normalize(float3(scale, dhx, 0));
    float3 tz = normalize(float3(0, dhz, scale));

    float3 normal = cross(tz, tx);
    return normalize(normal);
}

#define DOMAIN_INTERPOLATE(field) o.field = \
    patch[0].field * bary.x + \
    patch[1].field * bary.y + \
    patch[2].field * bary.z;
[UNITY_domain("tri")]
d2f doma(tessFactor i, OutputPatch<pdata, 3> patch, float3 bary : SV_DomainLocation)
{
    d2f o;
    DOMAIN_INTERPOLATE(pos)
    DOMAIN_INTERPOLATE(color)
    DOMAIN_INTERPOLATE(normal)
    DOMAIN_INTERPOLATE(uv)
```

```
            half scale = 0.1;
            float3 p1 = MakeWave(o.pos + scale* float3(1,0,0));
            float3 p2 = MakeWave(o.pos + scale* float3(0,0,-1));
            o.objectPos = o.pos;
            o.objectPos.xyz = MakeWave(o.objectPos.xyz);
            o.pos = UnityObjectToClipPos(o.objectPos);
            o.worldPos = mul(unity_ObjectToWorld, o.objectPos);
            o.normal = UnityObjectToWorldNormal(normalize(
                CalculateNormal(p1.y - o.objectPos.y, p2.y - o.objectPos.y, scale)
            ));
            TRANSFER_SHADOW(o)
            return o;
        }


        fixed4 frag (d2f i) : SV_Target
        {
            float3 normal = normalize(i.normal);
            float3 lightDir = normalize(_WorldSpaceLightPos0.xyz);
            half shadow = SHADOW_ATTENUATION(i);

            UnityLight light;
            light.color = _LightColor0.rgb* shadow;
            light.dir = lightDir;
            light.ndotl = DotClamped(i.normal, lightDir);

            UnityIndirect indirectLight;
            indirectLight.diffuse = 0.3;
            indirectLight.specular = 0;

            half4 albedo = tex2D(_MainTex, i.uv) * _Color;
            half3 specularColor;
            float oneMinusReflectivity;
            albedo.rgb = DiffuseAndSpecularFromMetallic(
                albedo, _Metallic, specularColor, oneMinusReflectivity
            );

            float3 viewDir = normalize(UnityWorldSpaceViewDir(i.worldPos));
            return UNITY_BRDF_PBS(
                albedo, specularColor,
```

```
                    oneMinusReflectivity, _Shininess,
                    normal, viewDir,
                    light,indirectLight
                );
            }
            ENDCG
        }

        Pass {
            Tags {
                "LightMode" = "ShadowCaster"
            }
            CGPROGRAM
            // 省略 Shadow Caster Pass,这里需要重新计算曲面细分与网格高度变化,否则
会出现阴影与表面不贴合的错误,复制主 Pass 中的代码即可
            // 参考 5.2.4 节中的 Shadow Caster 实现
            ENDCG
        }
    }
}
```

6.3 改变网格:几何着色器

在之前的章节中,反复提到一个名为几何着色器(Geometry Shader)的流程,这是一个能对模型进行更高自由度增、删、改的过程。在本节中,将一同使用它对模型进行修改。

6.3.1 几何着色器的流程与数据传递

在上一节中,我们学习了包含曲面细分着色器的 Shader 在执行过程中的数据流,作为光栅化前流程,几何着色器也有着类似的数据传输结构(见图 6-40),但是几何着色器只需实现一个函数,比实现曲面细分看起来更简单。

图 6-40

如果不需要曲面细分,可以直接使顶点着色器的计算结果传输至几何着色器,在本小节中,为了方便读者理解,笔者使用了一个更加清晰的结构,如图 6-41 所示。可以看出,

数据传输流只有顶点着色器、几何着色器、片元着色器。

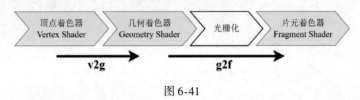

图 6-41

在实现几何着色器前，需要像实现其他着色器一样告诉 GPU，这个 Shader 中使用了几何着色器，代码如下：

```
#pragma vertex vert
#pragma fragment frag
// 使用了几何着色器,函数名为 geom
#pragma geometry geom
```

下面，创建在数据传输流中要使用的各种结构体，代码如下：

```
struct v2g
{
    float4 vertex : POSITION;
    float3 normal : NORMAL;
    float2 uv : TEXCOORD0;
};
//和 v2f 类似,这里写上我们需要在片元着色器中使用的各种信息
struct g2f
{
    float4 pos : SV_POSITION;
    float2 uv : TEXCOORD0;
    float3 normal : TEXCOORD1;
    float4 color : TEXCOORD2;
    float4 posObj : TEXCOORD3;
};
```

然后，构建"顶点着色器→几何着色器→片元着色器"的基本框架，代码如下：

```
v2g vert (appdata v)
{
    v2g o;
    o.vertex = v.vertex;
    // 省略其他 v2g 参数的初始化
    return o;
}


[maxvertexcount(3)]
```

```
void geom(triangle v2g p[3], inout TriangleStream<g2f> stream)
{
    // ...
}
fixed4 frag (g2f i) : SV_Target
{
    // ...
}
```

在这段代码的几何着色器的第一行,我们定义了几何着色器在执行后将输出多少个顶点。注意,该值越大则 Shader 对性能的消耗就越大,并且存在数量限制(如果在一个几何着色器中返回的顶点过多,Shader 将会报错),因此必须留意控制数量,代码如下:

```
// 这个几何着色器在执行后最多将输出 3 个顶点
[maxvertexcount(3)]
```

注意,与逐顶点执行的顶点着色器不同,几何着色器是针对点、线、三角面之类的图元逐个进行的操作,它的输入是图元,输出也是图元,如图 6-42 所示。在此,我们需要告诉 GPU,经过几何着色器得到的图元中共有多少个顶点。

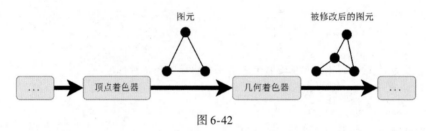

图 6-42

geom 函数的第一个参数 triangle v2g p[3],用来指示几何着色器需要接收的输入图元是什么样的。此处使用 triangle 表示当前的几何着色器以三角面图元作为输入。除此以外,还可以选择表 6-1 中的图元(目前,Unity 并不支持在几何着色器中调用图元的邻接信息)。

表 6-1 作为输入的图元

输入类型	对应图元	顶点数量	形状
point	点	1	p[0]
line	线段	2	p[0] p[1]
triangle	三角形	3	p[0] p[1] p[2]

第二个参数:inout TriangleStream<g2f> stream,这里的 inout 表示这个参数不仅是输

入，还将在函数执行完成后一同返回给调用处，如图 6-43 所示。这说明如果在函数体内改变了标记为 inout 的参数，那么函数执行完成后再次读取该参数时，将得到被修改后的结果。

而后面的 TriangleStream 表示该几何着色器输出的图元类型，除了 TriangleStream 外，还有 LineStream、PointStream 两种选择，见表 6-2。注意，返回的图元可以不止一个，输入的图元也不需要和输出图元一模一样，即便是几何着色器只输入了一个顶点图元，都可以计算出数个三角面图元以返回，只要返回图元的顶点数量之和不大于 maxvertexcount 中所写的数量即可。

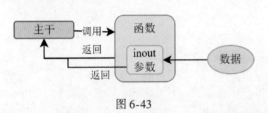

图 6-43

表 6-2 几何着色器输出的图元类型

类型	对应图元
PointStream	点
LineStream	线段
TriangleStream	三角形

在下面的例子中，通过几何着色器渲染出模型的顶点（见图 6-44），代码如下：

```
// 最多返回一个顶点
[maxvertexcount(1)]
void geom(point v2g p[1], inout PointStream<g2f> stream)
{
    g2f o;
    o.pos = p[0].pos;
    o.pos = UnityObjectToClipPos(o.pos);
    // 将该图元加入 Stream 中
    stream.Append(o);
}
```

图 6-44

此外，还可以由一个顶点衍生出多个顶点（见图 6-45），代码如下：

```
[maxvertexcount(2)]
void geom (point v2g p [1], inout PointStream < g2f > stream)
{
    g2f o0;
    o0.pos = p[0].pos;
    o0.pos = UnityObjectToClipPos(o0.pos);
    stream.Append(o0);

    // 准备第二个图元
```

图 6-45

```
    g2f o1;
    // 偏移顶点位置
    o1.pos = p[0].pos + half4(0,1,0,0);
    o1.pos = UnityObjectToClipPos(o1.pos);
    // 将该片元加入 Stream 中
    stream.Append(o1);
}
```

如果在新的模型中不需要某个图元,只要不把它加入 stream 中即可。如图 6-46 所示,只剩下上半部分球体代码如下:

```
[maxvertexcount(1)]
void geom(point v2g p[1], inout PointStream<g2f> stream)
{
    g2f o0;
    o0.pos = p[0].pos;
    o0.pos = UnityObjectToClipPos(o0.pos);
    // 只有在模型上半部分的顶点才能被输入 Stream 中
    if (p[0].pos.y > 0)
        stream.Append(o0);
}
```

此外,还可通过点图元生成线图元。注意,在 Stream 中加入的是顶点,只是用 PointSteam、LineStream、TriangleStream 告诉机器以什么方式连接这些顶点。例如在 LineStream 中,前后输入的两点将被连接为一条线。在下面的例子中,使用点图元作为输入渲染了顶点的法线(见图 6-47),代码如下:

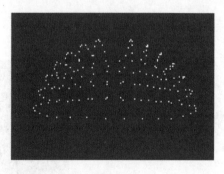

图 6-46

图 6-47

```
// 两点连成一条线段,输出的顶点应该为 2 的倍数
[maxvertexcount(2)]
// 输入顶点图元,输出线图元
void geom(point v2g p[1], inout LineStream<g2f> stream)
{
```

```
// 第一个顶点
g2f o0;
o0.pos = p[0].pos;
o0.pos = UnityObjectToClipPos(o0.pos);
stream.Append(o0);

// 第二个顶点
g2f o1;
o1.pos = p[0].pos;
// 使第二个顶点沿着法线移动，这样两点间的连线就是法线
o1.pos.xyz += .1 * p[0].normal;
o1.pos = UnityObjectToClipPos(o1.pos);
stream.Append(o1);
}
```

同理，还可以利用三角面作为输入图元，渲染模型的三角面线框（见图6-48），代码如下：

```
g2f CreateG2F(v2g i)
{
    g2f o;
    o.pos = i.pos;
    o.pos = UnityObjectToClipPos(o.pos);
    return o;
}
[maxvertexcount(6)]
void geom(triangle v2g p[3], inout LineStream<g2f> stream)
{
    // 三角面的第一条边
    stream.Append(CreateG2F(p[0]));
    stream.Append(CreateG2F(p[1]));
    // 三角面的第二条边
    stream.Append(CreateG2F(p[0]));
    stream.Append(CreateG2F(p[2]));
    // 三角面的第三条边
    stream.Append(CreateG2F(p[1]));
    stream.Append(CreateG2F(p[2]));
}
```

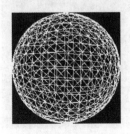

图6-48

由于可以获取整个三角面的所有顶点，还可通过重新计算法线将平滑着色的模型修改为平直着色，如图 6-49 所示。需要注意的是，TriangleStream 在每次输入完一个三角面的三个顶点后，都需要调用 stream.RestartStrip()，告诉 GPU 用之前输入的顶点连接三角面，并准备构成下一个三角面，代码如下：

```
g2f CreateG2F(v2g i)
{
    g2f o;
    o.pos = i.pos;
    o.normal = UnityObjectToWorldNormal(o.normal);
    o.pos = UnityObjectToClipPos(o.pos);
    return o;
}
[maxvertexcount(3)]
void geom(triangle v2g p[3], inout TriangleStream<g2f> stream)
{
    float3 t0 = p[1].pos - p[0].pos;
    float3 t1 = p[2].pos - p[0].pos;
    //通过叉乘重新计算面法线
    float3 n = normalize(cross(t0,t1));
    p[0].normal = n;
    p[1].normal = n;
    p[2].normal = n;
    stream.Append(CreateG2F(p[0]));
    stream.Append(CreateG2F(p[1]));
    stream.Append(CreateG2F(p[2]));
    // 每次输入完一个三角面的三个顶点后，都需要调用该函数，告诉 GPU 用之前输入的顶点连接三角面，并准备构成下一个三角面
    stream.RestartStrip();
}

fixed4 frag(g2f i) : SV_Target
{
    float3 l = normalize(_WorldSpaceLightPos0.xyz);
    return dot(l,i.normal);
}
```

图 6-49

下面，还可以实现更加复杂的集合修改。以一个棱角球（见图6-50）为例进行讲解，如果想要一个完全由三角形构成的棱角球的每个面都伸出一段椎体尖刺，那么必须先分析这段尖刺的顶点与三角面排布关系。由图6-51可以发现，椎体上只有面s01、面s12、面s02可见，共3个面9个顶点，代码如下：

```
[maxvertexcount(9)]
void geom(triangle v2g p[3], inout TriangleStream<g2f> stream)
{
    //…
}
```

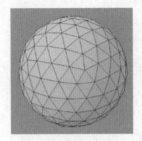
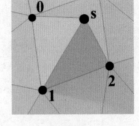

图6-50　　　　　　　　　图6-51

由于输入的片元只有三角面，所以在三角形的重心沿着三角面的法线伸出，将得到的点作为尖刺的顶端，代码如下：

```
float3 t0 = p[1].pos - p[0].pos;
float3 t1 = p[2].pos - p[0].pos;
float3 n = normalize(cross(t0,t1));
// 椎体尖端点
v2g spike;
spike.pos = float4(
    .33* (p[0].pos.xyz + p[1].pos.xyz + p[2].pos.xyz) + _SpikeLength* n,
    1);
```

现在，我们已经获得建面所需的所有顶点，只需将它们挨个连接即可。注意，由于每个面的法线都是通过叉乘计算得来的，务必保证叉乘的顺序正确，以使法线朝外，代码如下：

```
g2f CreateG2F(v2g i)
{
    g2f o;
    o.pos = i.pos;
    o.normal = UnityObjectToWorldNormal(i.normal);
    o.pos = UnityObjectToClipPos(o.pos);
    return o;
}
```

```
[maxvertexcount(9)]
void geom(triangle v2g p[3], inout TriangleStream<g2f> stream)
{
    //…省略前半部分
    //有三个面能被看见,依次计算它们
    //三个点的接入顺序必须符合右手定则,即所构成平面的法线向外
    //第一个面
    float3 n1 = normalize(cross(spike.pos.xyz-p[1].pos.xyz,p[0].pos.xyz-p[1].pos.xyz));
    p[0].normal = n1;
    spike.normal = n1;
    p[1].normal = n1;
    stream.Append(CreateG2F(p[0]));
    stream.Append(CreateG2F(p[1]));
    stream.Append(CreateG2F(spike));
    stream.RestartStrip();
    //第二个面
    float3 n2 = normalize(cross(p[0].pos.xyz-p[2].pos.xyz,spike.pos.xyz-p[2].pos.xyz));
    p[0].normal = n2;
    spike.normal = n2;
    p[1].normal = n2;
    stream.Append(CreateG2F(p[0]));
    stream.Append(CreateG2F(spike));
    stream.Append(CreateG2F(p[2]));
    stream.RestartStrip();
    //第三个面
    float3 n3 = normalize(cross(p[2].pos.xyz-p[1].pos.xyz,spike.pos.xyz-p[1].pos.xyz));
    p[0].normal = n3;
    spike.normal = n3;
    p[2].normal = n3;
    stream.Append(CreateG2F(p[2]));
    stream.Append(CreateG2F(spike));
    stream.Append(CreateG2F(p[1]));
    stream.RestartStrip();
}
```

这样，就得到一个正确的尖刺球模型，如图6-52所示。

图 6-52

6.3.2 生成随机草地

在游戏开发中,渲染一片草地是很常见的效果。在 Unity 中,一般通过自带的地形(Terrain)系统来做到这一效果。但并不是所有的场景都适合使用地形系统,甚至有时候我们只是想在一个模型上插上许多片(如绒毛),这时候就需要用到几何着色器。

通过上一小节的学习,不难得出生成整片草地的大致思路。首先对于给定的模型,可以在面上随机找到许多点,再根据这些点在上面生成走向、长短、宽窄各异的面片即可,这样就可得到插着许多形态各异面片的模型。最后将渲染工作交给片元着色器,草地即可完成,如图 6-53 所示。

我们先从最简单的"只插一个面"做起。首先看看要插的面的顶点排布(见图 6-54),这是一个矩形,需要生成 4 个顶点,将它们连接 2 个三角面面,合计占用 2×3 = 6 个顶点,包含下方原本的三角面,那一次几何着色器将返回 9 个顶点。

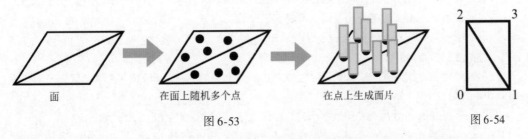

图 6-53　　　　　　　　　　　　　　　图 6-54

创建一个函数用于生成一片草,这样更方便生成更多重复的草片,代码如下:

```
// 第一种 CreateG2F,参数只有一个 v2g
g2f CreateG2F(v2g i)
{
    g2f o;
    o.pos = i.pos;
    o.posObj = i.pos;
    o.normal = UnityObjectToWorldNormal(i.normal);
```

```
        o.pos = UnityObjectToClipPos(o.pos);
        o.color = half4(1,0,1,1);
        o.uv = i.uv;
        return o;
    }

    // 第二种 CreateG2F,不需要 v2g,而是通过位置、uv、法线、顶点色生成 g2f
    g2f CreateG2F(float3 pos, float2 uv, float3 normal, float4 color)
    {
        g2f o;
        o.pos = half4(pos,1);
        o.normal = normal;
        o.color = color;
        o.pos = UnityObjectToClipPos(o.pos);
        o.uv = uv;
        return o;
    }
    void CreateGrass(float3 center, float3 normal, inout TriangleStream<g2f> stream)
    {
        float2 dir = float2(1,1);
        // 计算出如图 6-53 的各点位置
        float3 p0 = center - _GrassWidth * float3(dir.x,0,dir.y);
        float3 p1 = center + _GrassWidth * float3(dir.x,0,dir.y);
        float3 p2 = center + normal -  _GrassWidth * float3(dir.x,0,dir.y);
        float3 p3 = center + normal +  _GrassWidth * float3(dir.x,0,dir.y);
        // 根据草平面上的两个向量叉乘计算草的法线
        float3 n = normalize(cross(p1 - p0, p2 - p0));
        // 连接三角形 012
        // 创建 G2F 时指定 UV 位置、法线、顶点色。其中,(0,1,0,1)的顶点色表示该三角面是草,与其他面进行区分
        stream.Append(CreateG2F(p0,half2(0,0),n,half4(0,1,0,1)));
        stream.Append(CreateG2F(p1,half2(1,0),n,half4(0,1,0,1)));
        stream.Append(CreateG2F(p2,half2(0,1),n,half4(0,1,0,1)));
        stream.RestartStrip();
        // 连接三角形 132
        stream.Append(CreateG2F(p1,half2(1,0),n,half4(0,1,0,1)));
        stream.Append(CreateG2F(p3,half2(1,1),n,half4(0,1,0,1)));
        stream.Append(CreateG2F(p2,half2(0,1),n,half4(0,1,0,1)));
        stream.RestartStrip();
    }
```

在几何着色器中，只需做两件事：把原有的三角面显示出来；在三角面的中间生成一片草，代码如下：

```
// 定义一个名为 MAX_VERTEX_COUNT 的宏，值为 3 + 6
#define MAX_VERTEX_COUNT 3 + 6
[maxvertexcount(MAX_VERTEX_COUNT)]
void geom(triangle  v2g p[3], inout TriangleStream<g2f> stream)
{
    // 原有的三角面
    stream.Append(CreateG2F(p[0]));
    stream.Append(CreateG2F(p[1]));
    stream.Append(CreateG2F(p[2]));
    stream.RestartStrip();
    // 计算面的法线，作为草生长的方向
    float3 t0 = p[1].pos - p[0].pos;
    float3 t1 = p[2].pos - p[0].pos;
    float3 n = normalize(cross(t0,t1));

    // 将草的生成位置放置在几何中心
    float3 center = .33* (p[0].pos.xyz + p[1].pos.xyz + p[2].pos.xyz);
    CreateGrass(center,n,stream);

}
```

现在得到了整齐划一的一片草地，如图 6-55 所示。

这实在太规律，根本不像一片草地，需要多加一些"随机感"。可以为草的方向、草的位置增加一个随机参数，或进行随机偏移，或让它以随机的方式展开。现在，需要请出一位渲染中的好朋友——噪声（Noise）。噪声，就是一个"看起来毫无规律"的值，它对于任意的输入总能输出一个唯一的对应的值，但把这些值综合在一起看时，我们人眼很难一眼看出其中的规律，下意识地会觉得它是无序的，这就给我们

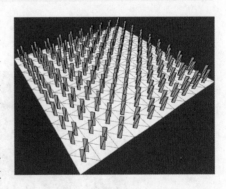

图 6-55

产生了"这个数是随机的"的错觉。举个例子，我们将一把米扔在桌面上，就能看见一桌无序、混乱的大米粒，在桌子上任意指一个点，如果不看桌面，我们根本无从得知这一点有没有碰上米粒，但如果你拥有一个超强的物理学家与数学家的大脑，在给你足够的参数（包括每粒米的重量、扔出去的角度、扔出去的速度、米粒间的碰撞关系等），你完全有可能在抛出米的瞬间算出最终所有米粒的落点。也就是说，这些米的落点位置在你抛出的一瞬间就是确定的、唯一的，如果你能做到这些，那么即便让你蒙着眼在桌子上任意指一个点，你也能算出这一点上有没有米粒。

现在，需要使用这样一个噪声来制造虚假的"随机感"。有很多噪声可供使用，如著名的 Perlin 噪声（见图 6-56）、Worley 噪声（见图 6-57），感兴趣的读者可以尝试使用它们，但在这里可以用一个简单的噪声生成方法。正如前所述，只要一个值"看起来"足够的无规律、混乱，那它就是噪声，那么只要我们把计算方法包装得足够让人捉摸不透，自然也能达成类似的效果。在此，通过一个无意义的数、一个正弦函数、一个取小数函数即可实现，代码如下：

```
// 随机二维向量
float2 RandomFloat2(float2 uv)
{
    float vec = dot(uv, float2(127.1, 311.7));
    return half2(-1.0 + 2.0 * frac(sin(vec) * 2345.8768),
            -1.0 + 2.0 * frac(sin(vec) * 4321.1254)
        );
}

// 随机三维向量
float3 RandomFloat3(float2 uv)
{
    float vec = dot(uv, float2(127.1, 311.7));
    return half3(-1.0 + 2.0 * frac(sin(vec) * 2345.8768),
            -1.0 + 2.0 * frac(sin(vec) * 4321.1254),
            -1.0 + 2.0 * frac(sin(vec) * 678.298)
        );
}
```

 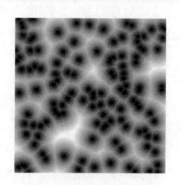

图 6-56　　　　　　　　　　图 6-57

据此，在 CreateGrass 函数中，让草的朝向随机，代码如下：

```
float2 dir = normalize(RandomFloat2(center.xz));
```

也在 geom 函数中，让草的位置随机，代码如下：

```
    float3 center = .33 * (p[0].pos.xyz + p[1].pos.xyz + p[2].pos.xyz);
    float3 dirTo0 = normalize(p[0].pos - center);
    float3 dirTo1 = normalize(p[1].pos - center);
    float3 dirTo2 = normalize(p[2].pos - center);
    half3 noise = .5 * normalize(RandomFloat3(center.xz));
    float3 grassCenter = center + dirTo0 * noise.x + dirTo1 * noise.y + dirTo2 * noise.z;
    CreateGrass(grassCenter, n, stream);
```

现在，得到一片无序的草地，如图 6-58 所示。

我们已经完成了插片的工作，现在只需不断重复插片的过程即可，for 循环结构恰好能帮助我们。这样就能快速地生成密集的草地（见图 6-59），代码如下：

```
// 定义一个名为 MAX_VERTEX_COUNT 的宏,值为 3 + 6 * 9
#define MAX_VERTEX_COUNT 3 + 6 * 9
[maxvertexcount(MAX_VERTEX_COUNT)]
void geom(triangle v2g p[3], inout TriangleStream<g2f> stream)
{
    // 原面
    stream.Append(CreateG2F(p[0]));
    stream.Append(CreateG2F(p[1]));
    stream.Append(CreateG2F(p[2]));
    stream.RestartStrip();
    // 面法线
    float3 t0 = p[1].pos - p[0].pos;
    float3 t1 = p[2].pos - p[0].pos;
    float3 n = normalize(cross(t0, t1));

    float3 center = .33 * (p[0].pos.xyz + p[1].pos.xyz + p[2].pos.xyz);
    float3 dirTo0 = normalize(p[0].pos - center);
    float3 dirTo1 = normalize(p[1].pos - center);
    float3 dirTo2 = normalize(p[2].pos - center);
    // 随机插片
    for (int i = 0; i < _GrassCount; i++)
    {
        half3 noise = .5 * normalize(RandomFloat3(center.xz + i));
        float3 grassCenter = center + dirTo0 * noise.x + dirTo1 * noise.y + dirTo2 * noise.z;
        CreateGrass(grassCenter, n, stream);
    }

}
```

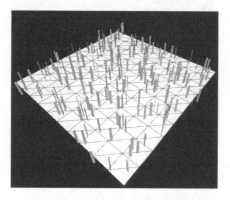

图 6-58

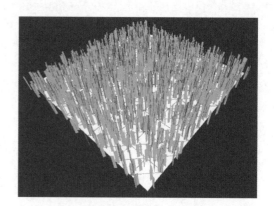

图 6-59

至此，完成了草地网格构建部分的工作，读者可以自己尝试实现草地的片元着色器部分，如图 6-60 所示。此外，网格构建部分依然有许多可以改进的部分，如现在的草地高矮均一、宽度均一，可以将这一项也进行随机化；又如，现在生成的插片仅有 2 个三角面，还可以生成 4 个、6 个甚至更多的三角面来表达更多的细节，插片的面越多，就能在插片上添加越多的弯曲效果，而有了弯曲效果，又能通过一个波或者

图 6-60

一个滚动的噪声（或是两者结合）来实现草随风而动的生动效果；甚至还能接入上一节所学的曲面细分，让近处的草多，远处的草少……当课程进行到这里时，读者应当知道，Shader 开发并不是"利用一个工具解决一个问题"，而是"利用一系列工具解决一整套问题"，我们所学习的各种方法、技巧仅仅是为我们做某件事提供了一种新的思路、新的可能，将这些方法结合起来、综合运用，才是写作 Shader 的秘籍。

一种简单的草地 Shader，代码如下：

```
Shader "Custom/GeometryGrass"
{
    Properties
    {
        _GroundColor("Ground Color", Color) = (1, 1, 1, 1)
        _GrassTex ("Grass Texture", 2D) = "white" {}
        _GrassCount("Grass per triangle", Range(0,9)) = 0
        _GrassWidth("Grass Width", Range(0,1)) = 0.1
        _GrassCutoff("Grass Cutoff", Range(0,1)) = 0.1
        _GrassTall("Grass Tall", Range(0,1)) = 0.1
    }
```

```
SubShader
{
    Pass
    {
        Tags { "RenderType" = "Opaque" "RenderQueue" = "Geometry" "LightMode" = "ForwardBase"}
        Cull off
        CGPROGRAM
        #pragma target 4.0
        #pragma multi_compile_fwdbase
        #pragma vertex vert
        #pragma geometry geom
        #pragma fragment frag

            #include "UnityCG.cginc"
            #include "Lighting.cginc"
            #include "AutoLight.cginc"

        struct appdata {
            float4 vertex : POSITION;
            float3 normal : NORMAL;
            float4 uv : TEXCOORD0;
        };
        struct v2g {
            float4 pos : SV_POSITION;
            float3 normal : TEXCOORD0;
            float4 uv : TEXCOORD1;
        };

        struct g2f {
            float4 pos : SV_POSITION;
            float3 normal : TEXCOORD0;
            float4 color : TEXCOORD1;
            float2 uv : TEXCOORD2;
            float3 posObj : TEXCOORD3;
            SHADOW_COORDS(4)



        };

        int _GrassCount;
```

```
half _GrassWidth;
sampler2D _GrassTex;
float4 _GrassTex_ST;
half4 _GroundColor;
half _GrassCutoff;
half _GrassTall;

v2g vert(appdata v)
{
    v2g o;
    o.pos = v.vertex;
    o.normal = v.normal;
    o.uv = v.uv;
    return o;
}

g2f CreateG2F(v2g i)
{
    g2f o;
    o.pos = i.pos;
    o.posObj = i.pos;
    o.normal = UnityObjectToWorldNormal(i.normal);
    o.pos = UnityObjectToClipPos(o.pos);
    o.color = half4(1,0,1,1);
    o.uv = i.uv;
    
    TRANSFER_SHADOW(o);
    return o;
}
g2f CreateG2F(float3 pos, float2 uv, float3 normal, float4 color)
{
    g2f o;
    o.pos = half4(pos,1);
    o.posObj = pos;
    o.normal = normal;
    o.color = color;
    o.pos = UnityObjectToClipPos(o.pos);
    o.uv = uv;
    TRANSFER_SHADOW(o);
    return o;
}
```

```hlsl
float2 RandomFloat2(float2 uv)
{
    float vec = dot(uv, float2(127.1, 311.7));
    return half2(-1.0 + 2.0 * frac(sin(vec) * 2345.8768),
                 -1.0 + 2.0 * frac(sin(vec) * 4321.1254)
    );
}

float3 RandomFloat3(float2 uv)
{
    float vec = dot(uv, float2(127.1, 311.7));
    return half3(-1.0 + 2.0 * frac(sin(vec) * 2345.8768),
                 -1.0 + 2.0 * frac(sin(vec) * 4321.1254),
                 -1.0 + 2.0 * frac(sin(vec) * 678.298)
    );
}


void CreateGrass(float3 center, float3 normal, inout TriangleStream<g2f> stream)
{
    float2 dir = normalize(RandomFloat2(center.xz));
    float3 p0 = center - _GrassWidth * float3(dir.x, 0, dir.y);
    float3 p1 = center + _GrassWidth * float3(dir.x, 0, dir.y);
    float tall = frac(sin(dot(center.xz, float2(127.1, 311.7))) * 678.298) * 3;
    float3 p2 = center + _GrassTall * normal * tall - _GrassWidth * float3(dir.x, 0, dir.y);
    float3 p3 = center + _GrassTall * normal * tall + _GrassWidth * float3(dir.x, 0, dir.y);
    float3 n = normalize(cross(p1 - p0, p2 - p0));
    stream.Append(CreateG2F(p0, half2(0,0), n, half4(0,1,0,1)));
    stream.Append(CreateG2F(p1, half2(1,0), n, half4(0,1,0,1)));
    stream.Append(CreateG2F(p2, half2(0,1), n, half4(0,1,0,1)));
    stream.RestartStrip();
    stream.Append(CreateG2F(p1, half2(1,0), n, half4(0,1,0,1)));
    stream.Append(CreateG2F(p3, half2(1,1), n, half4(0,1,0,1)));
    stream.Append(CreateG2F(p2, half2(0,1), n, half4(0,1,0,1)));
    stream.RestartStrip();
}
```

```hlsl
// 定义一个名为MAX_VERTEX_COUNT的宏,值为3 + 6 * 8
#define MAX_VERTEX_COUNT 3 + 6 * 8
[maxvertexcount(MAX_VERTEX_COUNT)]
void geom(triangle v2g p[3], inout TriangleStream<g2f> stream)
{
    // 原面
    stream.Append(CreateG2F(p[0]));
    stream.Append(CreateG2F(p[1]));
    stream.Append(CreateG2F(p[2]));
    stream.RestartStrip();

    // 面法线
    float3 t0 = p[1].pos - p[0].pos;
    float3 t1 = p[2].pos - p[0].pos;
    float3 n = normalize(cross(t0, t1));

    float3 center = .33 * (p[0].pos.xyz + p[1].pos.xyz + p[2].pos.xyz);
    float3 dirTo0 = normalize(p[0].pos - center);
    float3 dirTo1 = normalize(p[1].pos - center);
    float3 dirTo2 = normalize(p[2].pos - center);
    // 随机插片
    for (int i = 0; i < _GrassCount; i++)
    {
        half3 noise = .5 * normalize(RandomFloat3(center.xz + i));
        float3 grassCenter = center + dirTo0 * noise.x + dirTo1 * noise.y + dirTo2 * noise.z;
        CreateGrass(grassCenter, n, stream);
    }

}

fixed4 frag(g2f i) : SV_Target
{
    float3 l = normalize(_WorldSpaceLightPos0.xyz);
    fixed shadow = SHADOW_ATTENUATION(i);
    half4 grassTex = tex2D(_GrassTex, i.uv);
    half ao = (i.posObj.y + .2) * 2;
    grassTex.rgb *= ao;
    half4 col = lerp(_GroundColor, grassTex, i.color.g);
    clip(col.a - _GrassCutoff);
```

```
                half4 no1 = abs(dot((i.normal),l))* shadow* .5 +.5;

                return col* nol;
            }
            ENDCG
        }
        Pass
        {
            Tags { "LightMode" = "ShadowCaster"}
            Cull off
            CGPROGRAM
            // 省略 Shadow Caster,在 vert、geom 函数中只需要做与上一个 Pass 一样的事情
            ENDCG
        }
    }
}
```

6.4 习题

1. 利用 5.4 节的知识，为 6.2.5 节的海洋添加折射与反射效果。这是一道开放性习题，读者可以利用各种知识不断扩充这个效果。

2. 尝试为 6.3.2 节中的草地 Shader 添加对于地面的曲面细分效果，并使得距离摄像机越远的地面生长出的草越少。

3. 在 4.3.3 节中，我们曾实现过一个简单的溶解效果。请尝试结合 6.3 节的知识，制作一个在溶解时模型上的三角面也会逐步剥离主体，并向外扩散的碎裂效果，如下图所示。

题图 3

第 7 章　中转站：Render Texture

在前面的章节中，分别从着色、网格上学习了如何渲染一个模型，我们可以让一个球体发出随心所欲的光，让一个平面变成灵动的海洋，对于一个单独的模型而言，我们几乎能做到想做的大部分事情。但如果某个效果需要由一个模型与另一个模型的交互才能产生，我们似乎就无能为力了。有时候需要将一些数据从一个模型传递到另一个模型，如果只是几个标量的传递，那么只用写一些简单的 C# 就可做到，但如果要传递一张图、一些映射关系，就有些困难了。我们需要解决"数据中转站"的问题，而这就是本章的学习内容。

7.1　轨迹效果

在游戏中我们经常见到这样的效果：角色在沙地或是泥地上行走，身后留下一串脚印。如果只是单纯的"渲染脚印"，并不算太困难，在之前的章节中我们已经学习了遮罩（Mask）的使用，如果地面上的诸多脚印可以转换为一个 Mask，那么只需根据这个 Mask 渲染不同的颜色、适当修改法线，就可出现不错的脚印效果。

现在的问题是——这张 Mask 我们如何获得呢？

7.1.1　渲染的中转站——Render Texture

在现实生活中，是如何获得一个"轨迹"呢？如果想获得一只小虫的运动轨迹，现在有一张纸和一支笔，可以把小虫放在纸上，然后用笔跟着小虫的尾部在纸上描出一条线，这就是小虫的轨迹。

如图 7-1 所示，如果把白纸视为一张底图，小虫视为在游戏中要追踪的轨迹，相当于在根据目标的位置不停地向白色底图上对应的像素渲染一个小黑点，而黑点的位置就是在渲染的瞬间运动物体所在的位置。只要两次渲染的间隙足够短，在 Mask 上就能画出一条连续的曲线。

图 7-1

在 Unity 中创建一张"底图"。对于这种需要在运行时不断在上面渲染的图，Unity 准备了 Render Texture 类型供我们使用，如图 7-2 所示。可以调节 Render Texture 的各项参数，如图 7-3 所示，包括维度（Dimension）、尺寸（Size）、抗锯齿（Anti-aliasing）、色彩格式（Color Format）、深度缓冲（Depth Buffer）等。Render Texture 中每个像素的各个通道的默认值为 0，也就是现在看到的一张纯黑图片。

图 7-2　　　　　　　　　　　图 7-3

像普通的贴图一样，将 Render Texture 拖入材质的 2D 纹理属性中。在 Shader 中，使用 Render Texture 的方法也与普通的贴图没有差别，如图 7-4 所示。

图 7-4

7.1.2 在 Render Texture 上作画

Render Texture 有了，那么应该怎样在上面绘制图案呢？先创建一个测试场景，如图 7-5 所示，场景中包含一个平面和一个小球，且它们的中心都位于世界原点。我们希望在拖动小球时，平面上能显示出小球运动的轨迹。

图 7-5

在这里必须借助 C#的帮助，如图 7-6 所示，创建一个 C#文件，命名为 RenderToRT，将用它实现"把笔刷画在纸上"的效果。

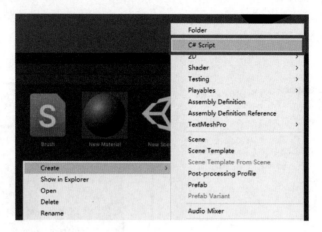

图 7-6

在这个文件中，输入下面这段 C#代码：

```
using UnityEngine;

// 使该脚本在编辑器状态下也能运行
[ExecuteInEditMode]
public class RenderToRT : MonoBehaviour
{

    // 最终合成的 Render Texture,包括当前轨迹和历史轨迹
    public RenderTexture FinalRT;
    // 临时 Render Texture
    // 在下面的代码中,我们把它作为 StepMat 的 _MainTex 使用
    public RenderTexture TmpRT;
    // "笔刷"材质
    public Material StepMat;

    // 场景开始运行时调用
    private void Start()
    {
        // 清空 FinalRT
        FinalRT.Release();
    }

    // 运行时的每一帧都会调用
    void Update()
```

```
    {
        // 以 TmpRT 作为_MainTex,以 StepMat 作为材质,将渲染结果输出到 FinalRT
        Graphics.Blit(TmpRT, FinalRT, StepMat);
    }
}
```

在这段代码中，使用"笔刷"材质渲染得出一个结果，并把它传输到 FinalRT 中，起到这个作用的函数是 Graphics.Blit(TmpRT, FinalRT, StepMat)，每调用它一次，就代表让 CPU 向 GPU 发起一次渲染的指令，它有如下几种形式：

public static void Blit (Texture source, RenderTexture dest);
public static void Blit (Texture source, RenderTexture dest, Material mat, int pass = -1);
public static void Blit (Texture source, Material mat, int pass = -1);
public static void Blit (Texture source, RenderTexture dest, Vector2 scale, Vector2 offset);

其中，source 参数表示将在此次渲染中作为 mat 的_MainTex 的贴图，它的类型是 Texture，因此也包括 Render Texture；dest 表示此次渲染的目的 Render Texture，渲染的结果被写入其中；mat 表示此次渲染要使用的材质，用来告诉 GPU "怎么进行这次渲染"，你可能会感到奇怪——这里明明没有任何模型，怎么会用到材质呢？实际上，它相当于对一个矩形的模型进行渲染，想象一下，该矩形不在这个场景中，我们也不需要关心它在哪里，它只是一个用来接收渲染结果的工具人，一旦它被渲染好，结果就被送到 dest 中，如图 7-7 所示；scale、offset 两项参数用于指示 source 的缩放及位置偏移。

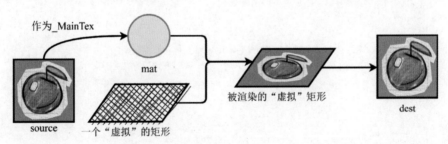

图 7-7

现在将这个 C# 脚本拖动到小球的 Inspector 上，使它成为小球的一个 component，如图 7-8 所示，可以看到小球上多了一个名为 "Render To RT" 的组件。然后，将这个组件的 Final RT、Tmp RT 各自拖入不同的 Render Texture（要创建两个不同的 Render Texture），还缺一个 Step Mat，下面开始实现 "笔刷" 的 Shader。

有关 appdata、v2f、vert 的内容我们已经很熟悉了，这里也不需要在它们上面进行修改，代码如下：

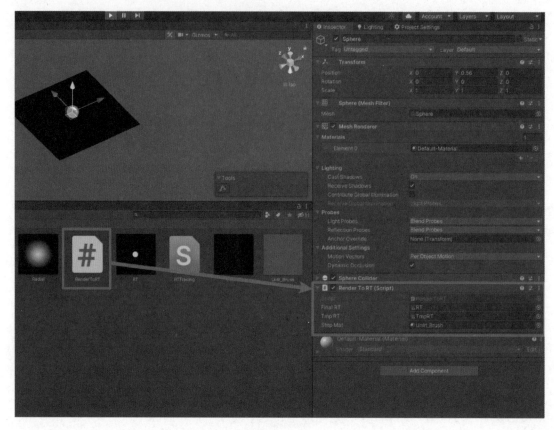

图 7-8

```
struct appdata
{
    float4 vertex : POSITION;
    float2 uv : TEXCOORD0;
};
struct v2f
{
    float2 uv : TEXCOORD0;
    float4 vertex : SV_POSITION;
};
v2f vert (appdata v)
{
    v2f o;
    o.vertex = UnityObjectToClipPos(v.vertex);
    o.uv = TRANSFORM_TEX(v.uv, _MainTex);
    return o;
}
```

在 frag 中，需要做两件事：找到小球应该在那个位置；在这个位置上画上轨迹点。小球的位置可通过 C# 传递进材质中，但"找到这个位置应该在哪个点"却没那么简单。如果在以前，只需做几下顶点的空间转换就能找到它们的相对位置，但是这次不行，因为我们的材质是渲染在一个"虚拟的矩形"上的，而根本不在场景中，这说明我们无法用几个矩阵的转换把它们统一到同一空间。

首先在场景中，画出轨迹的小球和承载它的"白纸"平面的位置都在 (0, 0, 0)，平面是个正方形，小球移出平面的情况也不需要考虑，小球的 y 轴暂且也不需要管，那么就可以视为我们在对一个二维平面研究"点对于一个 $N \times N$ 的方形的相对位置情况"，如图 7-9 所示。得出这个并不困难，代码如下：

```
// _BrushPos 是点的世界空间坐标,我们用 C#脚本将它传入,使用不用让它在属性面板上显示
// _ZoneSize 是这个平面的边长 N 的一半,当平面的 Scale 为 1 时,N =10, ZoneSize =5
half2 pos = _BrushPos.xz / _ZoneSize;
// pos 原来值范围在( -1,1),由于 UV 的范围是(0,1),为了计算方便我们也将它映射到(0,1)
pos = (pos +1)* 0.5;
```

知道了小球之于平面的相对位置，利用笔刷在上面打点。首先准备一张笔刷图，如图 7-10 所示，在每次渲染时将它"印"到 Render Texture 上。

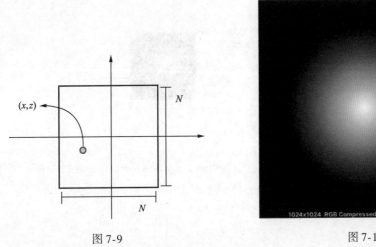

图 7-9　　　　　　　　　　　图 7-10

在 5.4.1 节中，我们曾讨论过在不同的渲染平台下屏幕空间坐标系的差异问题，需要进行与采样 GrabTexture 类似的矫正操作保证它们方向一致。同时，还要将 uv 与 pos 值相减，让两个空间的原点对齐，代码如下：

```
half2 pos = (_BrushPos.xz / _ZoneSize)* .5 +0.5;
half2 posUv = (i.uv -1 +pos)* (1 / _BrushSize) +0.5;
// 多平台适配
#if UNITY_UV_STARTS_AT_TOP
posUv.y =1.0 - posUv.y;
#endif
```

注意，Unity 中默认平面的 UV 的原点是右上角，如图 7-11 所示。

这里对"(i.uv-1+pos)*(1/_BrushSize)+0.5"稍作解释。在"i.uv-1"中，首先将平面的 UV 原点与世界的原点对齐，如图 7-12 所示。

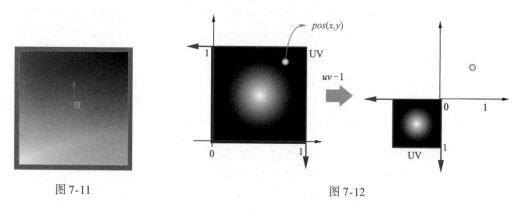

图 7-11　　　　　　　　　　　　　　图 7-12

其次，通过"i.uv-1+pos"，将 UV 的原点对齐到笔刷的世界空间坐标，如图 7-13 所示。

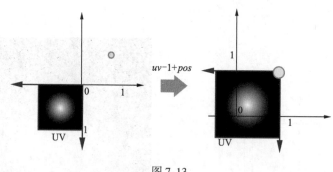

图 7-13

再次，通过"(i.uv-1+pos)*(1/_BrushSize)"对笔刷的尺寸进行缩放，如图 7-14 所示。

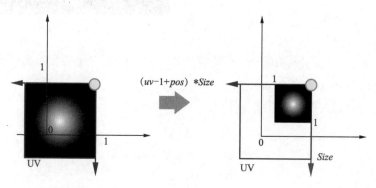

图 7-14

最后，由于笔刷图的中心是(0.5,0.5)，将它移动至笔刷的中央，如图 7-15 所示。

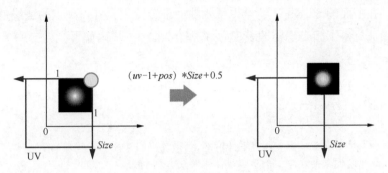

图 7-15

现在可以用 tex2D 对笔刷图进行采样,由于笔刷图中央的亮点处于 uv 的 (0.5,0.5) 点,所以还需在采样时进行 0.5 个单位的偏移。确保笔刷图的 warp mode 调整为 Clamp,这样才能保证片面上只出现一个笔刷,代码如下:

```
fixed4 frag (v2f i) : SV_Target
{
    // 获得Brush在目标区域里的相对位置,值域为[0,1]
    half2 pos =  (_BrushPos.xz / _ZoneSize) * .5 + 0.5;
    // UV右上角与pos对齐
    half2 posUv = (i.uv - 1 + pos) * (1 / _BrushSize) + 0.5;
    #if UNITY_UV_STARTS_AT_TOP
    posUv.y = 1.0 - posUv.y;
    #endif
    // 为了保证表现与参数调整的一致性,此处对brush size进行了倒数处理
    half traceMask = tex2D(_MaskTex, posUv);
    return traceMask;
}
```

直接返回笔刷图会覆盖原有 Render Texture 的所有渲染结果,为了保证之前渲染的笔刷轨迹依然存在,调整 Shader 的混合方法为线性减淡,即"混合前颜色 + 当前颜色",代码如下:

```
Blend One One
```

同时,在 C#代码中将小球的位置传递到 Shader 中,代码如下:

```
void Update()
{
    StepMat.SetVector("_BrushPos", transform.position);
    Graphics.Blit(TmpRT, FinalRT, StepMat);
}
```

拖动小球的位置,可以清晰地看到它在平面上生成出一张 Mask,如图 7-16 所示。

在前面的章节中,我们已经学习了利用高度图计算法线、使用曲面细分偏移顶点位置等处理技巧。在平面的 Shader 上，可以纳入曲面细分流程，并对顶点的法线进行重新计算后，轨迹效果就具备了相当不错的表现力（见图 7-17），代码如下：

```
// 在平面的着色器上，我们需要采样 Render texture 获取高度，以使平面产生偏移
// 这个函数在 domain 函数中调用，用于获取新的顶点位置
float SampleTrace(half2 uv)
{
    // 如果是根部在 frag 函数的采样需求，我们可以用 tex2D
    // 但此处我们需要在 domain 函数里采样，需要使用 tex2Dlod 函数
    // 实际上，只要是根部调用不在片元着色器里的采样需求，都需要使用 tex2Dlod 函数
    // _Displacement 用以表示顶点的高度偏移
    return (1 - tex2Dlod(_MainTex, float4(uv, 0 ,0)).r)* _Displacement;
}
```

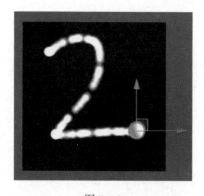

图 7-16

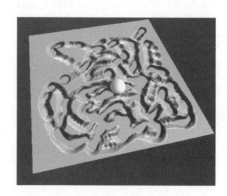

图 7-17

此外，还有另一种渲染 Render Texture 的方法，那就是使用摄像机获取。如图 7-18 所示，将 Render Texture 拖入某个摄像机的 Target Texture 项中，则摄像机将会把它拍摄到的画面（图 7-19）直接输入该 Render Texture 中，结果如图 7-20 所示。

图 7-18

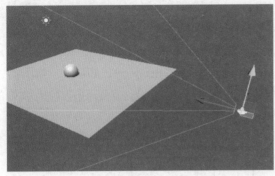
图 7-19

图 7-20

如果希望使用相机来捕捉小球的轨迹，那么使用一个摄像机拍摄小球在每一帧的位置。这样，画面中的色彩信息、明暗光影就显得太多余。在这种情况下，不应该直接使用 Target Texture 将结果直接输出到 Render Texture，而是需要一个材质作为中介处理摄像头的信息。新建一个新的 C# 文件，命名为 CustomCamera，并在其中插入如下代码：

```
using UnityEngine;
[ExecuteInEditMode]
public class CustomCamera : MonoBehaviour
{
    public Camera          DepthCamera;
    public Material        Mat;
    void Start()
    {
        DepthCamera.depthTextureMode = DepthTextureMode.Depth;
    }

    void OnRenderImage (RenderTexture source, RenderTexture destination) {
        Graphics.Blit(source,destination,Mat);
    }
}
```

在 Start 函数中，将摄像机的 depthTextureMode 设置为 DepthTextureMode.Depth，使得该摄像机渲染深度信息。除此以外，还可以使用表 7-1 中的值。

表 7-1　渲染可使用的值及其效果

值	效 果
DepthTextureMode.None（默认）	不渲染深度图
DepthTextureMode.Depth	渲染深度图，值域为[0,1]
DepthTextureMode.DepthNormals	渲染深度图与场景的法线图
DepthTextureMode.MotionVectors	在屏幕空间内每个像素点在当前帧的运动向量，因为该方向是相对于屏幕的，因此只有两个方向的信息

此外，我们还实现了一个名为 OnRenderImage 的函数，它在所有的渲染完成后由自动调用。参数中的 source 表示原图像，即在这一步前摄像机获取画面写入的 Render Texture；参数中的 destination 表示输出图像，如我们没有设置专门的 Render Target，那么结果将返回屏幕画面，否则它将会把结果输出至 Render Target 指定的 Render Texture 中，如图 7-21 所示。所以，如果需要在 OnRenderImage 处理摄像机返回的结果，务必记得在摄像机的 Render Target 上拖入一张 Render Texture。

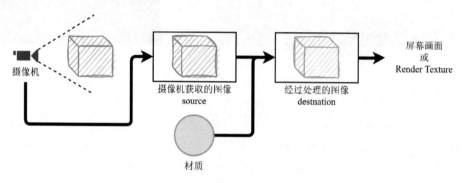

图 7-21

在该材质对应的 Shader 中，可通过 _CameraDepthTexture 参数获取渲染出的深度图，这是一个获取当前渲染流程中摄像机深度的参数。注意，这里并未使用 OnRenderImage 传来的 source，因为我们没有调用 _MainTex。这段流程实际上如图 7-22 所示，具体代码如下：

```
Pass
{
    CGPROGRAM
    #pragma vertex vert
    #pragma fragment frag
    #include "UnityCG.cginc"

    // 获取深度图
    sampler2D _CameraDepthTexture;

    struct v2f
    {
        float4 pos : SV_POSITION;
        float4 screenPos : TEXCOORD0;
    };

    v2f vert(appdata_base v)
    {
        v2f o;
```

```
    o.pos = UnityObjectToClipPos(v.vertex);
    // 由于这张纹理是在摄像机处捕获的,因此采样时必须依赖屏幕空间坐标
    o.screenPos = ComputeScreenPos(o.pos);
    return o;
}
half4 frag(v2f i) : SV_TARGET
{
    // 对深度图采样
    // UNITY_PROJ_COORD 用来处理不同平台之间的差异,一般返回原值
    // Linear01Depth 函数用于将采样得到的深度值转换为一个在[0,1]范围的值
    float depth = Linear01Depth(tex2Dproj(_CameraDepthTexture, UNITY_PROJ_COORD(i.screenPos)).r);
    return depth;
}
ENDCG
}
```

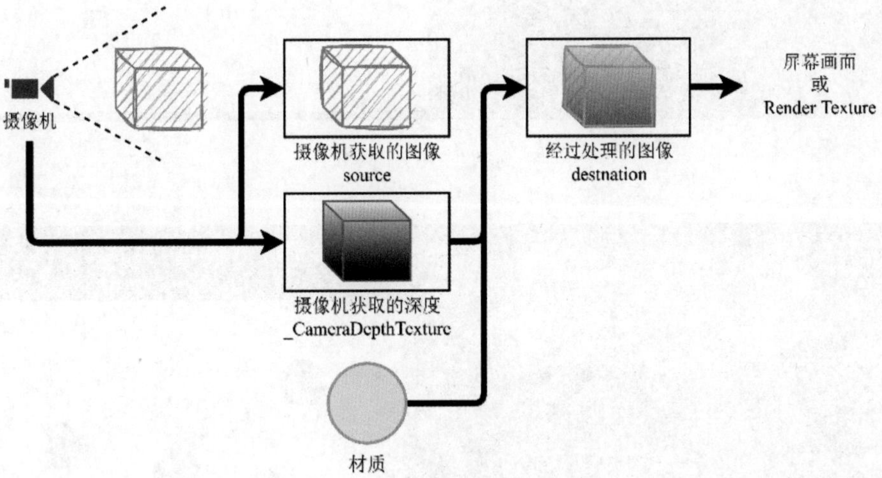

图 7-22

其中,采样深度图的代码可以用 Unity 自带的宏 SAMPLE_DEPTH_TEXTURE_PROJ 替代,代码如下:

```
float depth = Linear01Depth(SAMPLE_DEPTH_TEXTURE_PROJ(_CameraDepthTexture, i.scrPos));
```

现在,在场景中设置一个自底向上的正交摄像机,使它能覆盖小球能活动的范围(或者说,是我们需要追踪小球路径的范围),并把刚刚写好的脚本拖到这个摄像机上,如图 7-23 所示。拖动小球时可以看见深度图中的圆形也在随着移动;沿着 Y 轴正方向提高小球,深度图中的黑色圆形相应变浅,反之则相应变黑。如果尝试缩放小球,或是放入更多的小球、方体,无论场景中的情况如何,摄像机都会忠实地反映出物体与距离摄像机的

深度情况（见图7-24）。换句话说，如果换算得当，即可得到一个反映"物体在平面上陷入了多深"的值，我们也不必像上一个方案那样为不同的物体准备不同的轨迹图或是考虑如何缩放 UV 才能让轨迹图与物体形态相互匹配。现在，只需将每一帧获取的深度图进行叠加即可。

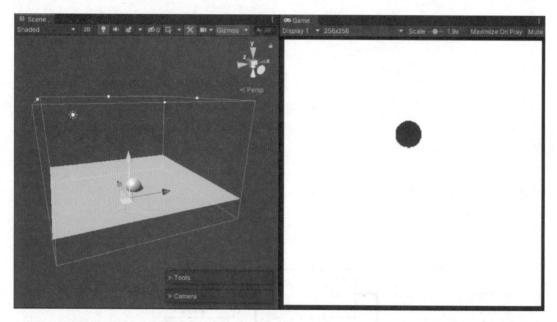

图 7-23

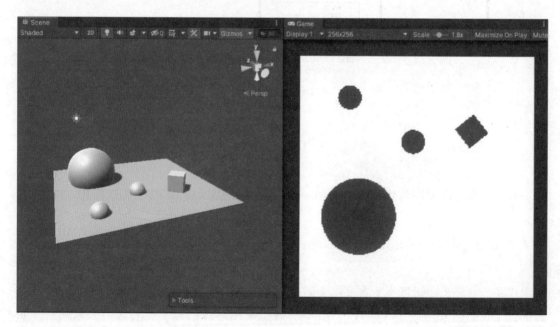

图 7-24

在 CustomCamera 中，把每一帧获取的深度图都混合到一张 Render Texture 上，代码如下：

```
using UnityEngine;
[ExecuteInEditMode]
public class CustomCamera : MonoBehaviour
{
    public Camera         DepthCamera;
    // 用于计算深度的材质
    public Material       DepthMat;
    // 用于混合路径
    public Material       BlendMat;
    // 最终得到了路径 Render Texture
    public RenderTexture TraceRT;
    void Start()
    {
        DepthCamera.depthTextureMode = DepthTextureMode.Depth;
        TraceRT.Release();
    }

    void OnRenderImage (RenderTexture source, RenderTexture destination) {
        // 计算深度图
        Graphics.Blit(source, destination, DepthMat);
        // 混合结果
        Graphics.Blit(destination, TraceRT, BlendMat);
    }
}
```

注意，由于在平面的 Shader 中使用的 Mask 里，将白色解释为轨迹，而此处深度图返回的是黑色，因此在此处使用 "1 - x" 进行取反；同时在混合路径的 Shader 中，只需使用最大值即可，这样能保证路径图上压过的痕迹总是陷下去最多的，代码如下：

```
Shader "Unlit/BlendingTrace"
{
    Properties
    {
        _MainTex ("Texture", 2D) = "white" {}
        _DepthMin("Depth Min" ,float) = 0
        _DepthMax("Depth Max" ,float) = 1
    }
    SubShader
    {
        Tags
        {
```

```
            "RenderType" = "Opaque"
        }
        LOD 100
        BlendOp Max
        Blend One One
        Pass
        {
            CGPROGRAM
            #pragma vertex vert
            #pragma fragment frag
            #include "UnityCG.cginc"

            sampler2D _MainTex;
            half _DepthMin;
            half _DepthMax;

            struct v2f
            {
                float4 pos : SV_POSITION;
                float2 uv : TEXCOORD0;
            };

            v2f vert(appdata_base v)
            {
                v2f o;
                o.pos = UnityObjectToClipPos(v.vertex);
                o.uv = v.texcoord;
                return o;
            }

            half4 frag(v2f i) : SV_TARGET
            {
                // 拍摄结果中uv的x与平面的相反,因此对uv.x取了1-x
                float depth = tex2D(_MainTex, half2(1 - i.uv.x, i.uv.y));
                float trace = 1 - smoothstep(_DepthMin, _DepthMax, depth);
                return saturate(trace);
            }
            ENDCG
        }
    }
}
```

现在,根据小球与平面的距离不同,它在平面上画出凹陷的深浅也各不相同,如图7-25所示。

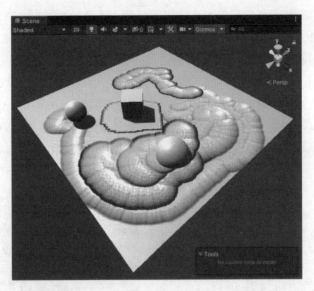

图 7-25

7.2 后处理效果

在上一小节中，我们实现了一个名为 OnRenderImage 的函数，它能将摄像机拍摄到的结果传给一个材质处理再返回，这说明可以用它对屏幕上的画面进行处理。这种处理不关心某个具体的对象，也不作用于模型上，而是全局的、针对整个画面的，并且在其他所有的渲染完成后才执行，因此被称为后处理（Post Processing）。

7.2.1 Unity Post Processing 包

在 Unity 中，自带一套相当完善的后处理包。在 Package Manager 窗口中，找到它并安装，如图 7-26 所示。

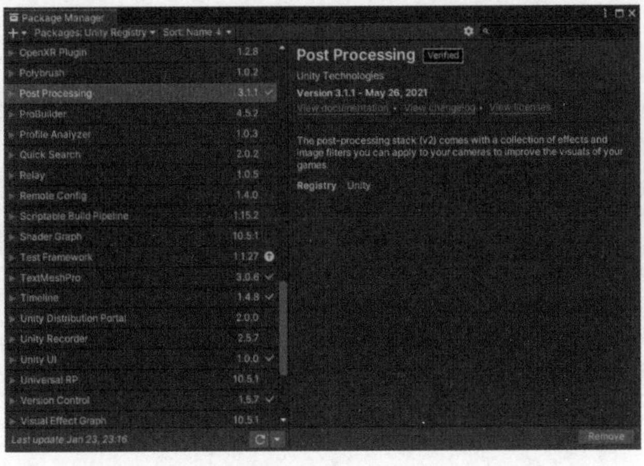

图 7-26

在摄像机上添加 Post-process Layer 与 Post-process Volume 组件，如图 7-27 所示。Post-process Layer 组件用于指示该相机可以应用后处理效果，我们需要指定一些参数。触发器（Trigger）是用于判断摄像机与后处理体积（Post-process Volume）应用关系的坐标，如果触发器处于某个后处理体积内，那么视为应用对应的后处理效果，默认是该组件所在的 Transform；层级（Layer）用于指定该摄像机可以应用哪些层级的后处理，一般需要用一个专属的层级存放后处理效果，偷懒的读者也可以直接使用 Default 或 Everything，但是这可能会造成比较大的性能开销；抗锯齿（Anti-aliasing）用于指定该摄像机应用什么样的抗锯齿算法。

Post-process Volume 即后处理体积组件，用于表明它包含什么样的后处理效果。此处 Post-process Layer 组件与 Post-process Volume 组件共处一个物体中（见图 7-27），主要是让摄像机无论到哪都能应用到相同后处理效果，根据需要将它们拆开，如让场景不同的部分应用不同的后处理效果。Is Global 属性用于表明该后处理效果是否在全局生效；Weight 属性用于表明该后处理效果与其他后处理效果的混合权重；Priority 属性用于表明该后处理效果的优先级；Profile 属性用于存放一个 Post Process Profile 引用文件，该文件下列明的效果就是这个后处理体积对应的后处理效果。

例如，在当前的 Profile 中添加了光晕（Bloom）、环境光遮蔽（Ambient Occlusion）与景深（Depth Of Field）效果，如图 7-28 所示。则相应地，发现屏幕画面上表现出对应的后处理效果（光晕、环境光遮蔽与景深），如图 7-29 所示。

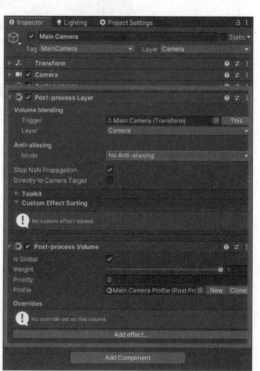

图 7-27

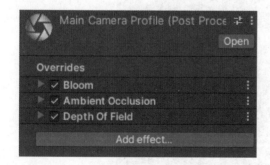

图 7-28

图 7-29

除了上述几项后处理效果外，Unity 的后处理包中还包含自动曝光（Auto Exposure）、动态模糊（Motion Blur）、色彩校正（Color Grading）、屏幕空间反射（Screen-space Reflections）等效果。如果只需使用常见的后处理效果，那么这些自带的就已经足够了。

7.2.2　创建自己的后处理效果

在实际的游戏开发中，其实有许多需要自定义后处理的情况，如画面扭曲、镜头上溅血等。为了更自由地开发，我们还是亲手试试如何在 Unity 中创建自己的后处理效果。不在经过上一节的铺垫后，实现这个任务简直是水到渠成。

先创建一个最简单的后处理 Shader，它只保留屏幕画面的 R 通道，代码如下：

```
Shader "CustomPP/CustomPostProcessing"
{
    Properties
    {
        _MainTex ("Texture", 2D) = "white" {}
        _Intensity("Intensity" ,Range(0,1)) =1
    }
    SubShader
    {
        Cull Off
        ZTest Always
        ZWrite Off

        Pass
        {
            CGPROGRAM
            #pragma vertex vert
            #pragma fragment frag

            #include "UnityCG.cginc"

            struct v2f
            {
                float4 pos : SV_POSITION;
                float4 scrPos : TEXCOORD0;
                float2 uv : TEXCOORD1;
            };

            sampler2D _MainTex;
```

```
        half _Intensity;

        v2f vert (appdata_base v)
        {
            v2f o;
            o.pos = UnityObjectToClipPos(v.vertex);
            o.scrPos = ComputeScreenPos(o.pos);
            o.uv = v.texcoord;
            return o;
        }

        fixed4 frag (v2f i) : SV_Target
        {
            half4 col = tex2D(_MainTex, i.uv);
            return lerp(col,col.r,_Intensity);
        }
        ENDCG
    }
}
```

在挂载到摄像机的 C#脚本 PPCamera 上，只需实现 OnRenderImage 方法，代码如下：

```
using UnityEngine;
[ExecuteInEditMode]
public class PPCamera : MonoBehaviour
{
    public Material Mat;
    void OnRenderImage (RenderTexture source, RenderTexture destination) {
        Graphics.Blit(source,destination,Mat);
    }
}
```

将这个脚本附加到摄像机上，指定材质，一个最简单的画面后处理效果就实现了。图 7-30 所示为后处理启用前的效果，图 7-31 所示为后处理启用后的效果。

图 7-30

图 7-31

既然 Unity 已经为我们准备好了自带的后处理体积，我们没有必要自己实现一套游离于标准之外的后处理脚本，这样不仅不方便管理，也不便于我们在游戏中控制。创建一个新的 C#文件，命名为 CustomPostProcessing，用于实现自定义后处理效果，在脚本中写入以下代码：

```csharp
using System;
using UnityEngine;
using UnityEngine.Rendering.PostProcessing;

[Serializable]
[PostProcess (typeof (CustomPostProcessingRenderer), PostProcessEvent.AfterStack, "Custom/CustomPostProcessing")]
public sealed class CustomPostProcessing : PostProcessEffectSettings
{
    [Range(0f, 1f), Tooltip("这是一个属性")]
    public FloatParameter intensity = new FloatParameter { value = 0.5f };
}

public sealed class CustomPostProcessingRenderer : PostProcessEffectRenderer<CustomPostProcessing>
{
    private Material _mat;
    public override void Init()
    {
        base.Init();
        _mat = new Material((Shader.Find("CustomPP/CustomPostProcessing")));
    }

    public override void Render(PostProcessRenderContext context)
    {
        _mat.SetFloat("_Intensity", settings.intensity);
        context.command.Blit(context.source, context.destination, _mat);
    }
}
```

这个代码与我们实现的 PPCamera 很不一样。不需要将它拖到摄像机的 Inspector 界面，只需在 Post-Process Volume 的 Profile 中查找，就像使用 Bloom 之类的后处理一样简单。

创建一个名为"CustomPostProcessing"的类，它继承自 PostProcessEffectSettings 类，如果读者不熟悉 C#代码，那么只需知道创造了一个名为"CustomPostProcessing"的后处理效果。同时，它带上了[Serializable]与[PostProcess(typeof(CustomPostProcessingRenderer), PostProcessEvent.AfterStack, "Custom/CustomPostProcessing")]，[Serializable]表示这个类中的属性将

会在面板上显示，如图 7-32 所示。

PostProcess 标签有三个参数：第一个 typeof（CustomPostProcessingRenderer），表示这个后处理效果的类型为 CustomPostProcessingRenderer（也就是我们创建的第二个类），勾选这个后处理效果后，Unity 将执行 CustomPostProcessingRenderer 内的代码；第二个参数 PostProcessEvent.AfterStack 表示这个后处理效果将在渲染内置效果执行完毕后、最后一个 Pass 执行之前执行，这里可以填入表 7-2 中的值。

图 7-32

表 7-2　可填入的值及其效果

值	效 果
PostProcessEvent.AfterStack	该后处理效果将在内置效果执行完毕后，最后一个 Pass（执行 FXAA 与 Dither）之前执行
PostProcessEvent.BeforeStack	该后处理效果将在 TAA 执行完毕后，内置效果执行之前执行
PostProcessEvent.BeforeTransparent	该后处理效果将在透明物体渲染前执行

第三个参数"Custom/CustomPostProcessing"用于指明该后处理的路径，在添加效果时，可以按照该路径找到后处理，如图 7-33 所示。

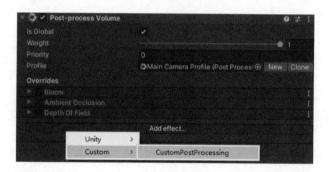

图 7-33

```
[Range(0f, 1f), Tooltip("这是一个属性")]
public FloatParameter intensity = new FloatParameter { value = 0.5f };
```

在 CustomPostProcessing 类中，创建了一个名为 intensity 的属性，它为 float 类型，默认值为 0.5，范围是 [0,1] 内，鼠标悬停时，出现"这是一个属性"的提示。除此之外，还可以使用布尔属性（BoolParameter）、整数属性（IntParameter）、颜色属性（ColorParameter）、纹理属性（TextureParameter）、向量属性（Vector2Parameter \ Vector3Parameter \ Vector4Parameter）等属性。

然后，创建了一个名为 CustomPostProcessingRenderer 的类，它继承自 PostProcessEffectRenderer < CustomPostProcessing >。注意，泛型内标注的类型是我们创建的第一个类，简单地说，这里为 CustomPostProcessing 创造了实现的逻辑，在执行名为"CustomPostProcessing"的后处理时,Unity 将执行这里面的代码。

```
public override void Init()
{
    base.Init();
    _mat = new Material(Shader.Find("CustomPP/CustomPostProcessing"));
}
```

第一个函数 Init() 将在初始化时被执行,这里创建了一个临时材质 _mat,该材质的 Shader 是 C# 代码查找而来的,查找路径是"CustomPP/CustomPostProcessing",这也是我们的后处理材质在开头处的路径:

```
Shader "CustomPP/CustomPostProcessing"{
    // …
}
```

```
public override void Render(PostProcessRenderContext context)
{
    _mat.SetFloat("_Intensity", settings.intensity);
    context.command.Blit(context.source, context.destination,_mat);
}
```

第二个函数 Render() 与之前的 OnRenderImage() 类似,context 参数是指"渲染上下文",在处理后处理效果时起到上下传递的用途。在这段函数中,给临时材质设置了材质参数 _Intensity,使用的值是 CustomPostProcessing 类中的 intensity(也就是这里的 settings.intensity)。注意,CustomPostProcessing 类继承自 PostProcessEffectSettings 类,它的本质是 Setting(设置),也就是一系列参数的集合,所以可通过它取得相应的参数。然后,使用渲染上下文执行一个 command(命令),调用了 Blit 函数,渲染上文作为材质输入,材质输出作为渲染下文,将后处理流程联通。至此,我们成功在 Unity 的后处理库中插入了自己的后处理效果,如图 7-34 所示。

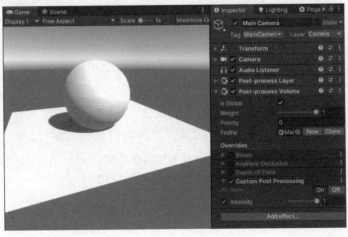

图 7-34

利用后处理，可以简单实现一个经典而又常用的效果：屏幕贴图。在 Shader 的片元着色器中，使用一张遮罩遮挡原画面，代码如下：

```
fixed4 frag (v2f i) : SV_Target
{
    // 原画面
    half4 col = tex2D(_MainTex, i.uv);
    // 要贴的图
    half mask = tex2D(_Mask, i.uv);
    return lerp(col, _MaskColor, _Intensity * mask);
}
```

需要的参数通过 CustomPostProcessing 类获取，在 CustomPostProcessingRenderer 中传递，代码如下：

```
public sealed class CustomPostProcessing : PostProcessEffectSettings
{
    [Range(0f, 1f)]
    public FloatParameter intensity = new FloatParameter { value = 0.5f };
    public TextureParameter mask     = new TextureParameter { };
    public ColorParameter  maskColor = new ColorParameter { value = new Color(1, 1, 1) };
}

public sealed class CustomPostProcessingRenderer : PostProcessEffectRenderer<CustomPostProcessing>
{
    // 省略
    public override void Render(PostProcessRenderContext context)
    {
        _mat.SetFloat("_Intensity", settings.intensity);
        _mat.SetTexture("_Mask", settings.mask);
        _mat.SetColor("_MaskColor", settings.maskColor);
        context.command.Blit(context.source, context.destination, _mat);
    }
}
```

现在，Unity 的画面中就出现了遮罩效果，如图 7-35 所示。

我们取得的 uv 总是将屏幕变形到一个 1×1 的方形上，导致采样时的比例错误，若想解决这个问题，只需根据屏幕画面长宽比重新缩放 uv 即可：

```
// _ScreenParams.x 获取屏幕宽度，_ScreenParams.y 获取屏幕高度
half mask = tex2D(_Mask, i.uv * half2(1, _ScreenParams.y/_ScreenParams.x));
```

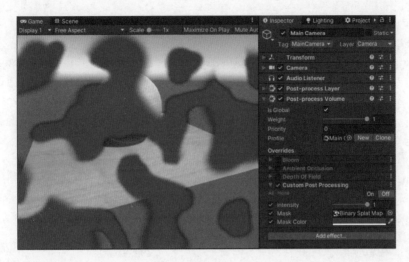

图 7-35

在之前积累的处理颜色的思路大部分都能依葫芦画瓢移植到后处理效果上，可以使用遮罩、加上 UV 动画、UV 扭曲、应用各种混合技巧等。总而言之，写作 Shader 的思路总是相通的。

7.2.3 后处理中的描边效果

在模型上制作描边的方法已经在 6.1 学习过了，但使用额外 Pass 进行描边的方法需要修改模型材质，而且仅能遵循模型本身的轮廓进行描边，如果想根据颜色对内部进行描边就有些困难了。这说明需要分析的目标不是模型网格，而是画面上的颜色。讲到这里，我们一下就想到 Render Texture。用一种方法分析 Render Texture 上的每个像素，判断它是否是颜色的交界边缘，据此修改像素颜色。

那么，怎么做呢？

1. 图像处理的救星——卷积

既然要判断一个像素是否处于两种颜色的边缘，那就必须要知道它周围像素的颜色。如图 7-36 所示，判断 4 号像素是否位于两种颜色的交界处，则需要知道其周围像素的颜色信息，此处取其周围 8 个像素，即 0、1、2、3、5、6、7、8 号像素。

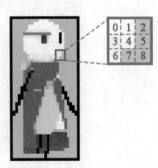

如果 4 号像素是颜色边界点，那么它与 1 号、3 号、5 号、7 号像素中的任意一个像素必然存在极大的色差。在 Shader 中，先进行采样工作，代码如下：

图 7-36

```
// 变量声明部分
// _MainTex 的像素宽度,四个分量为(1/宽、1/高、宽、高)
float4 _MainTex_TexelSize;
```

```
// frag 函数
// 取样
half3 pixel0 = tex2D(_MainTex, i.uv + half2(-1,-1)*_MainTex_TexelSize.xy);
half3 pixel1 = tex2D(_MainTex, i.uv + half2(0,-1)*_MainTex_TexelSize.xy);
half3 pixel2 = tex2D(_MainTex, i.uv + half2(1,-1)*_MainTex_TexelSize.xy);
half3 pixel3 = tex2D(_MainTex, i.uv + half2(-1,0)*_MainTex_TexelSize.xy);
half3 pixel4 = tex2D(_MainTex, i.uv);
half3 pixel5 = tex2D(_MainTex, i.uv + half2(1,0)*_MainTex_TexelSize.xy);
half3 pixel6 = tex2D(_MainTex, i.uv + half2(-1,1)*_MainTex_TexelSize.xy);
half3 pixel7 = tex2D(_MainTex, i.uv + half2(0,1)*_MainTex_TexelSize.xy);
half3 pixel8 = tex2D(_MainTex, i.uv + half2(1,1)*_MainTex_TexelSize.xy);
```

取样后，分别用 4 号像素与 1 号、3 号、5 号、7 号像素进行颜色比对，代码如下：

```
half sub14 = length(pixel1 - pixel4);
half sub34 = length(pixel3 - pixel4);
half sub54 = length(pixel5 - pixel4);
half sub74 = length(pixel7 - pixel4);
```

引入一个阈值，只将超过该阈值的像素视为边缘部分，代码如下：

```
return step(_EdgeThreshold, saturate(sub14 + sub34 + sub54 + sub74));
```

现在返回 Unity，可以能看到屏幕上已经将色块边缘处标记为白色。图 7-37 所示为像素小人，图 7-38 所示为边缘处标记为白色的像素小人。换句话说，我们得到了一张边缘的遮罩图，可以用它进行之后的各种效果计算。

图 7-37

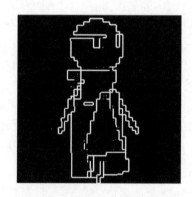
图 7-38

但这张遮罩图依然有问题，它上面出现了很多莫名其妙的小白点，由于我们只判定一个像素和它上下左右四个像素的色差，若是在一大片相似色块中仅有一个偶然的颜色略有不同的像素点，那么它也会被检测为"边缘"，但实际上这个像素并未把两个不同的色块分开。在非像素化的场景中，这种错误看起来尤为明显。图 7-39 所示为光照场景，图 7-40 所示为光照场景查找边缘。

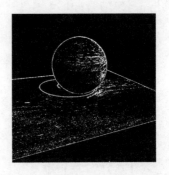

图 7-39　　　　　　　　图 7-40

因此，需要修改边缘的检测方法。对于某个位于边缘的像素点，我们只关心它一侧像素颜色是否与另一侧相同，而不关心它本身的颜色。对于这个 3×3 的像素区块，可以将之简化为比较"第一列与第三列"和"第一行与第三行"，如图 7-41 所示。

图 7-41

相邻像素之间的色差称为梯度（Gradient），那么 4 号像素点的梯度值可以计算为：

$$\begin{cases} Gradient_x = -(P_0 + P_1 + P_2) + (P_6 + P_7 + P_8) \\ Gradient_y = -(P_0 + P_3 + P_6) + (P_2 + P_5 + P_8) \end{cases}$$

以 $Gradient_x$ 为例，可以将它写成更加数学的形式：

$$\begin{bmatrix} -1 & -1 & -1 \\ 0 & 0 & 0 \\ 1 & 1 & 1 \end{bmatrix} * \begin{bmatrix} P_0 & P_1 & P_2 \\ P_3 & P_4 & P_5 \\ P_6 & P_7 & P_8 \end{bmatrix} = (-1 \times P_1) + (-1 \times P_1) + (-1 \times P_2)$$

$$+ (0 \times P_3) + (0 \times P_4) + (0 \times P_5)$$

$$+ (1 \times P_6) + (1 \times P_7) + (1 \times P_8)$$

在这里，$\begin{bmatrix} -1 & -1 & -1 \\ 0 & 0 & 0 \\ 1 & 1 & 1 \end{bmatrix}$ 被称为卷积核（Convolution Kernel），当使用它进行计算时，它将与另一个矩阵的元素按照位置关系做一对一的乘积再求和，就像是我们要对这 9 个像素点做加权求和，而每个像素点的权重都写到矩阵对应的位置上，我们要做的只是对应相乘之后求和，如图 7-42 所示，这个运算过程被称为卷积（Convolution）计算。在前面的章节中我们就运用过卷积运算，仔细回忆在 5.4.2 节中计算模糊的方法，不就是取一个像素点及其周围的其他像素求和取平均数吗？

我们在计算 $Gradient_x$ 时，使用的卷积核是 $\begin{bmatrix} -1 & -1 & -1 \\ 0 & 0 & 0 \\ 1 & 1 & 1 \end{bmatrix}$；在计算 $Gradient_y$ 时，

使用的卷积核是 $\begin{bmatrix} -1 & 0 & 1 \\ -1 & 0 & 1 \\ -1 & 0 & 1 \end{bmatrix}$，它们被称为 Prewitt 算子。据此，修改 Shader 代码，代码如下：

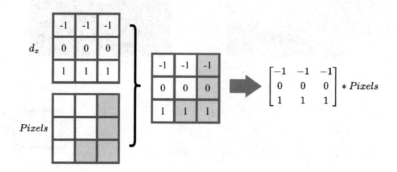

图 7-42

```
fixed4 frag (v2f i) : SV_Target
{
    // 取样
    half3 pixels[9] = {
        tex2D(_MainTex, i.uv + half2(-1,-1) * _MainTex_TexelSize.xy).rgb,
        tex2D(_MainTex, i.uv + half2(0,-1) * _MainTex_TexelSize.xy).rgb,
        tex2D(_MainTex, i.uv + half2(1,-1) * _MainTex_TexelSize.xy).rgb,
        tex2D(_MainTex, i.uv + half2(-1,0) * _MainTex_TexelSize.xy).rgb,
        tex2D(_MainTex, i.uv).rgb,
        tex2D(_MainTex, i.uv + half2(1,0) * _MainTex_TexelSize.xy).rgb,
        tex2D(_MainTex, i.uv + half2(-1,1) * _MainTex_TexelSize.xy).rgb,
        tex2D(_MainTex, i.uv + half2(0,1) * _MainTex_TexelSize.xy).rgb,
        tex2D(_MainTex, i.uv + half2(1,1) * _MainTex_TexelSize.xy).rgb
    };
    half prewittX[9] = {-1,-1,-1,
                        0,0,0,
                        1,1,1};
    half prewittY[9] = {-1,0,1,
                        -1,0,1,
                        -1,0,1};
    half gradientX = 0;
    half gradientY = 0;
    for (int j = 0; j < 9; i++)
```

```
    {
        gradientX + =pixels[j]* prewittX[j];
        gradientY + =pixels[j]* prewittY[j];
    }
    // 我们不关心梯度的方向,所以取梯度的绝对值
    return step(_EdgeThreshold,saturate(abs(gradientX) + abs(gradientY)));
}
```

现在，得到效果更好的边缘效果。图 7-43 所示为像素小人的 Prewitt 算子边缘查找，图 7-44 所示为光照场景的 Prewitt 算子边缘查找。

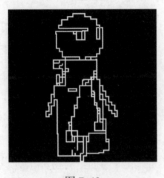

图 7-43　　　　　　　　　　　　图 7-44

还可以更进一步。在第一次尝试边缘查找时我们就知道，1 号、3 号、5 号、7 号像素对 4 号像素的影响要比其他的像素更大，所以在卷积核中，尝试增加这几个位置的像素权重，这样将得到新算子：

$$d_x = \begin{bmatrix} -1 & -2 & -1 \\ 0 & 0 & 0 \\ 1 & 2 & 1 \end{bmatrix}, d_y = \begin{bmatrix} -1 & 0 & 1 \\ -2 & 0 & 2 \\ -1 & 0 & 1 \end{bmatrix}$$

这个算子被称为 Sobel 算子，它对图片的噪声具有平滑效果，因此噪点相对 Prewitt 算子更少。图 7-45 所示为像素小人的 Sobel 算子边缘查找，图 7-46 所示为光照场景的 Sobel 算子边缘查找。

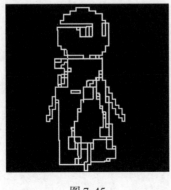
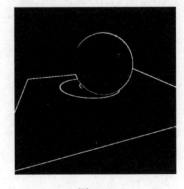

图 7-45　　　　　　　　　　　　图 7-46

现在,已经获得一张根据图像边缘生成的遮罩,那么描边的问题也就迎刃而解了:

```
// 根据遮罩返回原颜色或描边颜色
return lerp(half4(pixels[4],1),_EdgeColor,edge);
```

效果如图 7-47 和图 7-48 所示。

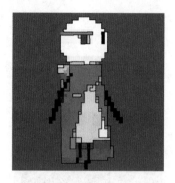

图 7-47

图 7-48

如果想修改描边的粗细,那么只需在取样时给 UV 一个乘数即可;如果希望描边基于空间层次,那么只需把采样的底图修改为深度图即可;如果只希望给某个物体描边,那么将这个物体放到特定层级,让拍摄描边底图的相机只能看到这个物体。总之,卷积也好,描边也罢,它们都只是我们在实现效果的过程中用到的工具,而不是实现的功能本身,利用工具甚至改造工具,才能让 Shader 实现出目标效果。

2. Shader 代码

Shader 代码如下:

```
Shader "CustomPP/Outline"
{
    Properties
    {
        _MainTex ("Texture", 2D) = "white" {}
        _EdgeThreshold("Edge Threshold" ,Range(0,1)) =1
        _EdgeSize("Edge Size" ,Range(0,5)) =1
        _EdgeColor("Edge Color" ,Color) = (1,1,1,1)
    }
    SubShader
    {
        Cull Off
        ZTest Always
        ZWrite Off

        Pass
        {
```

```
CGPROGRAM
#pragma vertex vert
#pragma fragment frag

#include "UnityCG.cginc"

struct v2f
{
    float4 pos : SV_POSITION;
    float4 scrPos : TEXCOORD0;
    float2 uv : TEXCOORD1;
};

sampler2D _MainTex;
// _MainTex 的像素宽度,四个分量为(1/宽、1/高、宽、高)
float4 _MainTex_TexelSize;
half _EdgeThreshold;
half _EdgeSize;
half4 _EdgeColor;

v2f vert (appdata_base v)
{
    v2f o;
    o.pos = UnityObjectToClipPos(v.vertex);
    o.scrPos = ComputeScreenPos(o.pos);
    o.uv = v.texcoord;
    return o;
}

fixed4 frag (v2f i) : SV_Target
{
    // 取样
    half3 pixels[9] = {
    tex2D(_MainTex,i.uv+half2(-1,-1)*_MainTex_TexelSize.xy*_EdgeSize).rgb,
    tex2D(_MainTex,i.uv+half2(0,-1)*_MainTex_TexelSize.xy*_EdgeSize).rgb,
    tex2D(_MainTex,i.uv+half2(1,-1)*_MainTex_TexelSize.xy*_EdgeSize).rgb,
    tex2D(_MainTex,i.uv+half2(-1,0)*_MainTex_TexelSize.xy*_EdgeSize).rgb,
```

```
                tex2D(_MainTex,i.uv).rgb,
                tex2D(_MainTex,i.uv + half2(1,0) * _MainTex_TexelSize.xy* _
EdgeSize).rgb,
                tex2D(_MainTex,i.uv + half2(-1,1) * _MainTex_TexelSize.xy* _
EdgeSize).rgb,
                tex2D(_MainTex,i.uv + half2(0,1) * _MainTex_TexelSize.xy* _
EdgeSize).rgb,
                 tex2D(_MainTex,i.uv + half2(1,1) * _MainTex_TexelSize.xy* _
EdgeSize).rgb
            };

                half sobelX[9] = { -1,-2,-1,
                                    0,0,0,
                                    1,2,1};
                half sobelY[9] = { -1,0,1,
                                   -2,0,2,
                                   -1,0,1};

                half gradientX = 0;
                half gradientY = 0;
                for (int i = 0; i < 9; i + +)
                {
                    gradientX + = pixels[i] * sobelX[i];
                    gradientY + = pixels[i] * sobelY[i];
                }
                // 我们不关心梯度的方向,所以取梯度的绝对值
                half edge = step(_EdgeThreshold,saturate(abs(gradientX) + abs(gradientY)));

                return lerp(half4(pixels[4],1),_EdgeColor,edge);
            }
            ENDCG
        }
    }
}
```

7.3 习题

1. 在5.4节中,使用Grabpass来实现折射效果,但这种方法只能在built-in管线中使用,并不是一个通用的解决方案。请尝试自己使用Render Texture实现这一功能。

2. 在7.1.2节中,我们学习了利用某种介质(如小球)在Render Texture上绘制的方法,这说明我们可以使用一个Render Texture存储临时的渲染数据。参考这种方法,实现一个在小球在雪地、泥地上滚过时,根据速度、重量等因素导致地面塌陷的效果。这是一道开放性习题,读者可以利用各种知识不断扩充这个效果。

第 8 章　非真实感渲染

在前面的章节中，我们的学习聚焦于"如何渲染出真实的效果"，在 5.2 节中，我们花费了大段的心思去寻找符合物理规律的数学模型，使用或完全遵循、或投机取巧的方法在程序中实现它。读者是否设想过另一条道路：以一种完全符合物理显示的方法渲染模型？让渲染的画面如同漫画、动画、水墨画、素描等作品，呈现出另一种视觉效果。

这种渲染风格被称为非真实感渲染（Non-Photorealistic Rendering，NPR），如图 8-1 与图 8-2 所示。有不少令人印象深刻的非真实感风格渲染游戏，如《罪恶装备》《塞尔达传说：旷野之息》《无主之地》等，对于那些对真实感渲染已经审美疲劳的玩家而言，风格独特、表现夸张的卡通风格具有更高的视觉冲击力。正因如此，在各种 3A 大作用真实感渲染狂轰滥炸的当下，不少以独特美术风格的非真实感渲染独立游戏反而能脱颖而出。

图 8-1

图 8-2

现在，让我们来尝试在 Unity 中"作画"。

8.1　色彩控制

在众多的艺术作品，尤其是绘画作品中发现画作中极为明显的"色调"，即画面中色彩的基本倾向；如图 8-3 所示，在梵高的这幅《星夜（De sterrennacht）》画作中，可以用少数的几种颜色就涵盖完画面几乎所有颜色的调性。这种简单的色彩构成使得画面看起来协调统一、明暗、结构关系明确、重点突出。明确的色调让许多画作，哪怕是写实风格的油画作品，表现出明显的"绘画感"。

图 8-3

在 Unity 中，是否可以实现类似的效果呢？不考虑 Shader 层面的操作，如果能有效地控制场景内物体的贴图颜色，并搭配合适的光照色彩，在一定程度上确实能让画面表现出和谐的色彩，但手工上色的"取色""上色"流程与直接通过数学计算的明暗相比，展现出的色彩必然表现出更强的"阶梯感"。其次，在相当多的画作中，阴影处不只是单纯的"加黑"，而是用明度偏低、色相有所区别的其他颜色，如图 8-4 所示。

以最简单的 Lambert 光照模型为例，如果想要受到光照呈现出这种色相变化，最简单的方法就是直接指定亮部和暗部的颜色，代码如下：

```
fixed4 frag (v2f i) : SV_Target
{
    float3 normal = normalize(i.normal);
    float3 lightDir = normalize(_WorldSpaceLightPos0.xyz);
    half ndotl = saturate(dot(normal,lightDir));
    return lerp(_ShadowColor,_LightColor,ndotl);
}
```

现在，可通过改变明暗部的颜色营造出完全不同于传统 Lambert 光照的氛围。如图 8-5 所示，右侧小球的暗部颜色做了明显的色相偏移，色彩的丰富度比左侧要高出不少。

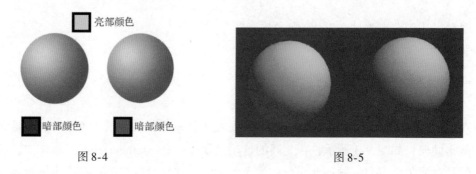

图 8-4　　　　　　　　　　　　图 8-5

同时，还要加强明暗部的对比关系，代码如下：

```
fixed4 frag (v2f i) : SV_Target
{
    float3 normal = normalize(i.normal);
    float3 lightDir = normalize(_WorldSpaceLightPos0.xyz);
    half ndotl = saturate(dot(normal,lightDir));
    ndotl = smoothstep(0,_ShadowIntensity,ndotl);
    return lerp(_ShadowColor,_LightColor,ndotl);
}
```

现在，得到一个明暗交界线更锐利的物体，如图 8-6 所示。但只有两种颜色填充的物体未免太寡淡了，还需添加更多的颜色到这个体系中。

图 8-6

如果我们还像上面的 Shader 一样一个个指定新颜色，那么效率实在过于低下，因此我们可以换个思路：既然 ndotl 值是一个值域在 [0,1] 区间、与明暗变化呈正相关关系的数，那么可以利用它在一个表示颜色的条带图上采样，对于任意一个确定的 Ndotl 值，都有一个唯一确定的颜色与之对应，这样就可建立起一个"明暗 – 色彩"的映射关系，如图 8-7 所示。这张被用于采样的图叫作 Ramp 图，如图 8-8 所示。注意，由于精度问题，务必要将 Ramp 图的 Warp Mode 设置为 Clamp。

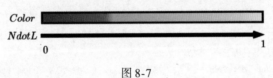

图 8-7

图 8-8

采样方法如下面的代码：

```
// 映射关系仅有一个维度，因此使用 sampler1D
sampler1D _RampTex;
v2f vert (appdata v)
{
    // ...
}
fixed4 frag (v2f i) : SV_Target
{
    float3 normal = normalize(i.normal);
    float3 lightDir = normalize(_WorldSpaceLightPos0.xyz);
    half ndotl = saturate(dot(normal,lightDir));
```

```
        ndotl = smoothstep(0, _ShadowIntensity, ndotl);
        // 采样 Ramp 图
        return tex1D(_RampTex, ndotl);
}
```

现在模型的色彩分层表现更加明显,如图 8-9 所示。

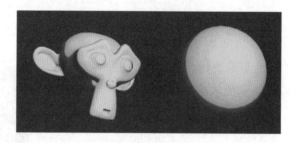

图 8-9

现在的 Ramp 只采样了漫反射。还需要计算高光部分:

```
// 高光反射
float3 viewDir = normalize(UnityWorldSpaceViewDir(i.worldPos));
float3 halfVector = normalize(lightDir + viewDir);
half spec = half specular = saturate(dot(normal, halfVector));
// 此处通过_SpecIntensity 与_SpecPower 分别控制高光范围和高光边界的硬度
spec = smoothstep(_SpecIntensity* _SpecPower, _SpecIntensity, spec);
// 漫反射采样 Ramp 图,高光直接指定颜色
return tex1D(_RampTex, ndotl)* _MainColor + spec* _SpecularColor;
```

如图 8-10 所示,现在的材质带上了高光效果。当然,这个高光效果也可使用特定的高光颜色或 Ramp 图进行着色。

图 8-10

↘ 8.2 风格化描边

在前面的章节中,已经学习了两次描边效果,但讲到非真实感渲染,我们还是不可避免地又要把描边拖出来。在许多卡通风格渲染的游戏中都出现描边效果,如《无主之地 3》中

粗犷的美式漫画描边（见图 8-11）、《原神》中柔和的二次元风格描边（见图 8-12）。

图 8-11　　　　　　　　　　　图 8-12

也可在目前得到的卡通材质上添加在 6.1 节中所学的描边 Pass，如图 8-13 所示。

但这种描边只是按部就班描了一个僵硬的黑边，粗细均一、缺乏变化，并不生动，按照之前的经验，可以使用一个系数对描边的厚度进行扰动。计算这个系数的方法有很多，如可以烘焙模型的曲率信息，用模型的曲率控制描边的粗细，如果模型的曲率变化平滑，就能表现出圆润的曲线；或者直接为模型绘制一张描边厚度的贴图，通过采样这张贴图获得描边厚度。总之，这个方案不是唯一的，基于模型和目标效果，读者需要直接灵活地选择控制参数。如图 8-14 所示，在区分了头颅部分与眼眶部分的描边粗细后，模型的观感得到了提升。

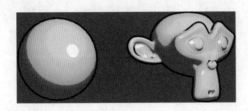

图 8-13　　　　　　　　　　　图 8-14

此外，描边颜色也是渲染时需要考虑的重要因素，它与描边粗细的实现思路类似，可以使用一个定值，也可以引入一个系数对它进行扰动。如图 8-15 所示，笔者直接使用描边厚度对描边颜色进行修正。

如果我们想追求的是类似水墨画、速写中毛刺感很强的描边呢？仅仅缩放描边厚度并不太起作用，因为在法线外扩方案下，描边的本质是一个被放大的模型，因此必然连续，而毛刺的生成并不符合这个连续关系，如图 8-16 所示。因此，必须在片元着色器中通过 clip 函数对描边进行裁剪，从而实现毛边效果。

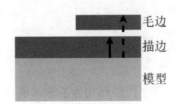

图 8-15　　　　　　　　　　　图 8-16

```
v2f vert (appdata v) {
    // ...
    o.vertex = mul(UNITY_MATRIX_P, o.vertex);
    // 计算屏幕空间位置
    o.screenPos = ComputeScreenPos(o.vertex);
}

fixed4 frag (v2f i) : SV_Target
{
    // 在屏幕空间采样噪声
    half noise = tex2D(_OutlineNoise, (i.screenPos.xy/i.screenPos.w) * _OutlineNoise_ST.xy + _OutlineNoise_ST.zw);
    // 裁剪描边
    clip(noise - _OutlineCutoff);
    return half4(_OutlineColor.rgb, 1));
}
```

由于噪声的采样基于屏幕空间，不依赖于外扩的具体位置，因此可以制造出与模型不粘连的毛边。但实际上只需有一段毛边在粘连的描边外出现，而不是出现一段完全没有贴合描边的模型，因此将毛边迁移到另一个 Pass 中，即用两个 Pass 共同呈现描边：一段负责绘制完全贴合模型的描边，另一段负责绘制游离于模型之外的毛边。直接使用 clip 可能会使得毛边的过渡非常生硬，因此考虑将这段 Pass 使用半透明渲染：

```
// 通过半透明软化毛边的边界
return half4(_OutlineColor.rgb, pow(noise - _OutlineCutoff, _OutlineNoisePower));
```

基于此，得到一个自然的毛边效果，如图 8-17 所示。

图 8-17

↘ 8.3 边缘光

许多卡通效果中为强调物体的轮廓而突出边缘光（见图 8-18），代码如下：

```
// 边缘光
half rim = dot(normal,viewDir);
rim = 1 - smoothstep(_RimIntensity,_RimIntensity + _RimPower,rim);

// 合成
return lerp(tex1D(_RampTex,ndotl)* _MainColor + spec* _SpecularColor,_Rim-
Color, rim* _RimColor.a);
```

值得一提的是，在许多动漫作品中，为了强调物体的通透性、增强轮廓感，会使用 Bloom 效果突出边缘光的"光"属性，因此在必要时为边缘光颜色属性添加［HDR］标签，以便实现更好的光晕效果。图 8-19 所示为配合 Bloom 效果的边缘光。

图 8-18

图 8-19

↘ 8.4　笔触感

目前的材质已经可以满足许多色块区分明显、笔触感不强的风格（如赛璐璐风格），但如果想追求笔触感更强的效果，还需要在着色上进行一些改进。

首先，为材质叠上能表现笔触感的纹理，如笔刷、排线的痕迹。在此，选用一张铅笔排线的纹理，如图 8-20 所示。然后，这张纹理对漫反射、高光反射值进行偏移，代码如下：

```
v2f vert (appdata v)
{
    v2f o;
    o.pos = UnityObjectToClipPos(v.vertex);
    o.uv = v.uv;
    o.worldPos = mul(unity_ObjectToWorld,v.vertex);
    o.normal = UnityObjectToWorldNormal(v.normal);
    o.objectPos = v.vertex;
    o.tangent = float4(UnityObjectToWorldDir(v.tangent.xyz),v.tangent.w);
    o.screenPos = ComputeScreenPos(o.pos);
    return o;
```

}

```
fixed4 frag (v2f i) : SV_Target
{
    float3 normal = normalize(i.normal);
    float3 lightDir = normalize(_WorldSpaceLightPos0.xyz);
    //笔刷
    half noise = pow(tex2D(_ShadeNoiseTex,(i.screenPos.xy/i.screenPos.w) * _ShadeNoiseTex_ST.xy) * 3,1.5);
    // 漫反射
    half ndotl = dot(normal,lightDir);
    // 对漫反射进行扰动
    ndotl -= (1 - ndotl) * noise * 0.1 * _ShadeNoiseIntensity;
    ndotl = smoothstep(0,_ShadowIntensity,ndotl);

    // 高光反射
    float3 viewDir = normalize(UnityWorldSpaceViewDir(i.worldPos));
    float3 halfVector = normalize(lightDir + viewDir);
    half spec = dot(normal, halfVector);
    // 对高光反射进行扰动
    spec += (1 - ndotv) * noise * 0.1;
    spec = smoothstep(_SpecIntensity * _SpecPower,_SpecIntensity, spec);

    // 边缘光
    half rim = dot(normal,viewDir);
    // 对边缘光进行扰动
    rim += (1 - rim) * noise * 0.01;
    rim = 1 - smoothstep(_RimIntensity,_RimIntensity + _RimPower,rim);

    return lerp(tex1D(_RampTex,ndotl) * _MainColor + spec * _SpecularColor,_RimColor, rim * _RimColor.a);
}
```

注意，为了使笔触纹理更加平面，与模型走向无关，此处使用屏幕空间对笔触的纹理进行采样。现在，模型渲染的手绘感比之前大大增强，如图8-21所示。

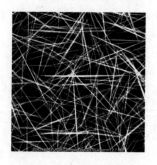

图8-20

图8-21

↘ 8.5 我们想要什么样的"非真实感"

在非真实感渲染中最大的难点也许并不是技术上的实现,而是对目标效果的精准判断。在真实的游戏开发流程中,我们面对的问题是:我找到了几张我需要实现的参考,但我该如何把它移植到 Unity 中呢?在前面的四节中,我们学习了四种 NPR 中常见的效果项,在许多情况下可以试着从这四个维度拆分目标效果,再据此重建。当然,重建的过程肯定不会像案例一样轻松,在进入"非真实感"的世界后,许多玄学的参数、奇怪的障眼法都将接踵而来。

其次,非真实感渲染并不是完全摒弃了渲染中的物理部分,以《塞尔达传说:旷野之息》为例(见图 8-22),我们在看到它的画面时第一反应就是"卡通",但其中的山体、岩石、天空大气、植被,又或多或少地包含着一些符合物理的要素。正如本章的案例,即便我们想还原的是手绘感,但我们依然会考虑真实存在的漫反射、高光反射等要素。正是通过"真实"与"非真实"的加权结合,才获得最终的 Shader。

图 8-22

因此,"真实"与"非真实"并不是互斥的。如果说基于物理渲染是"利用真实的物理效果组合出追求的美术效果",那么非真实感渲染就是"根据追求的美术效果修改真实的物理效果"。近来,这种边界越来越模糊,在有些情况下,与其说物理准则是实现 Shader 的唯一范式,倒不如说物理准则是我们求解目标效果的一种可选方案。正如之前提到的:"如果走起来像鸭子,叫起来像鸭子,那么它就是只鸭子",比起追求逻辑性、真理性,效果才是 Shader 开发中更应该重视的东西。

↘ 8.6 习题

1. 尝试在 Unity 中实现如图 8-23 所示的水墨渲染效果。

图 8-23

2. 在 7.2 节中，我们学习了基于屏幕空间的描边方法。请结合该方法，尝试实现一个全屏幕的卡通渲染效果。这是一道开放性习题，读者可以利用各种知识不断扩充这个效果。

第 9 章　真的入门了吗

经过 8 章的学习，Unity Shader 的入门之旅即将结束，相信读者们已经能写出像模像样的 Shader 了。但写出 Shader 与写出好的 Shader 终究还是两码事，所谓行百里者半九十，在本章中请接着走完这最后一公里路。

9.1 是否是个好 Shader

在练习的过程中我们也写了不少 Shader，如果读者有查阅其他资料的习惯，应该能见识到更多的 Shader，在这些参差不齐的作品中，有一些 Shader 会让我们觉得"很美观""很规范""很好用"，而有一些 Shader 则会让我们在用的时候面露难色，觉得怎么样都不顺手。所以我们应当对"好的 Shader"构建一些基本的概念。

9.1.1 良好的代码习惯

读者去读一读自己在第 4 章、第 5 章时写作的 Shader，看看自己还能不能看懂那些代码。回看 10 秒前写出的代码堪比条件反射，回看一个小时前写出的代码游刃有余，回看一天前写出的代码可能就要想一阵子了，要是回看一周前、一个月前的代码呢？或者当你需要请别人查看自己的代码时呢？

一个好的 Shader 应当保证其他开发者也能看懂。

1. 直观的命名

给变量以直观的命名能最大限度地让我们像读自然语言一样阅读代码。以下面两段代码为例：

```
第一段代码：                    第二段代码：
half a = lerp(d,e,f);          half color0 = lerp(red,blue,gradient0);
half b = lerp(g,h,i);          half color1 = lerp(green,yellow,gradient1);
half c = a + b;                half finalColor = color0 + color1;
```

在第二段代码中，使用了大量随意且无意义的变量名，即便我知道 a、b、c 这些字母代表的含义，我也很难在短时间内对这 9 个字母中的任意一个反映出它的意思。而右侧的代码就清晰多了，哪怕我并不知道上下文，我也能看出来 color0 变量是一个过渡色，color1 变量是另一个过渡色，我们将用它们组合出一个最终色彩。

同时，变量名长度也应该适当，尽量在两三个单词内准确无歧义地表述出所存放的量，如 vtxCount 就比 theNumberOfVertexs 和 vc 好。

2. 合理的注释

17 世纪时，费马的一段"我确信已发现了一种美妙的证法，可惜这里空白太小写不下"让数学家们在此后的数百年都无法释怀。试想，在一天你灵光一闪琢磨出一个又短小又准确的计算逻辑，一个月后有人看到了这段代码向你讨教，你却无论如何都想不起来它为什么是对的了——想想都觉得尴尬。忘记自己曾经的思路是很正常的事情，但好在计算机不会忘记，代码间的空隙也比费马的空白要大，所以在你认为关键的地方请不要吝惜自己的文字。注释不仅能让自己看懂，让别人看懂，也能帮助自己整理思路，何乐而不为？当然，并不是每一行代码都需要注释，"这是一个点乘""这里把 a 和 b 二者进行比较"之类的无意义注释就不必了。

9.1.2　函数库

在第 3 章中，我们学习 Shader 中的函数，并提到了"建立自己的函数库"这一做法。现在，读者们已对 Shader 编写有了一定的经验，不妨试着在过往的 Shader 中提取相似部分，构建自己的函数库。

例如，在大部分只需我们考虑片元着色器运算的 Shader 中，顶点着色器总是雷同的，如：

```
v2f vert (appdata v)
{
    v2f o;
    o.pos = UnityObjectToClipPos(v.vertex);
    o.uv = v.uv;
    o.worldPos = mul(unity_ObjectToWorld,v.vertex);
    o.normal = UnityObjectToWorldNormal(v.normal);
    o.objectPos = v.vertex;
    o.tangent = float4(UnityObjectToWorldDir(v.tangent.xyz), v.tangent.w);
    return o;
}
```

创建一个名为"MyShaderLib.cginc"的文件，在其中写入：

```
// 检测已启用宏,防止重复 include 文件
#if !defined(MY_SHADER_LIB)
#define MY_SHADER_LIB

#include "UnityCG.cginc"
```

```
struct appdata_myshaderlib
{
    float4 vertex : POSITION;
    float2 uv : TEXCOORD0;
    float3 normal : NORMAL;
    float4 tangent : TANGENT;
};

struct v2f_myshaderlib
{
    float4 pos : SV_POSITION;
    float2 uv : TEXCOORD0;
    float4 worldPos : TEXCOORD1;
    float3 normal : TEXCOORD2;
    float4 objectPos : TEXCOORD3;
    float4 tangent: TEXCOORD4;
};

v2f_myshaderlib vert_myshaderlib (appdata_myshaderlib v)
{
    v2f_myshaderlib o;
    o.pos = UnityObjectToClipPos(v.vertex);
    o.uv = v.uv;
    o.worldPos = mul(unity_ObjectToWorld, v.vertex);
    o.normal = UnityObjectToWorldNormal(v.normal);
    o.objectPos = v.vertex;
    o.tangent = float4(UnityObjectToWorldDir(v.tangent.xyz), v.tangent.w);
    return o;
}

#endi
```

这样，Shader 就能被大幅度简化：

```
Pass
{
    CGPROGRAM
    // 表示启用 MyShaderLib.cginc 中的 "vert_myshaderlib" 函数作为顶点着色器
    #pragma vertex vert_myshaderlib
    #pragma fragment frag
    #include "UnityCG.cginc"
    #include "MyShaderLib.cginc"
```

```
// 在片元着色器中以 MyShaderLib.cginc 中的 v2f_myshaderlib 作为输入
fixed4 frag (v2f_myshaderlib i) : SV_Target
{
    // 你的片元着色器
}
ENDCG
}
```

同理，在函数库中收集其他函数，如常用的菲涅尔、高光反射效果等，这样除了能节省我们写作 Shader 的时间外，还可以在一个文件中统一地维护整个项目的着色效果，如在项目中你大量应用了兰伯特光照模型，突然有一天你思路一转，想改用半兰伯特模型（0.5 * 兰伯特结果 + 0.5），你就不需要把 Shader 文件逐一打开挨个替换，只要打开函数库修改相应的函数即可。

9.1.3 互不耦合的属性

属性之间互不耦合，即一个属性只唯一影响一个对应的效果，而一个效果只被一个对应的属性修改。举个例子，在边缘光 Shader 中，用一个属性控制边缘光的厚度，一个属性控制边缘光的软硬，一个属性控制边缘光的亮度，那么这三个属性就是互不干扰的。低耦合的材质在调整时更加清晰直观，不会让使用者有顾此失彼的感觉。

容易造成效果耦合的情况有很多，如常用的 pow 函数，如果底数是一个在 0～1 的数，而属性作用于指数上，那么在调大属性时，结果的值域与分布都会发生明显变化，反映到一个又白到黑过渡的渐变上就是："黑色区面积增加，同时渐变效果更剧烈"，这会给操作者带来困扰。

9.1.4 小心容易忽略的风险

在写作 Shader 的过程中，还可能因为大意忽略掉某些潜在的风险。例如，在 Shader 中使用某段循环，但却没有注意退出循环的条件是否一定会达成，这就导致死循环的出现。另一个重要而容易忽略的问题是 Shader 中浮点数的精度问题。我们知道，Shader 中的浮点数本身精度就不高，使用的基本都是 float、half 类型，所以同样的计算在不同的环境下可能会得到略微不同的结果，而这种误差在 Shader 中可能会累积，最终越积越大。一个常见的例子是，我们可能写了某个值域在 0～1 内的算式，但结果出现了负数（而且这很常见）。所以，为了避免这种问题，在需要严格控制值域的算式中，最好使用 clamp 或 saturate 之类强制限定范围的函数对结果上一重保险。如果是对非 tilling 贴图采样，最好还要确保贴图资源的设置中的 Warp Mode 也设置了 Clamp。

9.1.5 性能与效果的平衡

在许多情况下，如果能用 50% 的性能实现 90% 的效果，就没有必要用 100% 的性能实现 100% 的效果。以反射探针为例，如果游戏中需要有反射效果的物体运动距离不远、玩家观察的机会也有限，那么可以使用一张静态的 Cubemap 呈现反射，而没有必要使用完全真实的实时捕捉反射。而在 Shader 代码中，若需要用一系列三角函数、反三角函数、对数运算来求一个对效果影响不大的值，则可以尝试用一个多项式甚至线性关系的式子进行拟合。

9.2 学习的路还很长

本书的写作初衷是入门，不过受限于写作时间与篇幅，笔者对内容编排做了一定的删减。如果读者想继续探索 Shader 的奥秘，可以进一步深入学习。至此，我们尚未学习的 Shader 内容并非有多难，而无外乎两者："新路径"与"新思想"。

"新路径"，是指"有一种新方法使用我们掌握的工具"。例如在本书中，介绍了一个最简单的 PBR 模式，但实际上游戏应用的 PBR 要复杂得多，但复杂的东西未必就是难的东西，它同样遵循追求物理真实的渲染思路，只是用了新方法去趋近物理真实，因此对更多的光学细节进行了数学建模，最终结果也是将这些数学模型以某种方式混合到主干中。

"新思想"，是指"获得一个新的工具"。例如光线步进（Ray Marching），其核心是利用一步步追踪光路的方法来获取渲染结果，如渲染光线穿过云层后经过层层散射得到的光照强度，我们可以每次让光线前进一小段，计算这段距离内的光线消耗，再往前再计算，知道下一步走出云层得到最终结果；同时，这个思路也可以被应用在许多不同的方向，可以用它渲染带有体积感的物体、计算反射、计算光照等，而这就是"新思想"带来的巨大价值。

"新路径"与"新思想"并不是依赖于 Unity 的，而是应用于 Unity 的。许多初学者在学习 Unity Shader 时只注重搜索 Unity Shader 相关内容学习，而忽略了虚幻引擎、ShaderToy 等其他引擎的资料，这其实是错误的。纵览全书的案例，都是先有思路，再有在 Unity 中的实现，可见渲染的思路在很多情况下不与引擎强相关，在虚幻引擎中的材质节点大多数都可以按图索骥移植到 Unity 上，Unity 的 Shader 也可以按照思路在虚幻引擎中复现，只是实现的复杂程度不同。

对于初学者们，可以在 CatLikeCoding（catlikecoding.com）上学习有关 Unity 渲染的知识，本书也有部分内容参考于此。每年的 Unity 开发者大会、游戏开发者大会（Game Developers Conference，GDC）、SIGGRAPH 都会有许多具有启发性的演讲可供学习，甚至是虚幻引擎的开发者演讲我们也能参考借鉴。图形学基础知识也是不可或缺的，读者可以根据需求进行学习，多多益善。有兴趣的读者还可以阅读 *Real-time Rendering*，它被称为"武功秘籍的目录"，是一本对实时渲染领域的系统性综述，对启发"新路径"与"新思想"很有帮助。当然，不要忘了技术博客、知乎上各位大牛的分享，一些看似"灵光一现"的小闪光也可能对我们大有启发。

最后，希望本书真的能为你稍稍打开 Shader 的大门，在这扇门后，还有更多的宝藏等着勇者前去探索！